U0221619

国家社科基金项目"中国古代自然科学类典籍翻译研究（批准号14BYY030）"
结项成果

教育部哲学社会科学研究重大课题攻关项目"中外海洋文化交流历史文献的整理与
传播研究（批准号17JZD049）"部分研究成果

中华译学作文传家与

以中华为根 译与学并重

弘扬优秀文化 促进中外交流

拓展精神疆域 驱动思想创新

丁酉年冬月 许钧撰 罗卫东书

"十四五"时期国家重点出版物出版专项规划项目

中華譯學館·中华翻译研究文库

许 钧 ◎ 总主编

中国古代科技术语英译研究

刘迎春 季 翊 田 华 ◎ 著

ZHEJIANG UNIVERSITY PRESS
浙江大学出版社
·杭州·

总　序

改革开放前后的一个时期,中国译界学人对翻译的思考大多基于对中国历史上出现的数次翻译高潮的考量与探讨。简言之,主要是对佛学译介、西学东渐与文学译介的主体、活动及结果的探索。

20世纪80年代兴起的文化转向,让我们不断拓宽视野,对影响译介活动的诸要素及翻译之为有了更加深入的认识。考察一国以往翻译之活动,必与该国的文化语境、民族兴亡和社会发展等诸维度相联系。三十多年来,国内译学界对清末民初的西学东渐与“五四”前后的文学译介的研究已取得相当丰硕的成果。但进入21世纪以来,随着中国国力的增强,中国的影响力不断扩大,中西古今关系发生了变化,其态势从总体上看,可以说与“五四”前后的情形完全相反:中西古今关系之变化在一定意义上,可以说是根本性的变化。在民族复兴的语境中,新世纪的中西关系,出现了以“中国文化走向世界”诉求中的文化自觉与文化输出为特征的新态势;而古今之变,则在民族复兴的语境中对中华民族的五千年文化传统与精华有了新的认识,完全不同于“五四”前后与“旧世界”和文化传统的彻底决裂与革命。于是,就我们译学界而言,对翻译的思考语境发生了根本性的变化,我们对翻译思考的路径和维度也不可能不发生变化。

变化之一,涉及中西,便是由西学东渐转向中国文化"走出去",呈东学西传之趋势。变化之二,涉及古今,便是从与"旧世界"的根本决裂转向对中国传统文化、中华民族价值观的重新认识与发扬。这两个根本性的转变给译学界提出了新的大问题:翻译在此转变中应承担怎样的责任?翻译在此转变中如何定位?翻译研究者应持有怎样的翻译观念?以研究"外译中"翻译历史与活动为基础的中国译学研究是否要与时俱进,把目光投向"中译外"的活动?中国文化"走出去",中国要向世界展示的是什么样的"中国文化"?当中国一改"五四"前后的"革命"与"决裂"态势,将中国传统文化推向世界,在世界各地创建孔子学院、推广中国文化之时,"翻译什么"与"如何翻译"这双重之问也是我们译学界必须思考与回答的。

综观中华文化发展史,翻译发挥了不可忽视的作用,一如季羡林先生所言,"中华文化之所以能永葆青春","翻译之为用大矣哉"。翻译的社会价值、文化价值、语言价值、创造价值和历史价值在中国文化的形成与发展中表现尤为突出。从文化角度来考察翻译,我们可以看到,翻译活动在人类历史上一直存在,其形式与内涵在不断丰富,且与社会、经济、文化发展相联系,这种联系不是被动的联系,而是一种互动的关系、一种建构性的力量。因此,从这个意义上来说,翻译是推动世界文化发展的一种重大力量,我们应站在跨文化交流的高度对翻译活动进行思考,以维护文化多样性为目标来考察翻译活动的丰富性、复杂性与创造性。

基于这样的认识,也基于对翻译的重新定位和思考,浙江大学于2018年正式设立了"浙江大学中华译学馆",旨在"传承文化之脉,发挥翻译之用,促进中外交流,拓展思想疆域,驱动思想创新"。中华译学馆的任务主要体现在三个层面:在译的层面,推出包括文学、历史、哲学、社会科学的系列译丛,"译入"与"译出"互动,积极参与国家战略性的出版工程;在学的层面,就翻译活动所涉及的重大问题展开思考与探索,出版系列翻译研究丛书,举办翻译学术会议;在中外文化交流层面,举办具有社会影响力的翻译家论坛,思想家、作家与翻译家对话等,以翻译与文学为核心开展系列活动。正是在这样的发展思路下,我们与浙江大学出版社合作,集合全国译学界的力量,推出具有学术性与开拓性的"中华翻译研究文库"。

积累与创新是学问之道,也将是本文库坚持的发展路径。本文库为开放性文库,不拘形式,以思想性与学术性为其衡量标准。我们对专著和论文(集)的遴选原则主要有四:一是研究的独创性,要有新意和价值,对整体翻译研究或翻译研究的某个领域有深入的思考,有自己的学术洞见;二是研究的系统性,围绕某一研究话题或领域,有强烈的问题意识、合理的研究方法、有说服力的研究结论以及较大的后续研究空间;三是研究的社会性,鼓励密切关注社会现实的选题与研究,如中国文学与文化"走出去"研究、语言服务行业与译者的职业发展研究、中国典籍对外译介与影响研究、翻译教育改革研究等;四是研究的(跨)学科性,鼓励深入系统地探索翻译学领域的任一分支领域,如元翻译理论研究、翻译史研究、翻译批评研究、翻译教学研究、翻译技术研究等,同时鼓励从跨学科视角探索翻译的规律与奥秘。

　　青年学者是学科发展的希望,我们特别欢迎青年翻译学者向本文库积极投稿,我们将及时遴选有价值的著作予以出版,集中展现青年学者的学术面貌。在青年学者和资深学者的共同支持下,我们有信心把"中华翻译研究文库"打造成翻译研究领域的精品丛书。

许　钧

2018 年春

序　言

　　大连海事大学刘迎春教授及其科研团队撰写了专著《中国古代科技术语英译研究》，我首先表示热烈祝贺。他邀请我作序，作为见证他独具特色的学术研究的老朋友，我欣然答应。我仔细阅读了这部专著，大开眼界，对于中国古代科技术语以及翻译研究有了新的认识。

　　中国古代科技发达，而且注重实用。中国古代的养蚕术、纺织术、炼丹术、铸铁和炼钢技术、造船和导航技术、天文历法、数学、水车制造、火药、指南针、火器技术、制瓷技术、木版印刷和活字印刷技术，以及深井钻探技术等，通过各种途径传播到世界各国，对世界科技进步和发展起到了非常重要的推动作用。可是，由于中国与外国有山川阻隔，且语言不通，外国人对于中国的了解，往往会存在很多片面的地方。例如，印度学者漠克吉尔在《印度航海史》一书中指出，在 5 世纪前，中国人并未到达马来半岛，在 6 世纪前，中国人没有航海至印度、波斯。德国人夏德和美国人柔克义也认为，唐代之前，中国的船从未到达波斯湾。这些都是外国学者"想当然"的片面看法，对此，中国的典籍有着完全不同的记载。例如，《汉书·地理志》中提到，公元前 2 世纪的汉武帝时期，已有中国的船从徐闻（今广东徐闻县）、合浦（今广西合浦县）出发，经过东南亚各国到达印度和锡兰（今斯里兰卡）。由此可见，通过翻译提升中国古代科技文明的国际传播度，让国外人士了解到中国的真实情况从而减少误解，是十分重要的，也是非常必要的。

　　刘迎春教授所带领的科研团队通力合作，共同完成了这部专著。他们选择以中国古代科技典籍中的术语英译来研究中华优秀传统文化的对外译介，这是比较聪明的，因为术语是科学技术知识在自然语言中的结晶，抓住了术语英译这个关键，就可以取得纲举目张的功效。

但是，开展中国古代科技术语英译研究并非易事。我觉得，要做好中国古代科技术语英译研究，研究者至少应当满足如下几个条件：第一，要掌握术语学和术语翻译的理论知识；第二，要能够读懂内涵丰富的中国古代典籍；第三，要懂得中国古代典籍中的有关科技知识；第四，要精通英语，以便把古代科技术语用英文准确地表述出来。

刘迎春教授师从我国著名典籍翻译大家汪榕培教授，专攻典籍英译，熟悉中国典籍翻译的相关理论，具有足够的语言学、翻译学和术语学知识储备。他参与合译了"大中华文库（汉英对照）"版本的中国科技典籍《天工开物》，且该译著获得了辽宁省政府奖。近年来，他与科研团队的成员协同开展了中国古建筑和航海文化术语的英译研究，并公开发表了较高质量的系列研究成果。他还带领包括自己的研究生在内的科研团队节译了《中国古代航海史》。因此，他不仅熟悉相关的中国古代科技知识，还拥有丰富的科技典籍翻译实践经验。此外，他还是高水平的英语翻译专家，且有着赴国外专门从事中国古代科技文明国际传播的科研工作经历。可见，刘迎春教授完满地具备了上述四个条件，他是研究中国古代科技术语英译的理想人选，他所带领的科研团队也确实顺利完成了国内第一部系统开展中国古代科技术语英译研究的著作。

《中国古代科技术语英译研究》一书运用语言学、翻译学和术语学理论，建构了一个中国古代科技术语英译的跨学科理论分析框架，进而对中国古代科技术语的英译进行了案例分析。这是中国科技典籍翻译研究的一项全新探讨，具有重要的学术意义。该书有助于弘扬中华优秀传统文化，推动中国文化"走出去"，服务中国文化软实力建设，具有重要的时代意义和应用价值。该书坚持"问题导向"，从当前中国科技典籍翻译的实际情况出发，在揭示中国古代科技术语英译成绩与不足的基础上，从《天工开物》《营造法式》和《瀛涯胜览》的英译本中选取能够代表中国古代科技成就的农业、手工业、建筑和航海这四个领域的古代科技语作为个案分析语料，对中国古代农业、手工业、建筑和航海领域的科技术语开展了全面、系统的翻译研究，在一定程度上可以补齐中国古代科技术语翻译缺乏整体性研究的"短板"。该书进一步丰富了中国典籍翻译研究的理论内涵，推动了中国典籍翻译研究的全面、协调发展。同时，该书还可以纠正国外对中国古代先进科技文明成果的某些误解，让世界全面、正确地了解中国古代领先于世界的科技成就。

该书开展的中国古代科技术语英译研究，研究思路清晰，研究方法得当，具有很强的可操作性，对于同行开展相关的翻译研究而言，具有很高的借鉴价值。目前，中国科技典籍中的术语翻译研究仍存在翻译研究分布不均的情况，具有丰富文化内涵的一些中国科技典籍的翻译研究才刚刚起步，而有些科技典籍的翻译研究还尚未开展，这些问题都需要从事中国科技典籍翻译的研究者，尤其是广大青年翻译学者高度重视。

我希望，这部《中国古代科技术语英译研究》的出版发行，能够为国内的中国古代科技术语的英译及其他语种的翻译研究，乃至中国科技典籍的翻译研究提供一定的借鉴。希望刘迎春教授带领的科研团队继续深耕中国科技典籍翻译研究，期待他们今后产出更多的科研成果，服务中国典籍翻译研究，助力中华优秀传统文化的国际传播，同时促进中外科技文明的交流与互鉴。

中国计算机学会 NLPCC 杰出贡献奖获得者

奥地利维斯特奖获得者

香港圣弗兰西斯科技人文奖获得者

中国中文信息学会会士

中国计算机学会高级会员

冯志伟

2024 年 5 月 15 日

于德国海德堡

目　录

第一章　绪　论

第一节　研究背景

一、对中国科技典籍价值的新认识

中国文化典籍浩如烟海，一般可以划分为文学和非文学两个大类。科技典籍（即自然科学类典籍）属于非文学类典籍作品，其种类繁多，记载着中国古代先进的科技文明，是中华优秀传统文化的重要组成部分。明代中期以前，中国在许多领域的科技发明和发现都居于世界领先地位，古人遗留下来的科学典籍也为数不少。[①]"公元前1世纪至15世纪，中国古代科技成就内容几乎涵盖了人类科技文明的各个领域，达到了极高的水平。"[②] 通过中外文化交流，特别是海上文化交流这一途径，中国古代的农业生产、手工业生产、建筑、造船和航海、纺织、造纸、印刷、采矿等技术先后传播到亚洲许多国家[③]，对亚洲一些国家产生了重要的影响。中国古代的造船和导航技术、养蚕术、纺织术、水车和耧车制造、数学、天文历法、指南针、火药和火器技术、炼丹术、制瓷技术、铸铁和炼钢技术、木版印刷和活字印刷技术以及深井钻探技术等，也经过各种途径传播到世界各国，对世界的科技进步和发展起到了非常

---

① 宋应星.天工开物.潘吉星，译注.上海：上海古籍出版社，2016：20.
② 刘性峰，王宏.中国科技典籍翻译研究：现状与展望.西安外国语大学学报，2017（4）：67.
③ 参见：李未醉，魏露苓.古代中外科技交流史略.北京：中央编译出版社，2013.

重要的推动作用。①

　　早在 18 世纪，明代宋应星撰写的百科全书式的中国农业和手工业典籍《天工开物》就传播到了亚洲的日本和朝鲜，欧洲的英国、法国和德国等国家，对相关国家的科技发展产生了重要的影响。英国科技史专家李约瑟（Joseph Needham）博士把宋应星称为"中国的狄德罗"（18 世纪法国启蒙学派的领袖、著名的《百科全书》的作者）、中国的"阿格里科拉"（西方文艺复兴时期技术经典《矿冶全书》的作者）。日本科学家三枝博音把《天工开物》视为"中国有代表性的技术书"②。凡此种种，都说明《天工开物》无论是在中国还是在世界的科学文化史上都占有一席光荣的位置。③

　　中国古代建筑是中华民族文化的瑰宝，而宋代李诫撰写的《营造法式》是现存建筑学著作中时间最早、内容最全面的作品，充分体现了中国古代建筑制图学、模数、力学及系统工程层面建筑的思想，为我国宋代建筑理论与工艺的最高成就，被学界誉为"中国古代建筑宝典"。《营造法式》"作为承前启后时期集时代之大成的建筑著作，被誉为中古时期全球内容最完备的建筑学著作之一，具有相当程度的史学价值和建筑价值"④。英国科技史专家李约瑟对《营造法式》中的图样大为惊叹，高度评价了《营造法式》的绘图技术，并认为在建筑构造上欧洲没有能力超过中国。⑤

　　李约瑟称明代初期为"中国历史上最伟大的航海探险时代"⑥。这一时期，郑和下西洋揭开了世界大航海时代的序幕，不仅促进了中外海洋文化交流，还通过古代"海上丝绸之路"实现了动植物的相互引进、农业生产技术的交流与互鉴，为世界科技进步做出了重要的贡献。在研究

① 参见：潘吉星．中外科学技术交流史论．北京：中国社会科学出版社，2012.
② 参见：常佩雨．17 世纪科技巨著——《天工开物》．文史知识，2016（3）：62.
③ 宋应星．天工开物．潘吉星，译注．上海：上海古籍出版社，2016：16-28.
④ 郑峰．我国最早建筑学典籍的价值与启示．中国图书评论，2019（11）：114.
⑤ Needham, J. *Science and Civilization in China, Volume IV*. Cambridge, UK: Cambridge University Press, 1971: 107-111.
⑥ 李约瑟．中国科学技术史：第一卷．北京：科学出版社，1975：305.

郑和下西洋的重要原始文献"三书一图"（即《瀛涯胜览》《星槎胜览》《西洋番国志》和《郑和航海图》）中，明代马欢所著的《瀛涯胜览》十分全面地记载了郑和下西洋的伟大壮举，成为海内外郑和研究的重要航海典籍。

中国古代农业、手工业、建筑和航海领域的卓著成就为世界的科技进步贡献了中国智慧。鉴于此，有必要通过开展上述四大类中国科技典籍翻译研究，充分认识中国科技典籍所蕴含的中国古代科技文明的独特文化价值及当代价值，进而推动中国古代科技术语英译研究的理论建构和实践探索；同时，更好地服务中国典籍翻译研究事业，呼应中华优秀传统文化"走出去"国家战略，促进新时代的中外科技文明交流和互鉴。

二、对中国古代科技术语英译研究的新思考

据史料记载，中国的典籍翻译已有 400 余年的历史，而中国人自觉地向外部世界译介中国典籍也已有 100 余年的历史。如今，典籍翻译已经成为中国翻译理论研究与翻译实践的一个重要领域。长期以来，众多专家和学者开展了较为系统的研究，典籍翻译研究取得了很大的进展，尤其是文、史、哲等类别的典籍翻译研究成绩斐然。此外，典籍翻译研究领域逐渐拓宽，已扩展至科技典籍、法律典籍乃至汉语典籍之外的蒙古语、壮语、藏语等少数民族文化典籍翻译研究等多个领域。近年来，伴随着中国科技典籍翻译研究的有序发展，科技典籍中的古代科技术语英译研究呈现出可喜的增长趋势；中国古代农业、手工业、建筑和航海术语英译研究成果数量增长明显，包括期刊论文和省部级以上的科研项目。

但应该指出的是，中国古代科技术语英译研究虽然近年来取得了一定的进展，但从整体上审视，中国科技典籍这一领域的翻译研究仍处于相对不系统的状态，呈现出微观研究多、宏观研究少，实践探讨多、理论研究少的特点。从目前正式出版的翻译研究成果看，中国古代科技术语英译研究还没有建立起一个较为完善的理论体系，没有形成较为完整的能够指导中国古代科技术语英译研究与实践的翻译原则、策略

和方法，也没有提出中国古代科技术语英译的译文评价标准。因此，全面、系统地开展中国古代科技术语英译研究不仅是重要的，也是非常必要的。

鉴于中国古代科技术语体系庞大，种类繁多，我们本着"有所为，有所不为，才能有所作为"的务实研究理念，从翻译学、术语学和语言学相融合的跨学科视角，以三部具有代表性的中国科技典籍《天工开物》《营造法式》和《瀛涯胜览》为个案研究语料，系统开展中国古代农业、手工业、建筑和航海术语英译的个案研究。如前文所述，中国古代的科学技术一度领先于世界，在世界科技发展史上占有极其重要的历史地位，曾为世界科技进步做出了重要的贡献。然而，海外学者和大众对中国古代先进的农业、手工业、建筑和航海技术成就和世界贡献往往缺乏全面的认知，甚至还存在一些误解。例如，中国航海历史与文化学者孙光圻曾指出印度学者漠克吉尔在《印度航海史》中的如下错误："在5世纪前，中国人没有到达马来半岛，6世纪前，中国人没有航海到印度、波斯。德国人夏德和美国人柔克义认为，唐代之前，中国的船从未达到波斯湾。但是我们的《汉书·地理志》上有明确的记载：公元前2世纪，汉武帝统治时期，已有船只从徐闻（今广东徐闻县）、合浦（今广西合浦县）出发，经过东南亚各国到达印度和锡兰。"[1] 凡此种种，不一而足。

有鉴于此，开展中国科技典籍翻译研究，向全世界人民全面、准确地介绍中国古代科技文明，是每一位中国科技典籍翻译工作者义不容辞的历史责任和时代担当。我们应该在现有研究成果的基础上，加速推进中国古代科技术语英译的系统性、整体性理论研究与实践探讨，让该领域的研究与实践在中华优秀传统文化走向世界的过程中发挥应有的作用。

---

① 孙光圻.中国古代航海史.北京：海洋出版社，2005：5.

第二节　研究目的和意义

综观中国典籍翻译理论研究与翻译实践，中国科技典籍翻译研究与实践起步较晚，研究的深度和广度有待进一步加强。在中国科技典籍翻译研究与实践方面，针对《天工开物》这一展示了中国古代农业和手工业最高成就的科技典籍，国内学者对其中的中国古代农业和手工业术语的翻译研究仍然呈现出较为零散的状态，研究数量较少，且系统性研究仍显不足；对于古代建筑典籍，尤其是对展示中国古代建筑最高成就的《营造法式》中的中国古建筑术语的翻译研究尚未系统开展，目前的翻译研究主要散见于期刊论文中；针对彰显中国古代最高航海成就的郑和下西洋航海典籍的翻译研究，目前主要聚焦于《瀛涯胜览》中的航海术语翻译，系统性的翻译研究也尚未开展。因此，本书以《天工开物》《营造法式》和《瀛涯胜览》英译本为个案进行研究，对于今后开展有关中国古代农业、手工业、建筑和航海四大类科技术语较为全面、系统的翻译研究，具有重要的理论意义和应用价值。

本研究能够进一步开阔中国典籍翻译研究的学术视野，在一定程度上补齐中国古代科技术语缺乏整体性翻译研究的"短板"；能够进一步丰富中国典籍翻译研究的理论内涵，推动中国典籍翻译研究的全面、协调发展，并对中国特色的翻译学科的建设与发展、典籍翻译的师资队伍建设和研究团队建设、典籍翻译的高层次人才培养等具有一定的推动和促进作用。

如今，随着综合国力的不断增强，中国的国际地位不断提升，且已经走到国际舞台的中央，因而要不断提升国家文化软实力和中华文化影响力。"提炼展示中华文明的精神标识和文化精髓，不仅有助于充分彰显中华民族的文明创造能力，揭示中华文明从古至今绵延不绝的奥秘；而且有助于全面深入了解中华文明的历史，更有效地推动中华优秀传统文化创造性转化、创新性发展，更有力地推进中国特色社会主义文化建设；还有助于向世界传递中国精神、彰显中国价值、展现中国力量，推动中华文明更好走向世界。"①

　　同时，本研究有助于促进悠久灿烂的中国古代科技文明的国际传播，推动中华优秀传统文化"走出去"，助力中国文化软实力建设，推动中外科技文明的交流与互鉴。同时，本研究还有助于纠正一些海外人士对中国古代先进科技文明的部分偏见和误解，讲好中国故事，传播好中国声音，向世界展示真实、立体、全面的中国。

第三节　研究问题和路径

　　我们将运用本研究所建构的中国古代科技术语英译的理论分析框架，以中国古代农业和手工业典籍《天工开物》、建筑典籍《营造法式》和航海典籍《瀛涯胜览》的英译本作为个案研究对象，提取其中最具代表性的科技术语英译文，开展中国古代科技术语的英译研究。其中，《天工开物》和《瀛涯胜览》目前皆有英译本出版。《营造法式》迄今尚无英译本，但已有与本研究密切相关的中国古建筑研究学者梁思成的汉英对照版著作《图像中国建筑史》（*A Pictorial History of Chinese Architecture: A Study of Its Development of Structural System and the Evolution of Its Types*）②和美国夏威夷大学冯继仁教授的英文版《中国建筑与隐喻：〈营造法式〉中的宋代文化》（*Chinese Architecture and Metaphor: Song Culture in the* Yingzao Fashi Building Manual）③出版。两部著作皆聚焦中国古建筑式样、房屋部件、建筑组件、工艺技术等方面的研究。在本研究中，我们将《图像中国建筑史》和《中国建筑与隐喻：〈营造法式〉中的宋代文化》两部用英文译写的异语著作视为广义上的

---

① 向玉乔. 提炼展示中华文明的精神标识和文化精髓. 人民日报，2023-06-20（9）.

② 梁思成用英文译写，其好友费慰梅（Wilma Fairbank）基于其英文原著的文字稿和图版完善编辑成书，其子梁从诫将之翻译成中文，由此，汉英对照版的《图像中国建筑史》于1984年首次由马萨诸塞大学出版社在美国出版。该书于2001年作为《梁思成全集》第八卷由中国建筑工业出版社在中国出版。

③ 冯继仁用英文译写的《中国建筑与隐喻：〈营造法式〉中的宋代文化》于2012年由美国夏威夷大学出版社和中国香港大学出版社联合出版。

"译著"。本研究的具体研究问题与研究路径如下。

一、研究问题

本研究分别选取《天工开物》《营造法式》和《瀛涯胜览》英译本中最具代表性的中国古代农业、手工业、建筑和航海术语作为个案研究语料,对上述四大类古代科技术语开展全面、系统的英译个案分析。鉴于这四大类古代科技术语都蕴含丰富的文化内涵,开展这四大类古代科技术语英译研究,务必首先对这些古代科技术语的原文的特征和类型进行研究,以便基于原文术语属性有针对性地开展翻译研究,达到预期的研究目的。鉴于此,本研究拟解决以下四个问题:

(1)中国古代农业、手工业、建筑和航海术语具有哪些突出的特征?

(2)中国古代农业、手工业、建筑和航海术语有哪些类型?

(3)中国古代农业、手工业、建筑和航海术语的英译采用了哪些翻译策略和方法?

(4)中国古代农业、手工业、建筑和航海术语英译的质量评价标准是什么?

二、研究路径

本研究通过融合翻译学、术语学和语言学理论视角,建构中国古代科技术语英译的理论分析框架,对中国古代农业、手工业、建筑和航海术语的英译进行个案分析。研究路径包括以下研究思路和研究方法。

(一)研究思路

理论来源于翻译实践,反过来又指导实践。因此,本研究采取"实践—理论—再实践—再理论"的研究路径,开展"问题导向"的个案研究,以达到理论与实践互释互证,理论指导实践,实践丰富理论的目的。鉴于本研究的内容是中国古代农业、手工业、建筑和航海四个专业领域内具有丰富文化内涵的古代科技术语,仅从翻译学的单一理论视角开展此类科技术语的翻译研究在很大程度上是难以取得令人满意的研究效果的，因而我们采取跨学科的研究路径。本研究综合运用调查研究法、个案研究法、文本细读与对比分析法以及交叉学科研究法，开展中国古代科技术语的英译研究。我们首先基于文本细读与对比分析对中国古代农业、手工业、建筑和航海术语开展分类研究，总结每一种术语的特征。然后，运用所建构的中国古代科技术语英译的理论分析框架，对这四大类古代科技术语的现有英译文开展个案分析，探究译者所采用的具体翻译策略和方法，以考察上述四大类古代科技术语的翻译是否达到了有效对外传播中国古代科技文明的总体翻译效果。

本研究的具体思路分为以下五个步骤。

步骤一：收集与整理个案研究语料，包括对原著进行研究的中英文资料、术语的英译本以及其他相关研究资料，以对个案研究语料进行透彻的分析。

步骤二：提取中国古代农业、手工业、建筑与航海术语，然后通过文本细读和对比分析对这四大类科技术语的类型和特征进行研究。

步骤三：研读相关的中外翻译学、术语学和语言学理论，建构中国古代科技术语英译的跨学科理论分析框架。

步骤四：运用所建构的中国古代科技术语英译的理论分析框架，开展中国古代农业、手工业、建筑与航海术语英译本的个案分析，探究译者所采取的翻译策略和翻译方法，并考察这四大类古代科技术语现有英译本的总体翻译效果。

步骤五：总结研究成果，并提出未来研究展望，为相关学者开展中国古代科技术语翻译研究（不限于英译研究），乃至中国科技典籍翻译的整体性理论研究提供方法论方面的指导，为中国科技典籍翻译研究与实践提供可资借鉴的个案研究案例。

（二）研究方法

本研究采用调查研究法、个案研究法、文本细读与对比分析法，以及跨学科研究法展开中国古代科技术语的英译研究。具体内容如下。

1. 调查研究法

在已获取基础性研究资料的前提下，本研究负责人以及团队成员通过多种调研途径进一步丰富研究资料。具体的调查研究途径如下。

第一，获取图书和相关电子资源。除了已有的中国古代农业、手工业典籍《天工开物》的王义静、王海燕和刘迎春的英译本，任以都和孙守全的英译本，以及李乔苹的英译本，中国古建筑研究知名学者梁思成的汉英对照版《图像中国建筑史》和冯继仁的英文版《中国建筑与隐喻：〈营造法式〉中的宋代文化》之外，我们还购买了研究所需的其他中英文资料，包括研究《天工开物》和《营造法式》的相关专业书籍，以及郑和下西洋的"三书"——《瀛涯胜览》《星槎胜览》和《西洋番国志》相关的中英文专业书籍。其中，英国汉学家约翰·维维安·戈特利布·米尔斯（John Vivian Gottlieb Mills）的《瀛涯胜览》英文全译本是从德国购买的，米尔斯英译、德国汉学家罗德里奇·普塔克（Rodrich Ptak）修订并注释的《星槎胜览》英文全译本是从中国国家图书馆影印的。本研究团队还通过检索国内各大学的电子数据库，搜集了研究中国古代农业、手工业、建筑和航海的大量中英文电子资源。

第二，咨询相关领域的专家和学者。本研究团队积极参加了中国英汉语比较研究会典籍英译专业委员会组织的"全国典籍翻译研讨会"以及其他相关的学术研讨活动，就本研究主题请教现场的国内外典籍翻译研究知名专家学者；通过与同行专家学者的面对面交流和电子邮件交流，得到了认识论、方法论等方面的指导，还获得了一些相关研究资料。同时，本研究团队还与专家学者们保持着常态化的通信联络，以切磋中国古代科技语翻译的一系列问题。

第三，赴国内外实地调研。本研究负责人受国家留学基金委资助赴英国做高级研究学者期间，到英国剑桥李约瑟研究所、英国国家海事博物馆、大英博物馆、卡迪夫大学等机构实地调研，通过检索电子数据库等方式获取了本研究所需的大量宝贵资料。本研究团队成员还先后到北京大学、清华大学、沈阳建筑大学等国内高校以及中国国家图书馆、中国航海博物馆和香港海事博物馆等处进行田野调查，以获取本研究所需的多种资料。

2. 个案研究法

我们以中国农业、手工业典籍《天工开物》及其三个英文全译本，建筑典籍《营造法式》及梁思成的汉英对照版著作《图像中国建筑史》和冯继仁的英文版著作《中国建筑与隐喻:〈营造法式〉中的宋代文化》，以及航海典籍《瀛涯胜览》及其英文全译本作为个案研究对象，首先对提取出来的中国古代科技术语进行术语特征和分类研究，进而从翻译学、术语学和语言学视角开展中国古代科技术语英译的个案分析。

3. 文本细读与对比分析法

典籍的译本是开展翻译批评的重要基础和重要依据。我们基于《天工开物》原著和三个英文全译本，对中国古代农业和手工业术语的英译进行文本细读与对比分析；对建筑典籍《营造法式》进行文本细读与术语研究，同时对梁思成的汉英对照版著作《图像中国建筑史》和冯继仁的英文版著作《中国建筑与隐喻:〈营造法式〉中的宋代文化》进行文本细读，开展中国古代建筑术语的英译分析；对航海典籍《瀛涯胜览》原著和英国著名汉学家米尔斯的《瀛涯胜览》英文全译本进行文本细读，开展中国古代航海术语的英译分析。在案例分析的过程中，我们还通过检索权威的在线英语词典、英文百科全书，以及英国和美国的语料库数据，来验证中国古代科技术语的英译是否符合本研究所提出的术语译名的准确规范性、充分性和可接受性原则，是否取得了有效对外传播中国古代科技文明的总体翻译效果。

4. 跨学科研究法

中国古代百科全书式的科技典籍《天工开物》记载了中国古代农业和手工业三十个部门的生产技术，全面展示了在诸多方面领先于世界的中国明代农业和手工业发展成就；被学界誉为中古时期全球内容最完备的建筑学著作之一的《营造法式》详述了中国古建筑的各类工艺技术，体现了建筑制图学、模数、力学及系统工程层面的建筑思想；郑和航海典籍《瀛涯胜览》记录了郑和船队到访的二十余个亚洲国家的地理、政治、农业、手工业、风俗、宗教等情况。上述三部典籍中的古代农业、手工业、建筑和航海术语都具有鲜明的文化特征和丰富的跨学科内涵。基于上述三部中国科技典籍开展四个大类的中国古代科技术语英译的跨学科研究，很大程度上是由原文术语本身的跨学科性质决定的。因此，本研究综合运用当代翻译学、术语学和语言学理论视角，建构了中国古代科技术语英译分析的理论框架，进而对上述四大类中国古代科技术语开展跨学科翻译研究。

第四节　研究可行性分析

一、充分的条件保障

本研究负责人在博士学习阶段和现阶段开展的学术研究皆为典籍翻译，研究特长为中国科技典籍英译；近年来发表了多篇中国科技典籍英译研究论文，并完成了教育部人文社科规划项目"中国古代航海文献翻译研究"，具有丰富的研究经验。研究团队成员也都具有主持国家社科基金项目、省部级项目的经验。本研究负责人所组建的这支校际合作的、年龄、学历、职称和知识结构合理的科技典籍英译研究团队，还广泛咨询并借鉴了从事典籍翻译研究、科技术语研究以及术语翻译研究的其他专家和学者的意见和建议，实现了中国古代科技术语英译研究的跨学科的学术资源优势互补，以及科研人员的联合攻关与协同创新。同时，团队成员都是专职的教学科研人员，具有丰富的科研工作经验和充足的科研时间，而且各成员所在单位皆拥有支撑课题研究的优越科研条件。

二、良好的学术积累

第一，本研究团队通过多个渠道获得了研究所需的学术资源。研究团队通过广泛而深入的国内外调研和文献检索，收集整理了研究所需的基础性资料，包括大量电子资源和图书资料；通过参加相关翻译学术研讨会和电子邮件交流，获得了相关专家学者的及时指导；通过与同行进行资源共享，补充了课题研究所需的重要资料。

第二，研究团队具有扎实的前期学术积累。本研究的课题获批后，负责人带领团队成员撰写多篇论文，探讨了中国古代科技术语翻译研究。其中，全英文撰写的《中国古代农业》（"Agriculture in Traditional China"）、《中国古代手工业》（"Handicraft in Traditional China"）和《中国古代造船》（"Boat/Ship Building in Traditional China"）入选 2020 年出版的《劳特里奇中国传统文化百科全书》（*Routledge Encyclopedia of Traditional Chinese Culture*）。此外，除了开展本课题研究，本研究负责人又获批 2017 年度教育部重大课题攻关项目"中外海洋文化交流历史文献的整理与传播研究"。由于该项目研究广泛涉及中国古代"海上丝绸之路"上的中外科技文明的交流与互鉴，因此，项目科研团队所收集和整理的部分研究资料又进一步充实了本课题的部分研究文献，同时为本研究以及结项著作的撰写提供了重要的支撑。

第三，本研究团队不仅科研能力强，学术成果丰富，而且学术资源优势互补，经常开展联合攻关与协同创新。集各自研究特长构成的研究团队从资料收集、数据采集到文献整理与分析，从理论分析框架的建构到个案研究的展开，都能够高度配合，协同开展本研究的各项具体工作。

三、明确的研究目标

本研究综合运用翻译学、术语学、语言学理论，建构了中国古代科技术语英译研究的理论分析框架，对中国古代农业、手工业、建筑和航海四大类科技术语的类型和特征进行研究，进而开展上述四大类古代科技术语英译的个案分析。本研究具有明确的目标定位，我们探讨中国古代科技术语的英译，旨在对外传播中华优秀传统文化，助力中华优秀传统文化"走出去"，服务中国文化软实力建设的现实需要。

四、清晰的研究思路

本研究立足中国古代科技术语的英译现状，坚持"问题导向"的研究原则，在总结中国古代科技术语英译研究成绩与不足的基础上，选取能够代表中国古代科技成就的农业、手工业、建筑和航海四个重要领域的古代科技术语作为个案分析语料，从跨学科的理论视角开展中国古代科技术语的英译研究，研究思路清晰，具有很强的可操作性。

第五节 研究框架

本书共分为八章，从研究背景的介绍、文献综述的梳理，到理论框架的构建和个案研究的深入分析，最终归纳总结研究成果，并展望未来研究方向。具体如下。

第一章为绪论。首先，基于对中国科技典籍价值的新认识以及对中国古代科技术语英译研究的新思考，介绍中国古代科技术语英译研究的背景。其次，指出本研究的目的和意义在于开阔中国典籍翻译研究视野，在一定程度上补齐中国古代科技术语英译缺乏整体性研究的"短板"，并推动中华优秀传统文化"走出去"。再次，提出研究问题和研究路径。最后，介绍本研究的框架。

第二章为文献综述。从术语的定义和基本特征入手，首先对当前术语研究现状进行简要回顾。在此基础上，论述术语翻译的重要性和研究现状，术语翻译的定位、原则、策略和方法；在中国古代科技术语的翻译研究现状和趋势分析的基础上，指出本研究的创新点。

第三章为本研究的立论基础。首先，对国内外相关翻译理论研究成果进行概述。其次，基于中外学者关于词汇层面翻译研究的核心观点，建构中国古代科技术语英译分析的理论框架，即提出中国古代科技术语英译应该遵守的翻译策略和方法，以及中国古代科技术语英译的译文质量评价标准。

第四章至第七章为个案研究。这四章分别以《天工开物》《营造法式》和《瀛涯胜览》的英译本为研究语料，运用本研究建构的中国古代科技术语英译分析的理论框架对上述典籍中的中国古代农业、手工业、建筑和航海术语英译进行个案分析。这一部分先对上述四大类古代科技术语进行特征和分类研究，然后通过分析译者所采用的翻译策略和方法，考察中国古代科技术语英译的准确规范性、充分性以及可接受性；进而论述中国古代科技术语的英译是否取得有效对外传播中国古代科技文明的总体翻译效果，是否有效推动和促进了中国古代科技文明的国际传播。

第八章为结论。在总结本研究主要成果的基础上，阐明主要学术贡献，并指出未来的研究方向。

第二章　文献综述

第一节　术语研究概述

在人类发展的历史长河中，人类认识世界和改造世界的生产、生活活动造就了各具特色的文化习俗、思想观点、社会制度和科技发现与发明，这些新事物、新概念、新技术需要通过相应的语言符号来记载或标记。在这一过程中，这些语言符号被凝炼成了"术语"。因此，术语承载和积淀了人类进步和发展的主要信息，是不同民族、不同国家的人们所共同享有的精神财富。

一、术语定义概说

关于如何为"术语"下定义，学界普遍达成的共识是：迄今为止，尚未产生广为接受的能够概括术语全貌的术语定义。术语的动态性和学科交叉性造成了术语定义的多样化。[①] 因为科学技术的不断进步会推动术语的扩展和完善，而术语的界定又同时涉及不同学科、不同行业的专业背景知识，所以很难给出一个令人满意的定义，将术语所有的特征和属性都囊括在内。然而，不同学科的研究者可以从自己的研究视角出发，将其看作某一个学科的"研究对象"进行分析，从而阐释术语的定义。

从 20 世纪 30 年代诞生，到 20 世纪 70 年代成为一门独立的综合

---

① 陈雪. 认知术语学概论. 北京：商务印书馆，2017：24.

学科，术语学始终显示出较强的学科交叉性，与众多学科有着密切的联系，如哲学、逻辑学、语言学、符号学、信息学等。随着理论研究的不断深入与术语工作的逐步推进，加上各类术语学术会议和相关组织（如国际标准化组织，International Organization for Standardization，ISO）的推动，现代术语学在世界范围内蓬勃发展的新版图已经形成，使得术语学处于不同学科的交叉点这一学术事实也普遍被接受。

术语学界一致认可的另一点是：传统术语学为现代术语学的发展奠定了基础，并确立了现代术语学乃至于今后术语学发展的基本理论框架。奥地利术语学家欧根·维斯特（Eugen Wüster）是现代术语学的奠基人，他所代表的德奥（维也纳）学派侧重从哲学、逻辑学的角度研究术语。以概念为本，从概念出发，研究概念的本质、概念的逻辑关系和明确划分，以及以此为基础的术语规范化和标准化是该学派研究的重点。与维也纳学派几乎同时诞生的俄罗斯（苏联）学派偏重从语言学角度关注术语学的基本问题，主要包括：专业词汇的划分、术语的特性、术语和概念的关系、术语的定义、术语在其他学科中的地位、术语与一般词汇的区别等。[1] 术语首先以词汇单位的形式存在于自然语言中，在词汇学的框架内被研究。当术语与某一专业概念对应时，这些词或词组就成了指称该概念的术语。在传统术语学理论基础上，揭春雨和冯志伟提出了基于知识本体的术语定义，即术语是专门用于语言中专业知识的语言表达。[2] 这些研究从三个方面扩展了术语研究的领域：术语可以通过名词、动词、形容词、副词等多种词性来表达；术语甚至可以包含指称专业知识的短语和句子，存在形态、语义、句法、扩展等变体；伴随着科学技术的进步，新的专业概念不断产生，术语研究也应该考虑术语历时的动态发展。

鉴于本书旨在运用翻译学、术语学和语言学理论对中国古代科技术语英译进行跨学科研究，我们倾向于采纳冯志伟对术语的定义："通过

---

[1] 陈雪.认知术语学概论.北京：商务印书馆，2017：39.
[2] 揭春雨，冯志伟.基于知识本体的术语定义（上）.术语标准化与信息技术，2009（2）：4-8，43.

语音或文字来表达或限定专业概念的约定性符号，叫作术语。术语可以是词，也可以是词组，只包括一个单词的术语叫作单词型术语，由若干个单词构成的术语叫作词组型术语，又可以叫作多词型术语。"① 冯志伟不仅从术语的标记手段角度指出了术语采用"语音"与"文字"的语言模态，还针对术语的形态学特征，将其概括为"单词型术语"与"多词型术语"。该定义为本书开展中国古代科技术语英译研究提供了重要的语言学理据和术语学理论基础。根据以上相关定义，我们可以明确术语的本质内涵：术语是一种"人类科学知识在语言中的结晶"②。换句话说，术语是"分配给概念的语言称谓"③。总之，术语将科学概念与语言符号连接在一起，是一种对科学概念的约定性语言符号。

二、术语基本特征简述

基于术语的定义，众多学者又进一步探讨了术语的特征。学界虽然没有对术语的特征形成统一的界定，但大多数学者均对其特征的复杂性达成了共识：因为术语涉及"所指称的专业概念系统、指称所应用的语言符号系统以及所蕴含的文化生态系统"，所以其特征属性也是复合的，而非单一的。④ 综合众多学者的研究成果，我们将术语的突出特征归纳为以下几点：科学性、符号性、单义性和系统性。

第一，科学性。术语是为了描述概念本质和科学现象而存在的，必须以科学的概念为基础，确切地反映所指称的事物、技术、概念的特征。因此，术语无法脱离专业知识的内涵和本质，具有准确反映科学知识的"科学性"。

第二，符号性。与自然语言中的普通词汇不同，术语"与符号更

---

① 冯志伟 . 现代术语学引论（增订本）. 北京：商务印书馆，2011：29.
② 冯志伟 . 现代术语学引论（增订本）. 北京：商务印书馆，2011：29.
③ 方梦之 . 应用翻译研究：原理、策略与技巧（修订版）. 上海：上海外语教育出版社，2019：261.
④ 胡叶，魏向清 . 语言学术语翻译标准新探——兼谈术语翻译的系统经济律 . 中国翻译，2014（4）：17.

接近，在更大程度上具有符号的性质"①，这就决定了术语的语言形式是"科学领域使用的特殊符号"②。受语言形式的影响，术语的称名手段不同于普通词汇，可以采用专名或符号。这就是术语在语言形式和称名手段两方面所展现的"符号性"特征。

第三，单义性。作为某一专业领域的符号称名，术语也因此具备了"单义性"的特征。在同一个学科内部，一个术语只能指称一个概念；反之，一个概念也只能对应一个术语称名。术语称名与其所指称的专业概念之间存在确定的、单一的对照关系。

第四，系统性。术语的"系统性"是指某一特定领域的不同术语自然形成了一个层次结构明确的术语系统，而不同术语之间也因此保持了系统内的逻辑相关性，用于表述同一科学系统之内的相关概念。

综上所述，术语的这四个特征是互相联系、有机统一的。术语的形成过程决定了其自身的"科学性"，只有科学、准确的术语才能确切指称事物和概念。术语的科学性也自然决定了它在语言形式和称名手段上的"符号性"，继而也要求术语与概念之间具有一一对应的"单义性"。术语的这三点特征又同时对它的"系统性"提出要求：经过多个概念的逻辑相连，单个的术语必定构成一个意义准确、各自对应不同概念的符号系统。

第二节　术语翻译研究述评

梳理了术语的定义和特征之后，我们来探讨一下术语翻译研究问题。术语本土化和术语国际化都会涉及术语翻译的问题，因此，术语翻译的重要性显而易见。关于术语翻译研究的探讨，应该从介绍术语翻译的重要性开始。同时，需要注意的是，现阶段术语翻译仍存在一些不足，这就需要我们进一步讨论术语翻译的本质、原则与相应的翻译策略和方法。这里我们将首先对国内现有的术语翻译研究现状进行述评。

---

① 郑述谱.词典·词汇·术语.哈尔滨：黑龙江人民出版社，2005：159.
② 信娜.试析术语符号性及翻译策略.上海翻译，2011（4）：69.

一、术语翻译的重要性及现状简述

术语伴随着人类社会的进步而产生，涉及自然科学、人文科学和社会科学的方方面面。在日益加速、愈发频繁的国际交流与合作中，术语又通过在不同语言之间的转换传播了它所标记和指称的新概念、新事物、新方法和新思维。术语本土化与国际化在很大程度上都依赖于翻译而得以顺利进行，这引发了学界对术语翻译方法的持续关注和积极探讨。因为术语集中反映了科学概念，是科学知识的主要载体，术语翻译也就承担起了传播人类科学知识的重要任务。术语本土化过程中的术语翻译，通过对术语在不同自然语言中译名的系统整理，探讨了科学的路径与方法，继而推动了科学技术的进一步发展。而术语国际化过程中的术语翻译，能够通过术语输出提升一个民族的国际影响力，同时也能为人类科学技术发展做出重要贡献。总之，术语翻译对于术语所承载的科学知识本身和输入、输出术语的民族和国家，都大有裨益。

值得注意的是，在我国目前的术语翻译中还存在很多问题。术语翻译有时质量欠佳，甚至非常混乱，例如，错译、乱译现象比较严重。其中，错译主要是指译者在翻译过程中将原文中的术语译为一般含义（如医学术语初始心律的英文"the initial rhythm"可能被译为"最初的节律"）或错误含义。而典型的乱译的例子包括：同一个术语有不同的译名，也就是一名多译现象；同一个译名指称了不同的术语，也就是异名同译现象；同一个术语的新旧译名同时使用，也就是新旧译名混乱现象；同一个术语，有的用音译法，有的用意译法，也就是译法混乱现象。这些术语的错译、乱译现象在很大程度上制约了科学信息的准确、有效传播，也对读者造成了严重的干扰。

二、术语翻译的本质定位

要解决术语翻译中存在的问题，就要明确术语翻译的本质，以此为理据，才能有效确定进行术语的准确翻译应该采用的策略和方法。魏向清在探讨术语翻译实践方法论的过程中，对术语翻译的定位进行了剖析①，并提出要想搞清楚术语翻译的实践指向，就必须从其实践对象、过程和结果这三个方面进行考察。第一，作为术语翻译的实践对象，术语既具有符号表征的语言形式，又蕴含知识传播与话语交际的语言意义，因而同时承载了概念认知与言语交际的双重功能。从这个意义上来讲，术语翻译的过程实质上就成了一种以语言符号为中介，进行知识传播与话语交际的过程。第二，从实践过程来看，一方面，术语翻译由复杂的实践主体进行翻译选择，这种复杂性既体现在不同译者对于同一术语概念的翻译实践中，也体现在术语翻译的译者与读者之间的双向选择中；另一方面，术语翻译的实践过程还涉及历时维度的术语译名变化。因此，综合对术语翻译实践过程的这两个角度的考察，术语翻译的实质可以定性为多主体介入的过程性动态实践，它的稳定性是相对的，流变性是绝对的。第三，从实践结果来考察术语翻译的定位，同样也应该从术语的概念认知与言语交际的双重功能出发。成功的术语翻译自然应该具有知识表征和话语构建的双重功能。

总之，术语翻译是一种多主体介入、借助语言符号进行知识传播与话语构建的过程性实践活动。对于术语翻译的复杂实践过程的这种本质的探索，关系到术语翻译实践的理性认知与原则确立。② 我们对术语翻译实践活动的定位如图 2-1 所示。

---

① 魏向清. 从"中华思想文化术语"英译看文化术语翻译的实践理性及其有效性原则. 外语研究，2018（3）: 66-67.
② 魏向清. 从"中华思想文化术语"英译看文化术语翻译的实践理性及其有效性原则. 外语研究，2018（3）: 67.

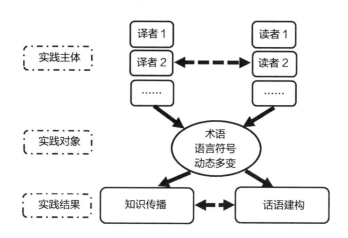

图 2-1　术语翻译实践活动定位

三、术语翻译的原则

基于对术语翻译定位的思考，我们简述一下术语翻译原则的研究。值得一提的是，术语翻译并没有标准的最终准绳。学界对于术语翻译原则的不断探讨就验证了这一点。姜望琪曾提出术语翻译的标准：准确性、可读性、透明性和约定俗成。① 对此，侯国金又进行进一步商榷，提出了系统 - 可辨性原则，并阐释了该项原则与姜望琪所述三项原则的包容关系。② 此外，高淑芳提出了科技术语翻译的三原则：单一性、简洁性和规范性。③ 而戎林海和戎佩珏则认为，术语翻译应当符合准确性、单一性和规范性的原则。④

① 姜望琪.论术语翻译的标准.上海翻译，2005（S1）：80-84；姜望琪.再论术语翻译的标准——答侯国金（2009）.上海翻译，2010（2）：65-69.

② 侯国金.语言学术语翻译的系统—可辨性原则——兼评姜望琪（2005）.上海翻译，2009（2）：69-73；侯国金.语言学术语翻译的原则和"三从四得"——应姜望琪之"答".外国语文，2011（3）：94-99.

③ 高淑芳.科技术语的翻译原则初探.术语标准化与信息技术，2005（1）：46-47.

④ 戎林海，戎佩珏.术语翻译刍议.中国科技术语，2010（6）：39-43.

考虑到术语翻译是一种特殊的语际翻译实践活动，术语翻译原则的确立和方法的选择也必须以其实践本质为主要出发点。鉴于此，我们综合分析了以上学者所提出的术语翻译的不同原则的内涵，并从术语翻译实践活动的本质定位出发，以图表的形式归纳了当前研究对符合术语翻译本质的翻译原则的探讨（见图 2-2）。

第一，从术语翻译介入主体的角度考量，作为一种语际翻译实践活动的术语翻译，既要服务于译者想要传达的原语信息，也要服务于读者的文本理解与信息需求。因此，术语翻译原则的确立应该同时考虑到译者与读者双方的需求。从译者的角度出发，规范统一性是术语翻译的首要原则。译者必须确保术语的译名符合科技语言的规范和国家、国际相关标准。另外，当不同译者同时进行同一术语的翻译实践时，要确保一词一译①，即在一个语言体系内，每个特定的科学术语有且只有一个译名与其对应，这就是所谓的规范统一性。从读者的角度出发，术语翻译既要通顺、通俗，使读者可以轻松读懂，"见词明义"，即满足"可读性"原则；同时，术语翻译的结果也要方便读者轻松地分辨出原语中的术语，甚至可以进行回译②，即满足术语翻译的"透明性"原则。

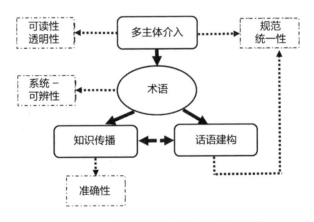

图 2-2　基于术语翻译本质的术语翻译原则

①　高淑芳.科技术语的翻译原则初探.术语标准化与信息技术，2005（1）：46-47.
②　姜望琪.论术语翻译的标准.上海翻译，2005（S1）：83.

第二，当考虑到术语翻译的结果和目标时，译者应该遵循"准确性原则"与"规范统一性原则"。一方面，术语翻译的译者承担着传播科学知识的重要责任，这也是术语翻译的第一个实践目标，因此，确保术语译名的准确性是术语翻译最重要的原则。当其他翻译原则与准确性原则相冲突时，准确性是第一位的。① 另一方面，术语翻译的第二个实践目标是建构术语的话语体系，这又涉及上文提到的规范统一性原则。该原则从两个角度规定了术语翻译符合已有标准的"规范性"和一词一译的"统一性"，这是对译者这一术语翻译的实践主体提出的要求。同时，这一原则同样适用于考量术语翻译的实践结果：话语建构。因为术语翻译存在一定的"主体先用性"②，即在译名同样准确、合理的前提下，先译出的译名更容易得到广泛认可与推广。这就决定了术语翻译过程中的话语权一定程度上取决于翻译时间的先后。但术语翻译实践中这一约定俗成的规则会引发术语译名的混乱，新旧译名同时使用就是不同译者对于术语翻译进行不断探索的结果。因此，在建构术语译名话语体系的过程中，规范统一性是所有译者都应该遵循的一项重要原则。

第三，从术语翻译的对象与过程角度出发，译者应该重视术语作为系统而存在的"整体性"与术语随着科技进步而产生动态发展的"流变性"。但通过分析内涵，我们可以发现，上述规范统一性、可读性与透明性以及准确性的术语翻译原则，基本适用于单个术语命名及翻译的要求，但在将术语系统统一考量时则存在一定局限。③ 为了弥补这一局限，侯国金提出了术语翻译的"系统－可辨性"原则。④ 该原则注重将单个术语置于术语所指称的概念所处的系统中加以解释，关注术语与概念系统的逻辑相关性，以及不同术语之间、不同时期术语之间的差异流变

① 姜望琪.论术语翻译的标准.上海翻译，2005（S1）：84.
② 侯国金.语言学术语翻译的系统—可辨性原则——兼评姜望琪（2005）.上海翻译，2009（2）：71.
③ 胡叶，魏向清.语言学术语翻译标准新探——兼谈术语翻译的系统经济律.中国翻译，2014（4）：17.
④ 侯国金.语言学术语翻译的系统—可辨性原则——兼评姜望琪（2005）.上海翻译，2009（2）：69-73.

性。具体来说，在翻译同一个概念系统中的术语时，译者既要注意保持相关、类似术语的学科主题的统一性，又要显示出不同术语之间、不同时期的术语之间的差异可辨性。①

四、术语翻译的策略与方法简述

综上所述，术语翻译的过程错综复杂，不可能由一种或几种原则来统一。上述几种翻译原则符合术语翻译的主体要求、对象属性和实践目标，并兼容互补、相辅相成，能够共同指导译者进行科学、合理的术语翻译实践活动。以这些翻译原则为指导，术语翻译方面的研究者们对术语翻译的策略与方法进行了进一步的考察。参照沈群英、付挺刚绘制的表格"术语语际翻译方法论的构建"②，我们将学界比较认同的术语翻译策略及方法整合在图 2-3 中。

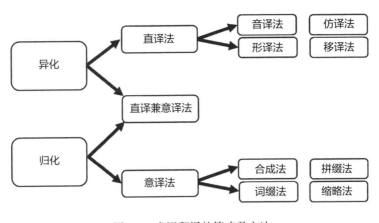

图 2-3　术语翻译的策略及方法

（一）术语翻译的异化策略和归化策略

术语翻译的本质定位和原则确立从根本上决定了术语翻译的策略选

---

① 侯国金.语言学术语翻译的原则和"三从四得"——应姜望琪之"答".外国语文，2011（3）：94-99.

② 沈群英，付挺刚.归化和异化策略下的术语翻译.中国科技术语，2016（3）：32.

择，这是因为翻译策略是较宏观的概念，受社会文化、制度决策等许多外界语境因素的影响，关乎译者和读者的"心理倾向、翻译目的和翻译结果"等翻译实践内容^①。因此，由介入主体、实践对象和实践结果决定的术语翻译本质定位和原则便成为译者选择术语翻译策略的基本理据。

异化和归化这两种翻译策略，本质的区别在于采取哪一种取向，向翻译实践活动的哪一方的介入主体靠拢。具体到术语翻译的实践活动中，异化策略强调还原术语的语言形式，在语音、字形和表层语义上坚持与原语术语的一致性和相似性，主要采用直译法。而术语翻译中的归化策略则力求术语概念意义的如实传达，通过使用目的语中的语音、字形和语义要素来翻译原语中的术语，符合目的语读者的接受和理解能力。这是从理论视角判断出的这两种翻译策略的不同。但必须指出的是，在实际的术语翻译实践活动中，这两种翻译策略并不是互斥的。相反，在很多情况下，异化与归化的术语翻译策略是相辅相成、融通共用的。不同学者对于术语翻译应秉承哪种策略进行了探讨，虽有不同见解，但也存在实质的共识。具体来说，一部分学者认为术语翻译应该以异化策略为主^②，以直译法为基础^③，以音译法为主要译法^④，以再现原语术语的语言形态为中心^⑤。异化策略和归化策略在术语翻译中都有存在的意义，并且各自不能独立存在。因此，就术语翻译策略选择而言，学者们达成了一点共识：译者有必要将两种策略融合使用，即直译法和意译法并用，才能确保译入语对原语术语的语言形态和深层语义两方面的补充和兼顾。因此，我们认为，在术语翻译的过程中，异化和归化两种策略应相互关联、相互融合。西班牙翻译学者哈维尔·佛朗哥·艾克西拉（Javier Franco Aixelá）继承了文化学派翻译学者劳伦斯·韦努蒂

① 沈群英，付挺刚.归化和异化策略下的术语翻译.中国科技术语，2016（3）：32.
② 戎林海，戎佩珏.术语翻译刍议.中国科技术语，2010（6）：39-43.
③ 沈群英.术语翻译的直接法和间接法.中国科技术语，2015（4）：27-32.
④ 马菊红.对现行术语定名原则之我见.科技术语研究，2000（1）：6-8；涂和平.物名翻译及其标准化进程.上海翻译，2005（2）：65-67；周光父，高岩杰.音译为主，意译为辅——试论科技术语的翻译.上海科技翻译，1989（2）：9-15.
⑤ 信娜.试析术语符号性及翻译策略.上海翻译，2011（4）：69-72.

（Lawrence Venuti）的"归化翻译策略"和"异化翻译策略"基本思想，倡导文化专有项翻译的"文化保留性翻译策略"和"文化替代性翻译策略"，并提出两种翻译策略下的 11 种行之有效的翻译方法，对此我们将在第三章进行具体论述。下面我们梳理一下当前术语翻译研究中提到的几种基本翻译方法。

（二）术语的翻译方法

1. 直译法

在异化翻译策略指导下，译者主要采用直译法来翻译术语。术语直译法的意义和作用可以归纳为：最大程度上实现原语和目的语中术语在语言形式上的相似性。这对于原语来说，可以有效保留原语术语称名的民族特征和地域特点，有利于术语在初级阶段的对外传播。同时，对于目的语来说，术语直译可以丰富目的语的术语表达手段，间接促进目的语国家的科技进步。针对原语术语语言形式和表层意义的不同分类，我们可以将术语直译法分为以下四种：再现原语术语语音形式的"音译法"、再现原语术语书写形式的"形译法"、再现原语术语表层语义的"仿译法"以及结合音形义三者进行整体翻译的"移译法"。

音译法是利用目的语的语音单位直接翻译原语术语的语音单位的翻译方法。这种直译的方法在两种术语翻译的情形下最为适用：一是翻译对象是根据人名、地名进行命名的术语；二是刚刚产生，在原语与目的语中存在较大的语义空白的新术语。根据人名、地名、商标名创制的术语，一般采用纯音译的方法。而针对目的语中没有词汇进行直接对应的新术语的情况，可以采用三种不同的术语音译方法。[①] 一是纯音译的方法；二是谐音兼义译；三是部分音译，即保留原语术语一部分语素的语音形式，而另一部分则直接翻译出语素的表层语义。总之，无论采用哪种具体的音译方法，术语的音译法只是新术语及时传播的权宜之计。随着目的语国家的人们对于新术语理解的逐步加深，采用其他翻译方法得

---

① 沈群英 . 术语翻译的直接法和间接法 . 中国科技术语，2015（4）：27-32.

出的术语的新译名会很快取代这种音译的术语译名。

术语的形译法也是一种可以弥补音译法不足的术语直译方法。这种直译方法一般适用于复合结构的术语翻译实践，即以一个表示形状、特性、顺序等科学知识的字母和一个单词组成的术语。

除了再现原语术语语音要素的音译法和再现原语术语书写要素的形译法，再现原语术语表层语义的仿译法也成了引进外来术语时译者采用的最主要的翻译方法。[①]

最后一种术语直译的方法就是移译法，即将音译法、形译法、仿译法三种翻译方法结合到一起，将原语术语的语音、字形和表层语义进行整体翻译，将原语中的术语直接移植到目的语中，因此也被认为是一种零翻译（不译）的手法。对于译入语而言，术语的移译法形成了文字书写体系的变异，形成了融入外语书写形式的"多元化格局"[②]。毋庸置疑的一点是，这种完全保留原语中术语的移译法，对于术语的国际交流和传播是有利的。

2. 意译法

与术语的直译法相反，意译法是归化翻译策略下的一种主要翻译方法。结合术语的翻译特点，术语的意译法可以定义为：以目的语的语言形式为导向，再现原语术语深层意义的翻译方法。鉴于术语翻译的重要目标是科学知识的传播和科学话语体系的建构，因此，确保术语的深层次概念意义通过翻译进行传播是术语翻译工作者的责任。术语的意译法从原语术语的语义概念出发，在目的语中寻找贴合原语术语词义的词语进行翻译，能充分再现原语术语的深层意义。因此，术语的意译法可以最便捷地实现术语语际翻译的目标。例如，英国翻译学者莫娜·贝克（Mona Baker）提出的"用概括性词语（上义词）释义、用中性词语或表达功能不强的词语释义、借词或借词加释义"[③]，以及彼得·纽马克（Peter

---

① 沈群英. 术语翻译的直接法和间接法. 中国科技术语，2015（4）：29.
② 沈群英. 术语翻译的直接法和间接法. 中国科技术语，2015（4）：30.
③ Baker, M. *In Other Words: A Coursebook on Translation*. New York: Routledge, 2018: 34.

Newmark）提出的"释义法"①，等等，本质上都是可以用于术语翻译的意译法。对此我们将在第三章进行具体论述。

3. 直译兼意译法

在术语翻译的实际操作过程中，应该首选直译法还是意译法一直是学界不断探讨的焦点。直译和意译不是一对完全对立的方法；相反，两者是相互补充、相互渗透的关系。基于这一点，众多学者都提出应该以直译为基础，将直译与意译进行融合。②例如，将"V block"翻译为"三角槽铁"就是将前一部分用形译法译出、后一部分用意译法译出的形译兼意译法的运用。此外，还存在一些音译兼意译法的情况，例如，将"Maxwell field equation"翻译为"麦克斯韦场方程"。这些直译兼意译的术语翻译方法兼顾了原语术语的语言形式和概念意义在目的语中的再现，既保留了原语术语的称名特征，又方便目的语读者接受和理解，弥补了术语直译法和术语意译法各自在语言意义和语言形式上的缺失。

综上所述，在术语翻译实践活动中，译者应根据翻译对象的特性，分析原语术语在语音、字形、构词、语义等方面的特征，以异化、归化翻译策略为导向，变通使用术语直译法下的音译法、形译法、仿译法、移译法，以及术语意译法下的合成法、词缀法、拼缀法、缩略法，并根据需要适当进行音译兼意译法的融合使用。总之，译者应该以术语翻译兼顾原语术语语言形式与概念意义、方便译入语读者理解和接受的目标为准则，进行翻译策略与翻译方法的灵活选择，服务于术语的语际传播和科学技术的国际交流。

五、术语翻译研究述评

如前文所述，学界普遍肯定术语翻译对于传播科学知识和构建科学话语体系的重要意义，因此，国内学者对术语翻译的关注度不断提升，

---

① Newmark, P. *Approaches to Translation*. Shanghai: Shanghai Foreign Language Education Press, 2001: 90.
② 许崇信. 从现代翻译实践重新认识直译与意译问题. 外国语, 1981（6）: 30-34；沈群英. 术语翻译的直接法和间接法. 中国科技术语, 2015（4）: 27-32.

术语翻译研究呈现出逐年递增的良好发展趋势。经过几十年的辛勤耕耘，我国在术语翻译研究领域取得了很好的成绩。基于相关研究的综合考察，我们将对国内学者迄今为止的术语翻译研究进行整理述评，旨在推进术语翻译研究的深入开展。

（一）术语翻译研究涉及的学科领域

术语翻译研究涉及的学科是本书考察我国术语翻译现有研究的一个视角。据本研究粗略统计，相关术语翻译研究的考察对象涉及自然科学、人文科学和社会科学领域的众多分支学科。其中，自然科学领域仍然是我国目前术语翻译研究的热点。相比之下，法学、经济学、教育学等非自然科学领域的术语翻译研究数量仍显不足。自然科学领域的术语翻译研究涵盖了数学、农学、物理学、医学、化学、地学等不同学科，而医学术语翻译是最受我国学者关注的热点。在中国知网仅以"医学术语翻译"为主题词进行文献搜索[1]，就得到了116篇中文学位论文及期刊论文，且涉及多种医学分支的术语翻译，如预防医学[2]、生物医学[3]、中医学[4] 等，这充分体现了国内相关学者对医学术语翻译研究关注度较高，也反映了我国医学术语翻译研究已相对成熟。

另外，农学术语翻译研究也呈现出较快的增长趋势，研究数量较多。农学术语翻译受到学界关注的原因无外乎两点：一是我国作为农业大国，农学发展较为成熟，农学专业人士对于农林产品、农业生产技术及器具等农学术语的关注度较高，术语在命名与翻译过程中的规范化问题自然会促进相关术语翻译研究的蓬勃开展。二是在这一背景下，专家学者将国内外丰富的农学文献作为主要考察文本，进行农学术语的翻译研究，丰富了该领域的研究成果，国内外（尤其是我国）丰富的农学文献也进一步提升了我国农学术语翻译研究受重视的程度。

---

[1] 此处的检索数据截至 2020 年 4 月。

[2] 周剑平 . 预防医学常见英语术语的翻译研究 . 赤子，2015（19）：64.

[3] 吴涛，张玲，袁天峰 . 生物医学术语翻译举隅——以 Transfection, Transformation 和 Transduction 为例 . 中国科技翻译，2012（4）：58-60.

[4] 孟宪友 . 中医舌诊术语翻译的标准化研究 . 广州：广州中医药大学，2016.

不过，与此同时，自然科学领域某些学科的术语翻译研究还没有引起学界的足够重视，较受冷落。相比于医学、农学术语翻译研究的庞大体量，天文学、物理学、数学、建筑学、航海学等自然科学领域的术语翻译研究相对较少，人文科学和社会科学领域的术语翻译研究也没有得到足够的重视。由此可见，我国目前的术语翻译研究考察范围不够全面，亟待翻译研究者和各个学科领域的专业学者共同努力，扩展相关领域的术语翻译研究，以满足术语翻译实践需要，促进中外科技文化交流。

（二）术语翻译研究涉及的语言

本书考察我国术语翻译现有研究的另一视角是这些研究文献所涉及的语言。正如前文所述，术语翻译包括外来术语引进和本国术语外译两个方向。我国的术语翻译研究对这两个方向均有涉猎。其中，外来术语汉译的相关研究涉及多种外语，如英语、法语、德语、俄语等，而英语术语汉译的文献占绝大多数。一方面，当某些学科的发源地或占有优势的主导国家是非英语国家时，这个领域的术语汉译研究就会更多涉及其他外语，如化学术语汉译的研究就大多与俄语相关。另一方面，我国的术语外译的相关研究则主要体现在汉语的科技典籍外译方面。因此，就所涉语言而言，我国当前的术语翻译研究存在以下两个明显的不足：一是在外来术语汉译方面，英语存在"一家独大"的较大优势，这不利于我国各个行业的专业从业者吸取不同国家、不同民族的先进知识，将来的术语翻译研究领域亟待向英语以外的外语进行拓展。二是在我国术语的外译方面，汉源术语虽然最能体现我国从古到今的科学成就，但学者们也不应该忽视各种民族语言所记载、积淀的术语成果。因此，在未来的术语翻译研究领域，不同民族语言的术语翻译研究也应该引起专家和学者们的重视。

（三）术语翻译研究涉及的主题

综观我国术语翻译研究领域的相关文献，可以发现，它们涉及众多的研究主题。依据翻译学研究框架①，并结合我国术语翻译研究的实际情况，本书对我国术语翻译研究的不同研究主题概括进行了梳理，得出中国术语翻译研究的主题框架，如图 2-4 所示。

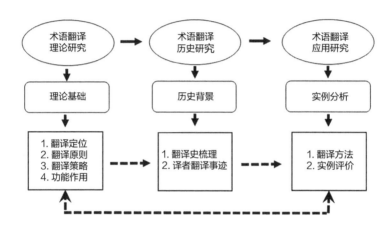

图 2-4　中国术语翻译研究的主题框架

学界对于术语翻译的理论研究主要集中在界定术语翻译的定位、确立术语翻译的原则或标准，以及比较翻译策略的选择等方面。鉴于前文已经对该部分内容进行阐述，本部分不再做相关阐释。除了这三方面的理论研究，还有学者侧重于对术语翻译的作用的讨论。例如，孟愉和牛国鉴基于生态语言学的语言多样性理论、语言进化观与生态话语权理论，探讨了物理学领域外来术语译入汉语的影响。② 他们认为，音译词和字母缩略词这两种术语译名可以有效保护语言多样性，缓和不同语言之间的竞争。同时，伴随着术语翻译过程引进的全新的外来术语，以及这些外来术语的逐渐汉化，我国物理学专业人士也吸收到了先进的概念

---

① 黄忠廉，李亚舒 . 科学翻译学 . 北京：中国对外翻译出版公司，2007.

② 孟愉，牛国鉴 . 生态语言学视角下的科技借入语翻译——以物理学术语为例 . 中国科技翻译，2016（1）：29-31.

与知识，加深了对于术语内涵的认识。在此基础上，外来术语的翻译可以有效促进我国科学技术的进步，并最终通过进一步创造新的汉源术语来提升我国的科学话语权。

从 20 世纪 80 年代开始，科技术语翻译研究在我国翻译界异军突起，掀起研究热潮，到了 20 世纪 90 年代，该领域开始向术语翻译理论研究过渡和倾斜。[①] 如今，我国术语翻译的理论研究已经日臻成熟，成果颇丰。学者们从不同角度的理论探索，既各有侧重，又互为参照，为我国术语翻译研究的深入推进做出了巨大贡献。但同时我们也观察到，作为我国应用翻译学的一个子系统，术语翻译仍落后于应用翻译学研究，没有形成相应的理论框架体系。[②] 如何对术语翻译关注的哲学问题、现实问题、社会功能问题等主题进行较为系统的探索，构建我国术语翻译的理论框架体系，应该成为我国在该领域加强研究的重要方向之一。

在理论研究的基础上，我国学者也通过术语翻译的应用研究，构建起对术语翻译文本实例进行翻译方法分析和翻译评价的整体坐标系。需要特别说明的是，我们将术语翻译策略研究与翻译方法研究分别归属于理论研究和应用研究的框架之中，这是由翻译策略与翻译方法的概念关系所决定的。作为较为宏观的翻译概念，翻译策略涉及译者的意识形态，对于翻译方法的选择具有重要的指导作用。而翻译方法是位于翻译策略与翻译技巧之间的中观概念，是译者在翻译过程中采用的具体实施手段。鉴于此，术语翻译的翻译策略研究具有理论性的导向意义，应该属于翻译理论研究的范畴。相反，术语的翻译方法研究，尤其是针对翻译文本实例进行的翻译方法的研究，则属于翻译方法论方面的应用研究的范畴。

涉及翻译方法的研究在我国的术语翻译研究中占有较大的比例，是术语翻译应用研究的一个主要方向。从事这类研究的学者多从翻译文本实例分析的角度，进行术语翻译的方法论探讨。例如，李永安借鉴最早被译为英语的我国中医术语名词"针刺"（acupuncture）与"艾灸"

---

① 孙吉娟，傅敬民.应用翻译研究的四维阐释.上海翻译，2019（4）：48-51.
② 曾利沙.论应用翻译学理论范畴体系整合与拓展的逻辑基础.上海翻译，2012（3）：1-6.

（moxibustion）的翻译方法，探讨词素层译法在中医术语翻译中应用的可行性。[①] 这种译法是一种本质上以意译法为基础的创造性译法，兼顾了准确表达中医术语语义、符合英语医学术语形式特征的要求，因此，有助于在西方推广中医理论与疗法，同时消除外国读者对中医产生的距离感和排斥感。另一种典型的翻译方法研究涉及译法演变的追踪和探究。例如，初良龙和崔静通过对比化学术语的现代译名和它们在1885年发行的我国第一部化学化工英汉词典《化学材料中西名目表》中的原有译名，探索了术语翻译领域音译演变的趋势及原因。[②] 他们提出，术语翻译准确性和规范性的翻译原则对音译法使用技巧的变化起到了重要作用。如果音译得出的术语原有译名不能满足这两个原则，译者就应该另寻他法来进行术语翻译。另外，使用国家通用语言代替方言进行音译、词义褒贬的感情色彩等要素也决定了音译法在术语翻译领域的用法演变。

术语翻译应用研究的另一个主要方向是对文本实例进行翻译评价。该领域的研究者以某种翻译理论或翻译标准作为衡量的参照，对术语翻译实践活动的过程或结果进行评价。例如，樊才云和钟含春探讨了科技术语翻译过程中常见的难点，并结合术语翻译实例提出了译者在术语翻译中应该注意的一些事项。[③] 译者在翻译科技术语的过程中，应该正确使用术语口径，用术语表达替换普通词汇表达，并充分调动理性思维与形象思维，灵活运用不同的翻译策略和方法。当然，除了这类针对术语翻译的宏观讨论，还有学者选取了某一学科领域的术语进行翻译评价研究，剖析术语翻译中误译的原因及应对的策略。例如，张沉香认为，林业术语翻译的难点在于如何翻译具有我国本土特色的林业术语以及如何避免思维惯性引起的忽略术语的特殊思维方式。[④] 李曙光提出，从翻译伦理与医学伦理的双重角度，医学术语"autism"可以通过音译兼意译的

① 李永安. 词素层译法在中医名词术语翻译中的应用. 中国科技翻译，2005（2）：50-52.
② 初良龙，崔静. 科技术语音译的历时演变——以化学专业术语为例. 上海翻译，2019（2）：45-49.
③ 樊才云，钟含春. 科技术语翻译例析. 中国翻译，2003（1）：57-59.
④ 张沉香. 我国地名译名体系的规范化问题. 东岳论丛，2009（7）：168-170.

方法译为"奥蒂森症",这种译法可以避免译名"孤独症"带来的对原语术语语义的不准确表称,又可以减少译名"自闭症"引发的对于患者的基于负面联想的道德评判。① 崔丹通过分析《粮食大辞典》中的粮食术语翻译实例,指出核心术语一词多译、译名语义与专业知识不符、译名释义存在歧义等翻译问题。② 在发现术语翻译的难点与不足之后,这些研究者继而对术语译者提出了如下建议:要同时掌握术语所属学科的专业知识与翻译知识;要加强学科交叉交流,建立不同学科中统一的术语译名体系;要充分利用网络资源辅助术语翻译等。

术语翻译的应用研究为我们提供了多维的、动态的术语翻译研究视角,从翻译实践角度对翻译过程和结果进行了实例分析与批评,对于我国的术语翻译研究而言是不可或缺的,有利于我国研究者从实践角度检验术语翻译理论研究的成果,特别是翻译原则和翻译策略,可以在术语翻译实例的分析过程中得到进一步验证和深化发展,有力地避免了翻译理论确立的主观性和片面性。

我国术语翻译的历史研究主要包括术语翻译史研究和译者翻译事迹研究两种类型。前者主要对术语翻译的研究历史进行整合梳理,后者主要介绍译者对翻译作品的选择和翻译过程等。③ 一方面,国内学者运用文献学方法对术语翻译的历史进行了梳理分析,该类术语翻译史研究涉及多种学科。例如,何娟系统梳理了自 20 世纪 30 年代开始的化学元素名称的汉译史,总结了近 70 年来我国化学元素汉译在化学元素名称的汉译方法、化学元素汉译名的规范化、中日元素译名的比较等方面的相关进展。④ 付明明通过整理中医英译作品,归纳出中医术语英译的时间轴,并结合时代背景分析了不同时期英译作品的语言特点。⑤ 另一方面,

---

① 李曙光. 医学术语翻译中的伦理问题——以 autism 的汉译为例. 外语研究,2017(1): 75-77.
② 崔丹. 粮食专业术语的翻译——以《粮食大辞典》中的术语翻译为例. 中国科技翻译, 2016(1): 7-10.
③ 王烟朦,许明武.《天工开物》大中华文库译本中"天"的翻译策略研究. 西安外国语大学学报,2018(2): 94-98.
④ 何娟. 化学元素名称汉译史研究述评. 自然科学史研究,2004(2): 155-167.
⑤ 付明明. 中医英译史梳理与存在问题研究. 哈尔滨:黑龙江中医药大学,2016.

术语翻译的历史研究主要涉及译者主体的事迹梳理。例如，赵庆芝介绍了李熙谋、李乔苹英译《天工开物》工作的缘起和出版过程[①]，黎昌抱和杨利芳分析了晚清时期来华的英国传教士傅兰雅对我国近代科学术语译名规范化所作的贡献[②]，等等。

综上所述，我国术语翻译的历史研究数量相对较少，却是我国术语翻译研究主题框架中至关重要的一个环节，在理论研究和应用研究之间起到了重要的纽带作用。对于理论研究，这部分研究提供了翻译理论研究所需的历史依据，启发研究者将术语翻译看作一种受历史文化因素所影响的社会活动，并在此基础上进行术语翻译理论的拓展和深化。例如，全新术语翻译时采用的主要翻译方法为音译法，随着人们认识的加深逐渐转变为意译法，这一结论就是基于术语翻译的特殊历史背景所提出的。对于应用研究，术语翻译的历史研究为相关学者进行翻译实例评价提供了历史背景，方便研究者还原译者的翻译语境，将翻译过程和结果放回到译者所处的历史环境和社会文化背景中进行考察，为术语翻译应用研究提供了多维度、动态化的研究视角。但同时我们也应该注意到，我国的术语翻译历史研究的不足就是，此类研究多以梳理历史事实为主，术语"翻译考古"的范畴还处于系统描述、历史批评的初级阶段，有待于将来开展深入的研究。[③]

总之，我国术语翻译研究的主体框架由理论研究、历史研究和应用研究三部分构成。理论研究为术语翻译研究提供了理论依据，从术语翻译的本质定位、原则、策略等角度为译者的术语翻译实践提供了指导，并指明术语翻译的功能作用来奠定该研究领域的地位。应用研究在理论研究的基础上进行了翻译实例分析，对术语翻译方法进行讨论，并依据翻译理论对术语译名进行了翻译评价和批评，反过来又验证、发展了翻译理论研究的成果，有利于提升今后我国术语翻译的译文质量。最后，

---

① 赵庆芝. 李氏主译《天工开物》始末. 中国科技史料，1997（3）：90-94.
② 黎昌抱，杨利芳. 试析傅兰雅科技翻译对近代科学术语译名规范化的贡献. 上海翻译，2018（3）：15-19.
③ 刘性峰，王宏. 中国古典科技翻译研究框架构建. 上海翻译，2016（4）：80.

术语翻译历史研究作为理论研究和应用研究的中间纽带，将术语翻译的历史背景呈现给术语翻译的研究者们，促使术语翻译研究在历史文化背景下有效还原翻译语境，提高了术语翻译研究的描写性和社会性。

（四）术语翻译的理论视角

对术语翻译研究的理论视角进行分类整理有助于呈现术语翻译研究者所依托的不同理论框架。术语翻译的研究虽然主要属于翻译学的研究范畴，但相关文献却广泛涉及文学、语言学、文化学、传播学、哲学、社会学等不同领域（如表 2-1 所示），显示出我国学者对于国内外相关理论的创造性采纳和针对性借鉴。这对我国术语翻译研究乃至整个翻译学科的发展大有裨益。

表 2-1　我国术语翻译研究的部分理论视角

理论视角	代表性文献
翻译目的论	《翻译目的论指导下中医祛湿法术语英译研究》
翻译适应选择论	《翻译适应选择论视阈下〈黄帝内经〉病因病机条文英译研究——基于李照国和吴氏父子英译本》
翻译批评理论	《翻译批评理论关照下〈内经〉三种译本多维度对比研究》
翻译美学	《翻译美学视角下英汉金融术语翻译》
功能对等理论	《功能对等视阈下农业术语翻译研究——以杂种优势利用国际论坛报告为例》
译介学	《译介学视角下武术术语翻译的文化缺省研究——以太极拳术语英译为例》
翻译伦理	《医学术语翻译中的伦理问题——以 autism 的汉译为例》
语义翻译理论 交际翻译理论	《从纽马克的语义翻译和交际翻译理论的角度看中医学中"脏腑"术语的英译》
翻译模因论	《基于模因论的中国传统建筑术语英译研究——以〈中国传统建筑文化〉为个案》
识解理论	《识解理论视角下的〈黄帝内经〉医学术语翻译》
多元系统理论	《多元系统理论视角评析〈孙子兵法〉术语英译》
概念整合理论	《概念整合视域下英语计算机术语隐喻认知阐释》

理论视角	代表性文献
关联理论	《从关联理论视角看〈中华思想文化术语〉的英译——以已发布〈中华思想文化术语〉400 条为例》
顺应论	《从顺应论视角探析中国特色政治术语的英译》
认知语言学	《认知视阈下科技英语喻义汉译研究》
生态语言学	《生态语言学视角下的科技借入语翻译——以物理学术语为例》
生态翻译学	《生态翻译学视角下医学术语新词的英汉翻译》
文体学	《认知文体学视角下十九大与十八大报告术语译法变化分析》
系统功能语言学	《话语分析在茶叶术语翻译中的应用探讨》
现代术语学	《中国航海工具名称的英译探讨》
诠释学理论	《诠释学理论指导下的五行术语英译》
社会符号学	《从社会符号学视角探究科技术语翻译的文化意义》

　　限于篇幅，我们不能一一详述这些采用不同研究视角的研究成果。但从表 2-1 中可以清楚地观察到，在术语翻译研究领域，相关专家学者除了吸收借鉴目的论、功能对等理论、模因论等不同的西方翻译理论来进行术语翻译文本考察和译法评价之外，也频繁使用了语言学其他分支的不同理论来分析术语翻译，将其看作一个受到多重外在因素影响的社会文化活动来进行多维度分析。例如，衡清芝将社会语言学的话语分析方法应用到茶叶术语翻译中，提出应该灵活处理话语分析和话语生产两种翻译方法，并应该通过分析翻译语境来区别使用不同的翻译手段。① 卜玉坤阐释了认知语言学的喻义神经认知基础、概念隐喻理论和概念整合理论在科技术语翻译中的理论适用性，并通过层级概念的实用，以原语与目的语中术语在语义、语音和形象三方面的特征联系为突破，揭示了科技术语隐喻含义翻译的规律，提出了认知照意、认知照音、认知照形三大翻译实践策略。② 刘迎春和王海燕则依据当代术语学理论，将我国航海工具术语划分为单词型名词术语与偏正式名词术语，探讨了不同

---

① 衡清芝.话语分析在茶叶术语翻译中的应用.福建茶叶，2017（10）：263-264.
② 卜玉坤.认知视阈下科技英语喻义汉译研究.长春：东北师范大学，2011.

类型术语的翻译原则和方法。①除此之外，还有学者秉承跨学科的研究视角，将哲学中的诠释学以及社会学、语言学、符号学交叉的社会符号学理论运用到术语翻译研究中，成功地考量了术语翻译的社会文化背景。

综上所述，我国现阶段的术语翻译研究已经取得较为丰硕的研究成就，体现了我国翻译研究者和行业工作者对于术语翻译的共同关注，一方面促进了我国吸收国外的先进翻译研究思想、技术，另一方面推动了我国在科学文化领域与世界各国的交流与互鉴。然而，对术语的所属学科与所属语言方面研究的局限性以及研究主题和研究视角尚缺乏纵深、系统的探讨，这些都对我国未来的术语翻译研究者们提出了新的要求。作为术语翻译研究的一个重要分支，中国科技典籍中存在各个学科门类大量的科技术语，因此，中国古代科技术语的英译研究在中国的术语翻译研究中占有一定的比例，该领域的科技术语翻译非常值得关注。

第三节　中国古代科技术语翻译研究述评

中国科技典籍外译已有近 3 个世纪的历史。1736 年，我国明代的医学著作《图注脉诀辨真》在英国节译出版②，掀开了我国经由科技典籍外译开展"东学西渐"的大幕。200 多年来，经过我国不同学科专业人士、翻译学者和外国来华传教士及汉学家的共同推动，已有近 70 部科技典籍被译为英语③，极大推进了我国与世界不同国家的科技文化交流。中国科技典籍中的术语翻译，作为科技典籍翻译的一个重要研究分支，也受到了学者们的重视。刘性峰和王宏提出了中国科技典籍翻译的研究框架，将术语翻译界定为科技典籍翻译应用研究中的一个子集。④可见，科技典籍中的术语翻译属于应用翻译研究的范畴，并且在我国的科技典

① 刘迎春，王海燕.中国航海工具名称的英译探讨.中国翻译，2014（1）：111-113.
② 王尔敏.中国文献西译书目.台北：台湾商务印书馆，1976：473.
③ 王烟朦，许明武.《天工开物》大中华文库译本中"天"的翻译策略研究.西安外国语大学学报，2018（2）：94-98.
④ 刘性峰，王宏.中国古典科技翻译研究框架构建.上海翻译，2016（4）：77-81.

籍翻译中占有一席之地。下文将对中国古代科技术语翻译研究进行简要论述。

一、中国古代科技术语的英译

如图 2-5 所示，科技典籍中的术语翻译是术语翻译和科技典籍翻译的交叉点。正因如此，它兼具了术语翻译和科技典籍翻译两者的复杂性。译者必须首先遵循术语翻译的规范统一性、准确性、可读透明性、系统—可辨性的翻译原则，同时也要将我国科技典籍中的历史、文化、民族和社会要素纳入其中，形成统一的术语外译实践体系。

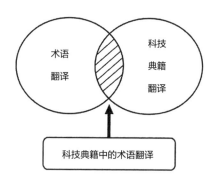

图 2-5　科技典籍中的术语翻译定位

具体来说，科技典籍中的术语展现了术语产生和发展的历史。其中的许多术语在古代被提出并使用，但后来便被取代或不再使用。这部分术语消失的原因有两点：一是该术语指称的概念或者事物只存在于一个特定的历史时期，后来不再出现，因此它的术语也不再被人们广泛提及。二是某些术语被后来形成的术语所替代而退出历史舞台，如"矩形"就代替了"方田"。针对科技典籍中的这类术语翻译，译者应该灵活选择相应的翻译方法，方便现代的读者了解其指称意义。同时，还有一部分术语被后人继承下来，至今仍然在广泛使用，例如，《九章算术》中的"幂""率""方程"等术语现在仍在使用，说明这些术语命名的科学性，也彰显了我国古代科学技术的先进性。因此，翻译这部分古代科技术语时，译者应该充分展现它们所代表的我国古代科技发展的民族性、时代性、地域性和科学性。基于此，我们提出中国古代科技术语翻译应该遵守几个原则（见图2-6）。

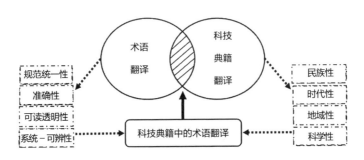

图 2-6　中国古代科技术语翻译原则

二、中国古代科技术语英译研究述评

如上文所述，中国科技典籍翻译研究虽然起步较晚，但越来越受学界的重视。近年来，在国家大型出版工程"《大中华文库》（汉英对照）""经典中国国际出版工程"等一系列国家翻译实践工程的推动和促进下，中国科技典籍翻译研究呈现较快发展态势，产出的研究成果越来越多，质量也越来越高。下文将结合本书研究对象，对中国古代科技术语英译研究进行简要论述，重点聚焦中国古代农业、手工业、建筑和航海术语的翻译研究。

例如，范祥涛的专著《中华典籍外译研究》从"中医药典籍外译研究"出发，论述了中医药术语翻译标准化研究，并指出"中医药专业术语翻译是中医药典籍外译的最大难点"。① 刘性峰则在专著《诠释学视域下的中国科技典籍英译研究》中以典籍《黄帝内经·素问》《梦溪笔谈》和《淮南子》中的"道、气、阴阳和五行"为例，论述了中国古代科技术语英译方法。② 刘性峰还梳理了中国古代科技术语翻译研究的成绩和问题，

---

① 范祥涛. 中华典籍外译研究. 北京：外语教学与研究出版社，2020：156-161.
② 刘性峰. 诠释学视域下的中国科技典籍英译研究. 南京：南京大学出版社，2020：74-96.

进而提出古代科技术语翻译研究应对策略①，同时他也论述了古代科技术语的语境化翻译策略②，以及中国古代科技术语英译的定义型诠释策略③。

　　此外，就中国古代农业和手工业术语的翻译研究而言，许明武和罗鹏以手工业典籍《考工记》为例，阐述了中国古代手工业术语的英译方法④；王烟朦和许明武论述了《天工开物》三个英译本的古代科技术语翻译策略和方法⑤；王烟朦基于《天工开物》探讨了中国古代文化类科技术语英译方法⑥；王烟朦还在专著《〈天工开物〉英译多维对比研究》中专设章节论述《天工开物》中的科技术语及其英译策略⑦。就中国古代建筑术语的翻译研究而言，肖娴基于建筑典籍《园冶》探讨了古代建筑术语的英译。⑧就中国古代航海术语的翻译研究而言，刘迎春和王海燕论述了中国古代航海工具名称的翻译⑨；刘迎春和刘天昊对中国航海典籍中的专有名词进行分类，进而开展中国古代航海科技术语的翻译研究⑩；季翊和刘迎春对中国航海典籍《瀛涯胜览》英译本进行副文本解读⑪；郑广思和刘迎春则分别从学术型深度翻译和副文本视角，对古代"海上丝路"典

---

① 刘性峰.中国古代科技术语翻译研究：现状与前瞻.燕山大学学报（哲学社会科学版），2021（5）：78-83.
② 刘性峰，魏向清.交际术语学视阈下中国古代科技术语的语境化翻译策略.上海翻译，2021（5）：50-55.
③ 刘性峰.中国古代科技术语英译策略：定义型诠释.语言教育，2024（1）：85-93.
④ 许明武，罗鹏.古代手工业术语英译探究——以《考工记》为例.中国翻译，2019（3）：161-167.
⑤ 王烟朦，许明武.《天工开物》中的科学技术哲学及其英译研究.外语与翻译，2020（2）：48-53.
⑥ 王烟朦.基于《天工开物》的中国古代文化类科技术语英译方法探究.中国翻译，2022（2）：156-163.
⑦ 王烟朦.《天工开物》英译多维对比研究.北京：中国社会科学出版社，2022：78-105.
⑧ 肖娴.建筑典籍术语英译撰议——以《园冶》为例.中国科技翻译，2018（2）：51-54.
⑨ 刘迎春，王海燕.中国古代航海工具名称的英译探讨.中国翻译，2014（1）：111-113.
⑩ 刘迎春，刘天昊.中国航海典籍中专有名词的分类与翻译研究.中国外语，2015（2）：90-95.
⑪ 季翊，刘迎春.中国航海典籍《瀛涯胜览》英译本的副文本解读.外国语文研究，2021（4）：102-112.

籍《真腊风土记》英译本展开研究。①

值得一提的是，李琳琳、王珊珊、田华和胡琴惠等从不同的理论视角，对英文译写的异语著作中的中国古建筑术语的翻译方法进行了有益的探讨。中国古建筑文化异语著作通过英文译写直接对外传播中国古建筑文化，这种对外传播中华优秀传统文化的方法也为中国古代科技术语英译研究提供了全新的研究视角。②

此外，中国科技典籍翻译研究方面的省部级以上科研项目数量也在逐年增多。例如，根据王烟朦的研究，2000—2018 年期间的国家社科基金翻译类项目中，有 11 项科技典籍翻译研究课题。③但在这 11 个项目中，仅有 1 个项目聚焦古代科技术语翻译，开展中医名词术语英语翻译国际标准化研究。可喜的是，2000 年之后，中国古代科技术语翻译研究取得了新进展。田华 2020 年获批辽宁省社科规划基金项目"中国古建筑文化术语的翻译与国际传播研究"，刘性峰 2021 年获批国家社科基金项目"中国科技典籍术语的语境化英译研究"。但在本书所涉研究（即2014 年度国家社科基金项目"中国古代自然科学类典籍翻译研究"）立项以来的 10 年间，获批开展中国科技典籍翻译研究的 10 余项省部级以上科研项目中，聚焦中国古代科技术语英译的研究所占的比例仍较小。

作为科技典籍翻译研究的一个学术子系统，中国科技典籍中的中国古代科技术语英译研究虽然近年来呈现总量上升的研究趋势，取得了较快的学术进展，但是当前该领域的研究仍然存在以下两个方面的不足。

第一，中国古代科技术语英译研究存在学科方向不平衡问题。其中

① 郑广思，刘迎春.学术型深度翻译视角下《真腊风土记》育克英译本"文内阐释"策略分析.东北亚外语论坛，2023（2）：87-94；郑广思，刘迎春.《真腊风土记》两个英译本的内副文本研究.人文与社科亚太学刊，2023（3）：67-75.
② 李琳琳，李家坤.建筑典籍《营造法式》中的古建筑术语异语写作研究.南京工程学院学报（社会科学版），2021（3）：9-15；王珊珊，孙会军.梁思成中国建筑文化海外译写研究.上海翻译，2023（6）：40-45；田华，刘迎春，刘艳华.中国古建筑文化术语英译图文关系研究.中国科技翻译，2023（1）：1-4，60；胡琴惠，刘迎春.中国古建筑文化异语原作的无本回译研究——以《北京的城墙与城门》为例.中国科技翻译，2024（2）：29-32，41；田华，刘迎春.《图像中国建筑史》"斗栱"系列术语英译知识再生产阐释.当代外语研究，2024（1）：49-58，68.
③ 王烟朦.《天工开物》英译多维对比研究.北京：中国社会科学出版社，2022：297.

的一个表现形式就是大量的研究集中在某几个领域，尤其是中医药学和农学等几个学科领域，对其他学科术语的翻译研究数量相对较少，这也是中国科技典籍中的古代科技术语英译研究的一个较为突出的特点。例如，古代中医药术语翻译研究比较丰富，且考察的典籍文本和所关注的医学术语分支都比较全面。具体而言，对于我国的医学典籍《黄帝内经·素问》《黄帝内经·灵枢》《伤寒论》《千金方》和《金匮要略》等典籍中的医学术语翻译，均有学者从不同角度进行了翻译研究。从术语所属学科分支来看，方剂名称、病症名称、脉象名称、医学术语的翻译等都受到了研究者的广泛关注。例如，王晶通过分析《黄帝内经·素问》英译本中病症术语名称翻译方法，提出中医文化特色术语翻译应首选异化策略，与西医术语几乎相同的病症名称应适当采用归化策略。[①] 叶晓和董敏华对《黄帝内经》中脉象术语英译进行评价，提出译者既要准确表达脉象的科学概念，又要通过形译等方法形象表达原文术语的文化特色。[②]

此外，茶文化相关术语的翻译也是一大研究热点，包括茶名、茶具、茶文化术语等方面，所涉及的典籍主要是唐代"茶圣"陆羽所著《茶经》和清代陆廷灿所著《续茶经》两部茶书。这两部著作不仅全面记录了我国茶叶生产的历史、源流、技艺和器具等农学知识，而且也忠实描述了中华民族几千年茶文化所积淀的深层风俗信息。袁媛和姜欣依据茶名的不同命名方式，阐述了《续茶经》中茶名英译应该采用的不同翻译方法[③]；赵静基于翻译美学价值对《茶经》中的术语翻译进行了考察[④]；沈金

① 王晶. 中医典籍翻译策略的选择——以《黄帝内经·素问》为例. 郑州：河南中医药大学，2013.
② 叶晓，董敏华. 中医"脉象"名称英译探讨——基于两个《黄帝内经》英译本中的脉象英译比较. 中国中医基础医学杂志，2015（1）：94-96.
③ 袁媛，姜欣. 《续茶经》中茶名英译探析. 孝感学院学报，2009（S1）：70-72.
④ 赵静. 基于美学价值的《茶经》英译策略研究. 福建茶叶，2018（5）：368-369.

星、卢涛和龙明慧①，何琼②，李圣轩和滑彦立③，以及吴莎④等众多学者则从不同视角考察了上述两部书中的茶文化术语的翻译状况。何琼认为，对《茶经》与《续茶经》中蕴含的儒家、道家、佛教文化内涵与生态文化要素，东西方译者在翻译过程中都存在"文化亏损、文化变形或者文化遗失"等翻译缺陷⑤，这给我国与其他国家深层次的跨文化交流带来一定障碍。

古代科技术语英译研究存在学科方向不平衡的另一个表现形式就是，目前对不同类型的中国古代科技术语英译研究较为分散。典型的例子有科技典籍中的军事典籍《孙子兵法》中的兵学术语翻译研究⑥、地学典籍《徐霞客游记》中的度量衡术语翻译研究⑦、建筑典籍《园冶》中的建筑学术语翻译研究⑧，以及农学典籍《群芳谱》中的农学术语翻译研究⑨。值得注意的是，这些类别的中国古代科技术语虽然数量较少，但在中国古代科技术语体系中都具有代表性。开展这些类别的古代科技术语的英译研究，一方面可以弥补中国古代科技术语学科方向不平衡的不足，另一方面可以进一步开阔中国科技典籍翻译研究视野，并为古代科技术语英译的整体理论研究与实践提供重要的借鉴。

第二，中国古代科技术语英译研究呈现出碎片化状态，没有形成比

---

① 沈金星，卢涛，龙明慧.《茶经》中的生态文化及其在英译中的体现.安徽文学（下半月），2014（1）：7-10.
② 何琼.《茶经》文化内涵翻译的"得"与"失"——以 Francis Ross Carpenter 英译本为例.北京林业大学学报（社会科学版），2015（2）：62-67.
③ 李圣轩，滑彦立.关联理论视阈下茶文化诗歌英译中的音形美再现.福建茶叶，2017（11）：364-365.
④ 吴莎.茶文化典籍翻译的技巧分析.福建茶叶，2018（3）：299.
⑤ 何琼.《茶经》文化内涵翻译的"得"与"失"——以 Francis Ross Carpenter 英译本为例.北京林业大学学报（社会科学版），2015（2）：67.
⑥ 郑侠.《孙子兵法》兵学术语英译研究——以林戊孙英译本为例.河北联合大学学报（社会科学版），2015（6）：115-117.
⑦ 贾秀海.从《徐霞客游记》看典籍作品度量衡名词英译处理.湖北函授大学学报，2013（10）：125-126.
⑧ 肖娴.科技典籍英译之文化迻译——以《园冶》为例.上海翻译，2019（3）：55-59.
⑨ 赵春龙，许明武.小斯当东英译科技典籍《群芳谱》探析.中国科技翻译，2019（3）：60-63.

较系统的理论研究框架，其纵、深方面的研究皆存在较严重的不足。这一点主要体现在两方面：一是还没有或者很少从跨学科的理论角度对某一部或者某一类科技典籍中的科技术语展开翻译研究。例如，我国明代科学家宋应星所著《天工开物》是世界上第一部关于农业和手工业生产的综合性著作，被誉为"中国17世纪的工艺百科全书"，其中有大量的农业和手工业术语。但目前针对《天工开物》中的农业和手工业术语的翻译研究还主要集中在对农业术语的翻译评价上，对于其中的手工业术语的翻译却鲜有研究涉猎。二是针对拥有不同译本的同一部科技典籍，学者们较少开展不同译本科技术语翻译对比研究。对于同一部科技典籍，同一译者对最初译本进行较大程度的修改润色或者不同译者进行不同译本的翻译，被学界称为"重译"①。因此，典籍翻译的重译研究对于理解译者的翻译策略选择、提升翻译文本质量是非常有必要的。可喜的是，已经有学者对同一典籍的术语翻译进行跨译本的重译对比分析。例如，金珍珍和龙明慧对中美两国译者的《茶经》英译本进行了翻译对比分析。②唐代陆羽所著《茶经》被誉为"茶叶百科全书"，对茶叶生产技术以及饮茶技艺、茶道文化进行了综合论述，是我国乃至世界极为重要的、具有划时代意义的一部农学著作。美国学者弗朗西斯·罗斯·卡朋特（Francis Ross Carpenter）和我国翻译学者姜欣、姜怡先后于1974年和2009年翻译出版《茶经》。相关研究显示，中美两国译者在某些中国文化负载词和农学术语的翻译策略选择和方法应用上显示出了较大的差异。中国译者更加了解原著的文化内涵，合理采用增译手法进行翻译，而美国译者更加了解西方读者阅读需求，比较果断、合理地对某些不必要的信息进行了减译。由此我们可以发现，对比分析同一术语在不同译本中的译文，对于探查术语翻译（尤其是具有特殊文化内涵的术语翻译）的基本方法具有重要的意义。然而，目前术语翻译对比研究不仅数量较少，而且同样相对集中于中医药文化术语和茶文化术语的翻译研究。虽

① 方梦之.中国译学大辞典.上海：上海外语教育出版社，2011：103.
② 金珍珍，龙明慧.信息论视角下的《茶经》英译与茶文化传播.宁波教育学院学报，2014（2）：65-69.

然已经有学者展开古代科技术语的跨译本翻译研究，但针对同一部古代科技术语的不同译本进行的翻译对比研究，在我国学界尚未全面、系统开展。众多因素都有可能对译者的翻译实践产生影响，如译者风格、译者主体性、译者翻译实践所处的社会文化背景、不同译本的目标读者等。考虑到这些因素可能导致译者翻译策略、翻译方法产生差异，对同一科技典籍中的古代科技术语翻译进行跨译本的文本细读和对比分析显然是非常有必要的，这也是本研究将重点考量的一个方面。

因此，基于当前中国科技典籍翻译研究中的术语翻译研究现状和问题，我们将以农业和手工业典籍《天工开物》、建筑典籍《营造法式》和航海典籍《瀛涯胜览》中的古代农业、手工业、建筑和航海术语为研究对象，首先对上述四大类古代科技术语的类型和特征进行研究，进而运用本书所建构的中国古代科技术语英译的分析理论框架，开展中国古代农业、手工业、建筑和航海术语英译的案例分析，为中国古代科技术语英译研究提供一个新的研究视角和可资借鉴的个案研究例证。同时，希望本书能够为中国科技典籍翻译研究，乃至于整个典籍翻译研究的理论创新、方法创新做出一定的贡献。

第三章　中国古代科技术语英译研究的立论基础

第一节　国内外相关翻译理论思想概述

一、莫娜·贝克论词语的翻译

我们所掌握的最小的具有独立意义的单位是词汇，即词汇是可以独立使用的最小的语言单位。在一个语言内部或不同语言之间，词与意义没有一一对应的关系。^①贝克从词汇层面出发，提出了词汇不对等问题，即翻译中因词汇意义的不对等，导致的原语和译入语某种程度上的不完全对等，因此，需要译者根据词汇的不同文化内涵，翻译时进行不同的处理。贝克提出，译者应该学会运用不同的翻译策略，以便更好地处理翻译中的词汇不对等问题。^②具体包括以下 8 种翻译方法。

（1）概括性词语（上义词）释义法［general word (superordinate)］：这是处理多种不等值问题最常用的翻译方法之一，尤其是针对指称意义的不对称问题。这种翻译策略在大多数语言的翻译中都适用，因为语义场的层级结构（hierarchical structure of semantic fields）在很多种语言中都是存在的，而不仅限于某几种语言。

---

① Baker, M. *In Other Words: A Coursebook on Translation*. New York: Routledge, 2018: 11.
② Baker, M. *In Other Words: A Coursebook on Translation*. New York: Routledge, 2018: 25-43.

（2）中性词语或表达功能不强的词汇释义法（neutral / less expressive word）：这种翻译方法能够避免因使用译入语中的近似等值词（near-equivalent）而造成跨语言、跨文化的语义差异，造成（对原语文化的）误解。

（3）文化词语替换法（cultural substitution）：这种翻译方法用译入语中指称意义不一样，但能够产生相似的读者效应的词语来替代原语文化的特有词语或表达式，其优点是给译入语读者提供一个可以认同的、熟悉的、喜欢的概念。具体的翻译方法选择依赖于翻译要求、翻译目的、特定语言群体中占主导地位的翻译传统规范等。

（4）借词或借词加释义法（loan word or loan word plus explanation）：这种翻译方法尤其适用于翻译文化专有项、现代新概念和时髦词汇。当一个词在篇章中多次出现时，在借词后加上释义是非常有效的翻译方法。释义清晰之后，这个借词便可以在下文中单独使用了，读者也能相应地理解，不会被冗长的解释分散注意力，这样可以增强译文的可理解性和可读性。

（5）相关词语释义法（paraphrase using a related word）：如果原语词语表达的概念在译入语中已经词汇化（lexicalized），但词的形式不同，或者原语词语表达形式的使用频率明显高于在译入语中的使用频率时，往往会使用相关词语进行释义。

（6）不相关词语释义法（paraphrase using unrelated words）：如果原语词语表达的概念在译入语中没有词汇化，在有些情况下可以使用释义的翻译策略。尤其是原语词语的语义比较复杂的时候，与其使用一个相关的词语，不如通过修饰一个上义词，或者干脆将原语词语的意义解释出来，形成释义式的译文。

（7）省略译法（omission）：这种翻译方法听起来比较极端，但实际上，在某些情况下省略一个词或短语并无大碍。如果某个特定的词或短语所表达的意义对整个文本的意义建构不是至关重要的，就没有必要增加冗长的解释来分散读者的注意力，译者就可以采用省略的翻译方法。

（8）图示法（illustration）：如果原语词语在译入语中缺少等值词语，

而且仅表示一个可以图示的实物，特别是空间有限，译文需要简洁、直观的时候，图示的翻译方法是不错的选择。

二、彼得·纽马克论词语翻译

在著作《翻译教程》（*A Textbook of Translation*）中，英国翻译理论家纽马克论述了翻译句子以及比句子更小的语言单位的具体方法，包括以下 18 种。

（1）移译法（transference），即借词（load word）或转写（transcription）：指将原语中的某个词语置入译入语文本中，此类翻译方法也包括音译法，而音译的词语也就成了借词。原语文化中特有的文化指称词语，包括指称原语文化特有的物体或者概念的词语，有时可以考虑使用移译法进行翻译。移译的词语一般包括人名、地理名称、机构名称等。该翻译方法有时也需要考虑添加文化上中立的译入语术语，如功能性对等词。一些反映原语特色的词语，有时要翻译出来。一些与某个时期、某个国家或某个人相关的抽象性的准文化词语（semi cultural word），翻译起来有一定的困难。原则上，翻译这类词语时应该在括号内加上移译的原文词语并添加功能性对等词，以确保译入语读者能够识别并理解所移译的词语的内涵。译者的任务就是要帮助译入语读者理解原语的思想，而不是把思想神秘化。尽管有时译文的意义并不一定绝对准确，但至少是可以理解的。主张移译的学者认为，移译可以保留原语文化的特色，体现了对原语国家文化的尊重。反对移译的学者则认为，译者的使命就是进行翻译和解释。

（2）归化译法（naturalization）：指调整原语的词语，使其符合译入语的常规发音规则、形态特征等译入语语言规范，阅读起来自然、流畅。

（3）文化对等翻译法（cultural equivalent）：指一种"近似"翻译，即用译入语的文化词语来翻译原语的文化词语，是用一种近似的文化等值词语所进行的翻译，可用于译入语读者对原语文化一无所知的情况，是对译入语读者进行一种解释性的翻译，其语用效果要好于使用中性的文化词语。有时也可以使用功能性的等值词语，而不是描述性的等值词语来解释。功能性的文化等值词语在翻译中往往更加受限，除非这个术语出现在普及性文本中，且不那么重要。

（4）功能对等翻译法（functional equivalent）：指在翻译文化词语时，使用不带有文化色彩的词语，有时用一个新的具体的术语来解释，这样就把原语术语的内涵中性化或者泛化了，有时也会添加一个限定性的修饰词语。该类翻译属于一种文化成分分析方法，也是翻译文化词语内涵的最准确的翻译方法，但是同时也削弱了原语术语的文化特色。如果原语术语在译语中没有等值词语，这个方法也是比较可行的翻译方法。对于文化术语，该类翻译方法常常与移译法同时使用，形成并用翻译法。

（5）描述性对等翻译法（descriptive equivalent）：指通过描述原语词语的特征或功能来进行翻译。该类翻译方法在解释性的翻译中具有关键性的作用。

（6）同义词翻译法（synonymy）：在一定的语境下，如果译入语中可能不存在准确的一一对应的对等词语，那么就可以使用接近目的语的对等词语来翻译原语的词语。为了更加准确地翻译原文文本中的重要内容，使用同义词是译者不得已而为之的一种妥协的做法。

（7）借译法（through-translation）：指把原语中的概念引入到译入语中，如国际组织的名称等。通常只有在借译的译文形式已经存在的情况下，才可以使用借译法进行翻译。

（8）语法层面的转换（shifts / transpositions）：约翰·卡特福德（John Catford）的"shift"或让－保罗·维奈（Jean-Paul Vinay）和让·达贝尔内（Jean Darbelnet）的"transposition"涉及以下的转换：从原语到目的语的语法层面的转换，如单数变为复数、形容词位置的变化；原语语法结构在目的语中不存在；直译法语法上可行但可能不符合目的语的用法；用语法结构代替词汇的空缺；等等。

（9）调整法（modulation）：指改变观点、视角，经常指改变思维范畴。这是一个非常宽泛的概念，除了直译法，其他的译法都可以视为调整法。例如，翻译过程中的抽象与具体、主动与被动、因果关系的调整等。

（10）约定俗成译法（recognized translation）：指在翻译机构名称时，通常会采用官方的译法或是被人们广泛接受的已有译法。如有必要，译者可以添加解释，即间接表明不同意官方的译法。

（11）新机构名称翻译（translation label）：指提供一个临时性的译文，通常适用于翻译新的机构名称，而且会给新的机构名称加上引号（之后可以不再继续使用）；新机构名称翻译可以采用直译法。

（12）补偿性翻译（compensation）：指当句子的一个部分意义、声音效果、隐喻或语用效果出现损失时，在另一个部分予以弥补的翻译方式。

（13）成分分析法（componential analysis）：指翻译时把一个词的单位分为几个意义要素来翻译，经常出现一对二、一对三或一对四的译文。

（14）缩译和扩译（reduction and expansion）：指原语中形容词加普通名词词组可以翻译为译入语中的一个名词。原语中的形容词可以转换为译入语中的副词加过去分词，或者现在分词加宾语的形式。

（15）释义法（paraphrase）：指对原文文本中的一个部分的意义进行增益或解释，当原文文本表达不清、原文有重要内涵意义却略而不解释清楚时，可以采用这种翻译方法。

（16）近似等值（approximate equivalence）和改写法（adaptation）：由维奈和达贝尔内提出，即通过情景对等实现功能对应，但这是不建议使用的处理方式。

（17）并用翻译法（couplets）：包括双式法、三式法、四式法，指的是使用以上两种、三种和四种翻译方法来解决一个翻译问题。该方法尤其普遍适用于文化词语的翻译，比如，移译法可以与功能对等法或文化对等法并用。

（18）注释、脚注、解释法（notes, additions, glosses）：指一些添加注释的建议（何时加，以及何时不加）。译者在译文中添加必要的信息，用来解释原语和译入语文化上的差异，或者是补充与翻译话题相关的技术性信息，或者是解释词语用法的信息，但是否添加取决于读者的要求。在表达型文本中，添加的信息通常在译文之外给出；在呼唤型文本中，往往是用译入语替换而不是对原语信息进行补充。此类方法有多种体现形式，如文本内注释、页底加脚注、章节后加注释、在书的末尾加注释或词表 / 术语表。①

在论述翻译方法时，纽马克还在《翻译问题探索》（*Approaches to Translation*）一书中指出："通常情况下，交际翻译的译文可能更加流畅、简洁、清晰，表达更直接，更加符合某一特定语言的语域规范要求。这样的译文倾向于欠额翻译，即处理原文较难的内容时，使用概括性的词语而不是更为准确的具体的词语进行翻译。……语义翻译的译文更加复杂、具体，转换的是原文作者的思维过程而不是译者的意图。这样的译文倾向于超额翻译，即译文的表达比原文更为具体。……翻译一个文本时，没有绝对的交际翻译，也没有绝对的语义翻译，两种翻译方法大量重叠使用。"②"必须承认的是，在一定程度上，交际翻译和语义翻译并存于所有的译文中，只是侧重点不同而已。"③

谈及文化翻译的时候，纽马克在另一部著作《论翻译》（*About Translation*）中指出："处理翻译中的文化问题时，译者有三种翻译方法可供选择：保留原语文化，转换成译入语文化，或者选择一种中性的、国际通用的、跨文化的术语。在每一种选择中，还会有更多的选择，翻译时两种或者三种方法可以合并使用（couplets or triplets）。"④

三、尤金·奈达论功能对等翻译

在尤金·奈达（Eugene Nida）对翻译的定义中，几个关键词是这样理解的："切近"即贴近原语信息，"自然"即符合译入语的表达习惯，

① Newmark, P. *Approaches to Translation*. Shanghai: Shanghai Foreign Language Education Press, 2001: 91-93.
② Newmark, P. *Approaches to Translation*. Shanghai: Shanghai Foreign Language Education Press, 2001: 39.
③ Newmark, P. *Approaches to Translation*. Shanghai: Shanghai Foreign Language Education Press, 2001: 62.
④ Newmark, P. *About Translation*. Beijing: Foreign Language Teaching and Research Press, 2006: 168.

"对等"是将两者相结合。翻译时强调的是信息的对等，而非形式对应，即后来改称的"功能对等"。奈达的翻译思想的核心为：作为跨文化交际活动的翻译，必须改变语言表达形式，达到参与交际的各方能够成功沟通的目的。① 例如，将 as white as snow 直译为"白如雪"，对那些一生根本未见过雪，甚至语言中也根本就不存在"雪"这个词的人来说，就会出现翻译中的"零位信息"现象（即文化缺省和词语空缺），目的语读者便完全无法理解原文的意义。人类的不同语言之间因存在"共核"使得翻译成为可能，但语言、文化之间的异质性和民族特色又使不同语言之间的转换存在一定的障碍。针对"零位信息"，即文化缺省和词汇空缺的翻译，奈达提出了通过改造或变更原语文化的意象，来达到适应目的语的文化习惯或表达方式的目的。奈达关于"零位信息"功能补偿的翻译理论和方法为文化词语（即文化专有项）的翻译提供了重要的理据。②

在翻译实践中，译者会经常面临内容与形式、意义与文体和对等与同一等问题。出现这些矛盾的时候，译者应该优先考虑上下文等同，而非词汇等同。在人类的不同语言中，相应词汇的语义域不完全相同，翻译词汇主要考虑上下文等同，而不应拘泥于词汇之间的等同。判断译文质量高低的最终标准是：译文忠实于原文，易于读者接受理解，这样的译文才能可接受性强。奈达提出"用最近似的自然对等值"，其目的就是翻译要为译文的接受者服务，而这正是奈达翻译理论的核心思想。③

四、文化专有项的翻译策略与方法

文化专有项又称文化负载词，是翻译行为中普遍存在的包含文化特色的词汇转换问题。贝克论述文化专有概念时指出，原语所表达的一个概念可能在目的语中根本不存在，这一概念或抽象或具体，涉及范围很广，大到宗教信仰、社会风俗，小到某种食物。诸如此类的概念经常被

---

① 郭建中. 当代美国翻译理论. 武汉：湖北教育出版社，2000：64-65.
② 杨建国，苏蕊. "透明翻译"与"零位信息"补偿. 西北大学学报（哲学社会科学版），2006（2）：164-167.
③ 廖七一. 当代西方翻译理论探索. 南京：译林出版社，2000：88-90.

视为"文化专有"（culture-specific）[1]。纽马克则认为，文化专有项就是指与原语言文化紧密相连且不能直译的文化词汇（cultural words）。[2] 下文将简要介绍文化学派的西班牙翻译学者艾克西拉以及中国相关学者对于文化专有项翻译的论述。

（一）西方学者论文化专有项的翻译

在西方翻译学者中，论述文化专有项翻译的主要有艾克西拉专门提出的"文化专有项"（culture-specific items，CSI）的概念。他指出原文文本中存在某类词汇的功能与内涵难以翻译到目的语文本中，因为这类词汇在目的语中不存在，或由于意识形态、用法和使用频率等因素造成的该类词汇在目的语中的互文价值不同，所以称这类词汇为文化专有项。[3] 文化专有项能够让译者严格定义文化成分，与语言或语用成分划清界限。

艾克西拉归纳总结出文化专有项的 11 种翻译方法，而这些方法按照对原语文化的保留程度又划分为文化保留性（conservation）和文化替代性（substitution）两个大类的翻译策略。

文化保留性翻译策略包括以下 5 种具体的翻译方法。

（1）重复（repetition）：指译者尽可能保留原文的所指，但这种翻译方法会使文化专有项的异域色彩和古旧特点更加浓厚，其语言的形式和文化差异会给译文读者带来一种陌生感。

（2）字母转换（orthographic adaptation）：这种翻译方法包括转换字母转写、音译等方式，即原文的所指被目的语读者以不同的字母拼写出来。

（3）语言（非文化）翻译 [linguistic (non-cultural) translation]：借助

---

① Baker, M. *In Other Words: A Coursebook on Translation*. New York: Routledge, 2018: 19

② Newmark, P. *A Textbook of Translation*. Shanghai: Shanghai Foreign Language Education Press, 2003: 93.

③ Aixelá, J. F. Culture-Specific Items in Translation. In Alvarez, R. & Vidal, M. C. (eds). *Translation, Power, Subversion*. Beijing: Foreign Language Teaching and Research Press, 2007: 58.

译入语中的现有译文，或借助文化专有项语言上的透明性，译者从译入语中选择字面意义相近但更易于理解、又能使读者识别出原语文化的译文。①

（4）文外解释（extratextual gloss）：译者在运用上述方法的同时，如有必要，则为文化专有项的意义和内涵提供解释，例如，增加脚注、尾注、词表、评论文字或括号中提供译文，使用斜体字等解释形式。

（5）文内解释（intratextual gloss）：这也是一种常用的翻译方法，是将原文中没有完全明晰的内容进行明晰化处理，但应该将这种解释融入译入语文本，以防分散读者的注意力。例如，原文中指使用了一个人的名，或者用代词代替了人名，翻译时就需要译出"名＋姓"。

文化替代性翻译策略包括以下 6 种具体的翻译方法：

（1）使用同义词（synonymy）：译者以一种不同方式来翻译原语文化专有项，以避免重复该文化专有项。

（2）有限泛化（limited universalization）：原则上，译者认为该原语文化专有项对于译入语读者而言过于模糊，或有另外的更常见的文化专有项可以使用，于是决定进行替换。通常情况下，为了翻译的可信度，译者会选用另一个属于原语文化但又为译入语读者所熟知的文化专有项。

（3）绝对泛化（absolute universalization）：译者在译入语中找不到合适的文化专有项，或者试图删掉原语的文化内涵，为读者选用一个中性的所指来代替原语的文化专有项。

（4）归化译法（naturalization）：是指用译入语中的文化专有项来翻译原语中的文化专有项。

（5）删除法（deletion）：对那些意识形态和风格不可接受的，或者不要求读者费力去理解，或者意义晦涩难懂而译者不愿意解释的文化专有项，在翻译到译入语的过程中时进行省略处理。

（6）自创译法（autonomous creation）：在译文中加入原语中不存在

---

① 即直译法。

的文化专有项。这种方法的使用较为少见。

此外，艾克西拉还指出了文化专有项翻译可能运用的一些其他方法：补偿法［compensation，即在文本中适当位置进行删除加自创法（deletion + autonomous creation），以达到相似效果］,移位法（dislocation，即文本中同一所指的位置变换），弱化法（attenuation，即将原文文本中"太强烈"或"不可接受"的意识形态因素替换为"较温和"的符合目的语书写传统的因素，或者在理论上满足目的语读者的期待）。具体翻译方法的选择，会受到超文本因素、文本因素、文化专有项的性质、文本内因素等多方面的影响。其中，超文本因素包括译入语文化中的语言规范程度（如负责语言或文体风格保护的语言规划部门的态度等），目标读者的性质和期待，翻译发起人的性质和目标，译者的工作条件、教育背景和社会地位等。文本因素包括文本材料本身的制约、已有的译文、原文本的经典化程度。文化专有项的性质指把文化专有项置入具体的语境下存在的跨文化差异，如文化专有项的透明性、意识形态方面的地位、对其他文化的指称性等。文本内因素指文化专有项在原文本中的文化指称情况、相关性、重现次数、译文的连贯性等。①

奈达认为，人类的共性多于差异，在人类经验和表达方式中都存在着一种"共核"。例如，上文提到的"as white as snow"如果直译就会形成"零位信息"，毫无意义；可以用"霜"表达"雪"的意思，将其翻译为"as white as frost"。不同语言之间往往有相似的习惯用语，例如，可以将汉语的成语翻译为"白如白鹭毛""白如蘑菇"等，尽管用法相异，但其引申意义和喻义相同或相似。如果目的语中没有相似的成语，就可以翻译为"很白""非常白"。②奈达根据《圣经》翻译实践对"零位信息"进行归化性质的处理方法，为其他类型的文化专有项的翻译提供了重要的理据和切实可行的解决方案。

---

① Aixelá, J. F. Culture-Specific Items in Translation. In Alvarez, R. & Vidal, M. C. (eds). *Translation, Power, Subversion*. Beijing: Foreign Language Teaching and Research Press, 2007: 61-64.

② 郭建中 . 当代美国翻译理论 . 武汉：湖北教育出版社，2000 : 62-63.

（二）中国学者论文化专有项的翻译

中国一些翻译学者也探讨了文化专有项的翻译，认为英汉两种语言的文化差异是造成文化专有项翻译困难的一个重要原因。

针对文化差异的翻译，邱懋如指出，为了"建立文化对等"，文化专有项的翻译有以下 7 种翻译方法：保留原文文化色彩；移译，即照抄原文；音译；音译加类别词；用目的语中具有文化色彩的表达法取代原语中的文化专有项；解释，即用描写性的表达方式来翻译；译出含义，即把隐含意义译出来。① 文化的特殊性和复杂性决定了文化负载词的翻译方法应该灵活。在两种语言之间寻找完全对等的文化负载词几乎不可能，因此需要在直译或音译基础上添加注释，或者"意译"，或者以直译兼意译的方式来进行翻译。译者需要根据具体的语境要求，创造性地运用目的语优势来翻译文化负载词。②

王克非和王颖冲认为，具有中国特色文化词语的翻译既要保留中国特色，又要获得目标读者的认可和接受，避免文化内涵的不明、误解和流失。翻译这类词语时应该音译、直译优先，初次出现时使用以意译或加注形式释义的翻译方法；对于部分空缺的中国特色文化词汇，根据不同的交际目的和语境应该采用不同的翻译策略，从而决定具体的翻译方法。③ 孙致礼也曾指出，语言可以转换，甚至可以归化，但文化特色不宜改变，非万不得已，则不宜归化，要尽可能真实地将其传达出来。"文化传真"应是翻译的基本原则。④

五、翻译补偿的策略与方法

在整个 20 世纪 60—70 年代，"compensation""compensatory""compensate for"等词汇只是作为准专业术语不太精确地运用于翻译理论中。到了 20 世纪 80 年代后期，翻译研究学者则试图对翻译补偿进行更加严

① 邱懋如 . 文化及其翻译 . 外国语，1998（2）：19-22.
② 廖七一 . 当代西方翻译理论探索 . 南京：译林出版社，2000：239.
③ 王克非，王颖冲 . 论中国特色文化词汇的翻译 . 外语与外语教学，2016（6）：87-93.
④ 孙致礼 . 中国的文学翻译：从归化趋向异化 . 中国翻译，2002（1）：43.

格的界定。①

　　纽马克重视文本类型与功能，基于前人的研究成果，根据语言所具有的功能对文本进行了三分法，即"表达型""信息型"和"呼唤型"。他指出，采用什么样的翻译补偿手段，宏观层面取决于文本类型以及文本的主要功能，而微观层面则取决于翻译补偿对象本身的价值。原语和目的语之间存在对等词语的情况很少，而翻译补偿需要在充分性和简洁性之间做好平衡。②

　　奈达在《翻译理论与实践》（*The Theory and Practice of Translation*）中指出了翻译中的语义缺失问题。翻译的时候，原文的语义显然会产生一些损失，但是应该把损失降低到最小的程度。最常出现问题的情况是谚语、比喻意义、意义中心成分的转换、一般意义和特殊意义、冗余表达、特殊公式、语义成分的再分配、提供具体的语境。③

　　奈达对使用脚注的情况做了如下解释：如果直译或近似翻译会造成无意义表达或错误的解释，译文通常就要进行必要的调整。但是，有时直译会保留在译文中，然后加边注或脚注进行解释。通常而言，添加脚注是出于以下考虑：一是修正语言上和文化上的偏差，如解释原文和译文相互矛盾的习俗，明确未知的地理名称或者物体，给出度量衡的换算，为文字游戏提供补充信息，给出专有名词的补充信息；二是添加可能会利于读者理解原文历史和文化背景的信息。这些脚注可以加在文本中被解释的事物或者事件之后，也可以以表格或词汇表的形式放在书的后部。某些译本中存在大量的注释，这种情况通常称为评论，一般是对传统的译本进行解释。④

---

① Harvey, K. Compensation. In Baker, M. (eds.). *Routledge Encyclopedia of Translation Studies*. Shanghai: Shanghai Foreign Language Education Press, 2004: 38.
② Newmark, P. *Approaches to Translation*. Shanghai: Shanghai Foreign Language Education Press, 2001: 42, 90.
③ Nida, E. A. & Taber, C. R. *The Theory and Practice of Translation*. Shanghai: Shanghai Foreign Language Education Press, 2004: 106.
④ Nida, E. A. & Taber, C. R. *The Theory and Practice of Translation*. Shanghai: Shanghai Foreign Language Education Press, 2004: 238-239.

　　另外，奈达还从功能视角对翻译补偿问题进行了阐述，提出的以同构为基础的功能性补偿手段，即基于功能对等的翻译补偿。换言之，通过补充同构以取得功能对等；以同样的方式实施不同位置的补偿；以局部补偿实现整体上的等效。①翻译学者沃尔夫兰·威尔斯（Wolfram Wilss）利用语言学理论框架开展翻译研究，其翻译补偿观点可以概括为：为了达到交际同步，补偿应兼顾原语和目的语文本；应当在语言内外层面进行补偿，在微观以及宏观的语境中补偿；补偿策略随语对不同而变化，不存在具有普遍适应性的补偿策略。

　　中国学者的翻译补偿研究始于 20 世纪 80 年代。王恩冕将翻译补偿界定为"用译入语语言形式补足在转换原文语言形式时造成的语义损失"，并根据具体语言形式提出了增词法、引申法、拆译法、溶合法、替代法、转移法等 6 种常用补偿方法。②柯平以现代符号学和语言学为理论基础，提出了翻译补偿观点：在译语规范内保证特定语境中最重要的意义优先传译，力求原文与译文最大限度上的等值，变通和补偿手段必不可少。③紧接着，柯平连续发表文章专门论述了补偿问题，提出了 8 种补偿手段：加注、增益、视点转换、具体化、概略化、释义、归化和回译。④区鉷把翻译的主要补偿手段划分为 6 种：对等、释义性解释、让步、直译、音译和修饰。修饰的具体手段包括注释和文内补充说明，而上述各种翻译补偿手段视情况综合使用。⑤

　　屠国元提出用如下翻译补偿方法进行文化移植：虚实互化，即通过使用目的语中的文化对等词语使具体的抽象化、抽象的具体化；增益达意，即增词或加词将目的语受众不甚了解的意义明确地表达出来；加注补义，即通过附注、脚注、尾注等手段对原文进行补偿。⑥乐金声通过

① 夏廷德.翻译补偿研究.天津：南开大学，2004：79-80.
② 王恩冕.翻译补偿法初探.中国翻译，1988（2）：11.
③ 柯平.加注和增益——谈变通和补偿手段.中国翻译，1991（1）：23.
④ 柯平.视点转换、具体化和概略化——再谈变通和补偿手段.中国翻译，1992（1）：23-26；柯平.释义、归化和回译——三谈变通和补偿手段.中国翻译，1993（1）：23-27.
⑤ 区鉷.概念困惑、不可译性及弥补手段.中国翻译，1992（4）：19-20.
⑥ 屠国元.翻译中的文化移植：妥协与补偿.中国翻译，1996（2）：9-10.

分析造成欠额翻译的具体原因，提出通过文化补偿将语义丢失减少到最低限度，认为凡是欠额翻译无一例外都存在语义的丢失，可以采取音译或直译加注、增益、释义、归化来进行翻译中的文化补偿。①

目前，夏廷德是非常有代表性的系统研究翻译补偿理论的国内学者。他认为，发生在词汇这一个较低层面的翻译补偿是最常见的一种补偿。语言语境和情景语境的影响，都会导致词义发生变化。在翻译过程中，原语和目的语词义不对等会经常发生。为了将损失降至最低限度，就必须利用目的语的语言资源，采用适当的补偿手段进行翻译补偿。②在前人分类研究的基础上，夏廷德提出了翻译补偿的八大分类。③其中的整合补偿，是指以不做任何标记对文本内容进行融合的方式，把补偿的内容添加进去。这种补偿经常发生在词汇层面，具体包括以下三种补偿手段：（1）增益，又称增译、增词、加义、上下文增译等，用来明示原文词汇的文化内涵，或者向读者提供理解原文词汇所需的相关信息；（2）具体化，即把原文的上坐标词转换为目的语中的下义词，或把笼统的概念变为具体的概念；（3）概略化，即用概括、减词、省略等手段把隐含在原文语境中的意义、不言自明的意义或在原语中属强制性成分而在目的语中属于冗余的成分表达出来。④

分立补偿是以添加标记或把补偿的内容与原文内容分别放置的方式，把补偿的内容明示给目的语读者；主要有以下两种手段：（1）文本内注释，即通过使用标点符号、括号等方式标示出补偿的内容；（2）文本外注释，用脚注、尾注等形式来解释原文中的难点，提供理解原文词义和欣赏原文所需的必要信息，适合于将原语中的文化现象、人物、地名、专门用语等介绍给目的语读者。分立补偿方法的优势在于，能够完整地保留原文的表层形式，适用于原语文化向目的语中移植。夏廷德关于翻译补偿的八大分类法，是从翻译策略方面对翻译补偿所进行的理论

① 乐金声. 欠额翻译与文化补偿. 中国翻译，1999（2）：18-20.
② 夏廷德. 翻译补偿研究. 天津：南开大学，2004：113.
③ 夏廷德. 翻译补偿研究. 天津：南开大学，2004：40.
④ 夏廷德. 翻译补偿研究. 天津：南开大学，2004：115.

思考，提出的是宏观层面的指导；而其整合补偿、分立补偿类型下的补偿手段则是翻译补偿策略指导下的微观层面的具体操作方法①。

由于英汉两种语言的文化差异，词汇的空缺是翻译中不可回避的问题。例如，翻译过程中目的语中的术语空缺，是汉英翻译应该给予关注的一个重要问题。总体而论，翻译补偿实际上是翻译活动不可或缺的一个组成部分，补偿与翻译是一种共生关系。夏廷德提出的词汇层面的增益、具体化、概略化等整合补偿手段以及文本内注释和文本外注释两种分立补偿手段，对于中国古代科技术语英译实践具有普遍的适用性。

六、翻译的多模态视角

（一）"模态"与"多模态"

"模态"一词来源于生物学和生命科学，指人的视觉、听觉、嗅觉、味觉、触觉五种感知渠道；当这五种感知渠道用于交际时，就产生了五种交际模态。② 语言研究学者给出了不同的定义。③ 人类交际常用的模态有视觉模态、听觉模态、触觉模态、嗅觉模态和味觉模态等五种。

多模态是指"来自不同符号系统的意义的结合"④。"本质上，多模态指在具体语境中一种以上的模态并存的现象，这些模态包括书面语言、口头语言、形象等等。"⑤ 诸多中外学者指出，在多模态交际中，各模态既各自独立发挥作用，也共同发挥作用，同时通过彼此的交接和互动产生意义。

多模态话语分析认为，语言和非语言符号都是社会符号的意义潜

① 夏廷德. 翻译补偿研究. 天津：南开大学，2004：117-118.
② 王红芳，乔孟琪. 视听翻译、多媒体翻译与多模态翻译：辨析与思考. 外国语文研究，2018（6）：100.
③ 参见：朱永生. 多模态话语分析的理论基础与研究方法. 外语学刊，2007（5）：83；顾曰国. 多媒体、多模态学习剖析. 外语电化教学，2007（2）：3.
④ 转引自许勉君：Kress, G. R. & T. van Leeuwen. *Reading Images:The Grammar of Visual Design*. London & New York: Routledge, 1996：183.
⑤ 许勉君. 中国多模态翻译研究述评. 广东外语外贸大学学报，2017（2）：40-46.

势、意义的来源；我们应该同时关注语言模态和声音、图像等多种非语言模态。①

（二）多模态的翻译方法

广义的翻译是指符际之间的信息传递，既包括语言与语言之间的信息交流，又包括语言与符号之间以及符号与符号之间的信息交流。翻译的过程就是进行不同模态的转换，不仅需要进行言语信息的转换，还需要进行非言语信息的转换。②这就是说，如果原文文本呈现出多模态的特点，那么翻译就要进行多模态的转换，需要转换的是原文文本意义建构的言语符号以及图片、声音、颜色等非言语符号两个类型的信息，因为非言语符号也参与文本的意义建构。用非文字符号来阐释文字符号，或用文字符号来阐释非文字符号，是突破了以言语信息的转换为主的翻译传统，将建构文本意义的模态都纳入翻译研究的范畴。③在多模态语篇意义建构中，每一种模态都体现一定的意义，多种模态相互作用，才能共同构建语篇的整体意义。

翻译就是利用目的语的语言资源进行跨语言的语篇意义建构的过程。如果原文语篇具有多模态属性，即原文的语篇意义建构是多种模态共同作用完成的，那么译文语篇意义就需要遵循原文语篇意义建构的模式。译者的工作起点是原文文本，终点是译文文本。在多模态语篇翻译过程中，译者需要进行言语符号和非言语符号的语际转换。

目前，国内的多模态翻译研究起步较晚，尚未形成较为全面、系统的研究局面，呈现出应用研究多、理论研究少等特点。统计分析显示，当前多模态翻译研究首先聚焦于影视作品，其次是翻译教学。④研究发现，从多模态翻译理论视角开展的非文学类文本的翻译研究更少。可喜

---

① 李丛立，张小波.多模态环境下的翻译教学模式构建研究.中国电力教育，2013（16）：233-234.
② 朱玲.多模态：翻译研究的新视角.中国社会科学报，2017-12-26（3）.
③ 蒋梦莹，孙会军.符际翻译与后翻译研究视角下的中国当代文学对外传播——从《妻妾成群》到《大红灯笼高高挂》.外语教学，2018（5）：90-94.
④ 许勉君.中国多模态翻译研究述评.广东外语外贸大学学报，2017（2）：40-46.

的是，已经有学者运用多模态翻译理论，论述了中国古代科技文明的翻译与国际传播。①

融合图片、颜色、音频、视频等非言语符号与言语符号，开展中华优秀传统文化的多模态翻译和对外传播，在很大程度上将会更有效地建构目的语语篇的整体意义。我们研究发现，为了准确清晰地建构原文的语篇意义，许多中国科技典籍原著作者除了用语言文字描述中国古代科技成就（如古代农业、手工业方面的生产状况和工艺流程，古代建筑式样和建筑方法等），还配上插图以更加明确、清楚地表达原文的意义。因此，我们认为，运用多模态翻译的视角来探讨具有多模态属性的中国科技典籍的翻译，将大大提高译文的可接受性，也更有利于提高中华优秀传统文化对外传播的效果。

七．苏联的词汇等值翻译

（一）词汇单位语义对应与"无等值物词汇"翻译

苏联翻译理论认为，等值是翻译理论的基本概念之一。描述翻译理论和揭示翻译本质的时候，等值具有决定性的意义。苏联翻译家安德烈·费道罗夫（Андрей Фёдоров）提出了翻译等值的定义：翻译的等值意味着充分传达原文的意义并在功能和修辞方面与原文完全一致。翻译等值指的是通过再现原文的形式特点（如果语言条件允许的话），或者创造这些特点的功能对应物来传达原文特有的内容与形式的关系。因此，对于等值概念来说，特别重要的是传达部分、个别成分或话语的片段与整体的关系。② 换句话说，等值是指原文文本与译文文本的篇章层面的等值，包括意义、功能和修辞效果，是语义和语用等值的综合体。在翻译过程中，译者传达原文所指意义时遇到的主要问题就是原语单位和译语单位意义范围不一致。根本不存在两种语言中的意义单位（词素、

---

① 王海燕，刘欣，刘迎春．多模态翻译视角下中国古代科技文明的国际传播．燕山大学学报（哲学社会科学版），2019（2）：49-55.
② 蔡毅，段京华．苏联翻译理论．武汉：湖北教育出版社，2000：28-30.

词和固定词组）的所指意义在一切范围内都完全一致的情况。两种语言词汇单位之间的语义对应该划分为完全对应、部分对应和无对应三大类。①

必须指出的是，不同语言的词汇单位的全部所指意义都能"完全对应"是比较少见的。这通常是指一些单义词，包括一些专有名词、地理名词、科技术语等。完全对应的语言单位翻译起来并不困难，只要找到相应的等值物即可，甚至不需要考虑上下文的因素。②

"部分对应"指的是原语中的一个词在译语中有几个语义等值物：有时原语中词的意义范围比译语中词的意义范围更广或更窄；原语和译语中的两个词既有一致的，也有不一致的意义；一种语言词的意义与另一种语言相比具有非区别性，因此，在传达原语中语义上的非区别性词义的时候必须在译语的几种可能的对应物中进行选择。③

"无对应"则是指一种语言某个词汇单位在另一种语言的词汇里完全找不到对应物，即一种语言的词汇在另一种语言中"无等值的词汇"。这类词汇包括：在另一种语言的词汇里尚无固定对应物的词，包括专有名词、地理名词等的名称；特有事物，即那些标志着使用另一种语言的人在实践经验中没有的事物的词；"偶尔的空白点"，即出于某种原因，一种语言的词汇单位在另外一种语言的词汇中没有对应物。④ "无等值物的词汇"有以下几种常用的翻译方法。

（1）全部或部分的音译：就是直接用目的语的字母进行拼写，主要用于地理名词和各种公司、商号、轮船等专有名词的翻译，但这种方法要适度使用。音译的长处在于可以避免对新概念进行错误的解释，故译文是相对可靠的。必须指出的是，音译实际上是传达了原文词汇的语音外壳，其内容方面还需要通过上下文来揭示。音译的不足在于只是机械地从语音上翻译了词汇，并不能揭示专有名词的内容，因此译者有时可

① 蔡毅，段京华.苏联翻译理论.武汉：湖北教育出版社，2000：67.
② 蔡毅，段京华.苏联翻译理论.武汉：湖北教育出版社，2000：67.
③ 蔡毅，段京华.苏联翻译理论.武汉：湖北教育出版社，2000：68.
④ 蔡毅，段京华.苏联翻译理论.武汉：湖北教育出版社，2000：68.

以进行注释，以弥补音译的不足。①

（2）仿造法：是指将无等值物的组成部分——词素或词用目的语中的直接对应词进行代换。②

（3）描述性翻译：通过目的语的释译来揭示原语词汇单位的意义，其优点在于能够充分解释描述对象，因而也被称为解释性翻译。该翻译方法的缺点就是行文往往过于冗长。因此，在翻译实践中，往往把音译、描述性翻译结合起来，描述性翻译以脚注的形式出现。③

（4）近似翻译：当原语中的词汇单位在目的语中找不到确切对应词语的时候，就用目的语中的一个概念来表达外国特有的事物，虽然与原语的概念不完全吻合，但语义上与之相当接近，在一定程度上能够揭示描述对象的实质。该方法往往用于翻译特有事物和无等值物的词汇。其优点在于它的通俗易懂性，因为译文读者面对的是自己习惯的、熟知的概念。其缺点就是用类似的对应词语表达原文的概念，使用时候要特别谨慎。④

费道罗夫也曾指出："从历史发展角度看，无等值词汇并非不可译，翻译中的词汇必须在上下文范围内解决。译文中的对等词汇往往不是语言学意义上的同义词，而是同义形式。翻译具有民族特色的词汇，首先要了解该词的实际所指，拥有相关的背景知识，其翻译方法主要是音译转写、创造新词（或词组）、用功能相似的词汇代替、用上位词概括地表达下位词。"⑤

（二）词汇的翻译转换法

各种翻译转换法在很大程度上只是一种大致的划分，是相对而言的，某种转换法既可以归结为这一类，也可以归结为另一类，而且几种

---

① 蔡毅，段京华. 苏联翻译理论. 武汉：湖北教育出版社，2000：69.
② 蔡毅，段京华. 苏联翻译理论. 武汉：湖北教育出版社，2000：69.
③ 蔡毅，段京华. 苏联翻译理论. 武汉：湖北教育出版社，2000：69-70.
④ 蔡毅，段京华. 苏联翻译理论. 武汉：湖北教育出版社，2000：70.
⑤ 杨仕章. 语言翻译学. 上海：上海外语教育出版社，2008：194.

转换方法往往是交织在一起使用的。翻译转换法中的词汇翻译转换法包括以下几种：

（1）描述法：出于社会、地理或民族等原因在目的语中找不到与原文相对应的概念时，就可以使用这种最常见的翻译转换法，但其主要缺点是有些描述过于啰唆，且"洋味"十足。

（2）概念具体化：即用所指意义较窄的词代替原文中所指意义较宽的词，其中包括用译文中的种概念代替原文中的类概念。

（3）概念概括化：与上述的概念具体化相反，指的是用含义较广的单位替换含义较窄的单位，主要是用译文中的类概念代替原文中的种概念。目的语中找不到与原语中概念类似的概念时，一般使用此翻译方法来帮助译者摆脱困境。

（4）概念逻辑引申：这是对译者翻译水平要求较高的最复杂的一种翻译方法，翻译时需要进行概念替换，其中包括因与果、局部与全部、工具和使用者的相互替换。①

第二节　中国古代科技术语英译分析理论框架

我们对上述相关翻译理论进行综述，旨在揭示这些中外翻译理论对中国古代科技术语英译研究的阐释力。研究发现，上述翻译理论关于词汇层面翻译原则、策略和方法的论述，在很大程度上都适用于中国古代科技术语的英译研究。下文将提出中国古代科技术语英译分析所依据的理论框架，即英译策略、英译方法和译文评价标准。②

一、中国古代科技术语英译的策略

在探讨翻译策略之前，我们首先需要厘清翻译策略（translation strategy）、翻译方法（translation method）和翻译技巧（translation technique）

---

① 蔡毅，段京华．苏联翻译理论．武汉：湖北教育出版社，2000：130-131．
② 本章第二节"中国古代科技术语英译分析理论框架"是基于本章第一节相关翻译理论和思想设计的，故再次引用第一节相关内容时不再标记出处。

这三个重要概念的区别与联系，以便更准确地论述中国古代科技术语的翻译问题。

英文中"strategy"一词的英文释义为"a plan that is intended to achieve a particular purpose"（策略，计策，行动计划）；"method"一词的英文释义为"a particular way of doing sth"（方法，办法，措施）；而"technique"一词的英文释义为"a particular way of doing sth., especially one in which you have to learn special skills"（技巧，技艺，工艺）。可见，翻译策略是为了达到某一特定翻译目的的行动计划所遵循的总的原则，翻译方法是翻译策略这个总的行动计划下的具体实施步骤，即为了达到某一特定翻译目的所采取的具体措施，而翻译技巧是翻译方法的具体实施过程中所需要的专门技巧。然而，国内外学界在"翻译策略""翻译方法"和"翻译技巧"这几个关键术语上均存在概念模糊、分类不当、使用混淆的问题。[①] 宏观的翻译策略需要通过具体的翻译方法来落实，而具体的翻译方法则需要通过更加具体的、操作层面的翻译技巧来实现。换句话说，宏观的原则性的翻译策略指导微观的翻译方法。本书将以中国古代农业、手工业、建筑和航海术语的英译为个案分析语料，探讨上述四大类中国古代科技术语的英译所采用的翻译策略和翻译方法。

中国古代科技典籍是中华古代先进科技思想的重要载体，记载着中国古代先贤的科技创造与发明，展示了中国传统文化的博大精深。中国古代科技术语具有文化性、民族性等特点，绝大多数都是具有重要文化内涵的原语文化特色词语，应该属于文化专有项。古代科技术语的翻译质量在很大程度上决定了中国古代科技文明的对外传播效果。推动中国古代科技文明"走出去"，我们应该采取行之有效的翻译策略，从而确保中华优秀传统文化走向世界，服务中国文化软实力建设的需要。

关于文化专有项的翻译，国内学者展开了广泛的研究，其中许多学者论述了如何运用归化翻译和异化翻译策略对外翻译和传播中国文化。将归化和异化翻译策略引进中国翻译界，并将其运用于中国文化的外宣

---

① 熊兵. 翻译研究中的概念混淆——以"翻译策略""翻译方法"和"翻译技巧"为例. 中国翻译，2014（3）：82-88.

翻译早有论述。这些相关研究成果对于我们开展中国古代科技术语的翻译研究具有重要的借鉴价值。早在 1998 年，郭建中就通过分析《红楼梦》的杨宪益译本和戴维·霍克斯（David Hawkes）译本对比喻的翻译，论述了两位译者在处理原语文化的信息所采取的不同策略，认为杨宪益采取了以原语文化为归宿的异化翻译策略，而霍克斯则采取了以目的语文化为归宿的归化翻译策略，但他同时指出，翻译中的归化和异化"互为补充"。[①]

孙致礼结合其翻译实践指出，归化和异化相辅相成、互为补充；在可能的情况下应该尽量进行异化处理，难以异化则退而求其次，做必要的归化处理。过分的异化会导致译文的晦涩难懂，而过分的归化会导致"文化误导"。翻译过程中，异化处理应该不妨碍译文的通顺易懂，而归化处理应该不改变原作的"风味"，特别是不应该导致"文化错乱"。[②]翻译对于文化交流与融合以及对不同语言的丰富发展起到非常重要的作用，译者应该尽量采用异化或异化加释义的方法来翻译含有文化因素的词语，非归化不可时，也应该避免过度的归化。"[③]

关于文化专有项的翻译，国外翻译学者也多有研究，有的是比较直接的论述，有的是间接的论述。虽然说法不尽一致，但皆指向具有丰富文化内涵的原文词语的翻译。例如，翻译研究文化学派学者艾克西拉专门论述了文化专有项翻译，归纳总结出文化专有项的 11 种翻译方法，又将这 11 种方法按照对原语文化的保留程度划分为"文化保留性翻译策略"和"文化替代性翻译策略"两个大类。[④]艾克西拉的"文化保留性翻译策略"和"文化替代性翻译策略"是继承韦努蒂提出的"归化翻译策略"和"异化翻译策略"基本思想，结合翻译实践所倡导的文化翻译策略。

---

① 郭建中. 翻译中的文化因素：异化与归化. 外国语, 1998（2）: 12-19.

② 孙致礼. 中国的文学翻译：从归化趋向异化. 中国翻译, 2002（1）: 40-44.

③ 熊兵. 文化交流翻译的归化与异化. 中国科技翻译, 2003（3）: 15-18.

④ Aixelá, J. F. Culture-Specific Items in Translation. In Alvarez, R. & Vidal, M. C. (eds). *Translation, Power, Subversion*. Beijing: Foreign Language Teaching and Research Press, 2007.

我们认为，中外翻译学者关于文化专有项翻译的论述，都在一定程度上对于中国古代科技术语的翻译具有阐释力。如前文所述，没有哪一种翻译单纯采用一种翻译策略，并贯穿始终，也没有哪一种原文作品通过采用单一的翻译策略即能够达到满意的翻译效果。如果以艾克西拉的"文化保留性翻译策略"和"文化替代性翻译策略"这一对概念作为中国古代科技术语翻译策略的总体参考框架，那么我们可以将中国古代科技术语英译分析的策略确定为基于"文化保留性翻译策略"和"文化替代性翻译策略"的"共生互补"翻译策略连续统。我们用前一个翻译策略来分析中国古代科技术语的英译是否达到了翻译的准确规范性和充分性的译文评价标准，用后一个翻译策略来分析中国古代科技术语的英译是否达到了翻译的可接受性的译文评价标准。翻译是选择的艺术，术语翻译亦是如此。我们翻译中国古代科技术语的时候，应该根据原文术语的文化内涵以及原文术语是否在译入语中存在等价术语等因素，优选出最适切的翻译策略。如果译文遵循了这两大类"共生互补"的翻译策略，一方面能够促进中华优秀传统文化顺利地"走出去"，另一方面，还能够推动中华优秀传统文化更好地"走进去"，取得更加满意的中华优秀传统文化外宣的效果。中国古代科技术语的翻译策略是古代科技文明国际传播的宏观层面的基础，对于具体翻译方法的选择具有重要的指导意义。

二、中国古代科技术语英译的方法

译者翻译任何一种原文作品都不会采用单一的翻译策略，因此宏观翻译策略指导下的微观翻译方法的运用，也必然会呈现互为补充、灵活多样的特点。在本章的第一节，我们概述了相关的中外翻译理论观点。研究发现，只有艾克西拉在明确划分的两大翻译策略下论述了 11 种翻译方法和技巧，其他翻译学者都没有将他们提出的词语的翻译方法和技巧按照翻译策略进行分类。我们把微观层面的翻译方法划分为"文化保留性翻译策略下的翻译方法"和"文化替代性翻译策略下的翻译方法"两个大类，用于中国古代科技术语英译的个案分析。

（一）文化保留性翻译策略下的翻译方法

我们以"文化保留性翻译策略"为主要依据，对"文化保留性翻译策略下的具体翻译方法"进行归类，提出以下 9 种翻译方法可以用于中国古代科技术语英译的案例分析。

（1）音译法。艾克西拉的"字母转换"、纽马克的"移译法"以及苏联翻译理论的无等值物词汇的全部或部分音译，尽管使用的术语不尽一致，但这些翻译方法都属于音译法的范畴。

（2）直译法。如果目的语中拥有与中国古代科技术语等值的术语，尤其是中国古代科技术语中的纯专业术语，一般应该采用直译的方法。艾克西拉提出的"语言（非文化）翻译法"，本质上就是直译法。

（3）意译法。贝克的"概括性词语（上义词）释义法""中性词语或表达功能不强的词语释义法"和"借词或借词加释义法"、纽马克的"释义法"、苏联翻译理论的词汇转换法中的"描述法""概念具体化"和"概念概括化"、翻译补偿理论中的"具体化""概略化"以及邱懋如提出的"解释（用描写性的表达方式来翻译）"等翻译方法都属于意译法的范畴。

（4）文外解释。这种方法包括艾克西拉的"文外解释"、方梦之的"音译加注"[①]、廖七一的"直译（音译）＋注解"[②]等。

（5）文内解释。艾克西拉提出的文内解释，是将原文中没有完全明晰的内容进行明晰化处理，但应该将这种解释融入译入语文本，以防分散读者的注意力。

（6）文本内注释。翻译补偿理论中的"文本内注释"是指置于译文文本内部、标示出来的注释性成分。

（7）文本外注释。翻译补偿理论中的"文本外注释"包括脚注、尾注等形式的注释性成分。

（8）复式译法。纽马克的"并用翻译法"和廖七一的"直译＋意译"等翻译方法，本质上都是复式译法的具体体现。

---

① 方梦之.中国译学大辞典.上海：上海外语教育出版社，2011：105.
② 廖七一.当代西方翻译理论探索.南京：译林出版社，2000：239.

（9）约定俗成的译法。采用官方的译法或是被人们广泛接受的译法。

（二）文化替代性翻译策略下的翻译方法

我们以"文化替代性翻译策略"为主要依据，对"文化替代性翻译策略下的具体翻译方法"进行归类，提出以下6种翻译方法可以用于中国古代科技术语英译的案例分析。

（1）文化词语替换法。指用译入语中指称意义不一样、但能够产生相似的读者效应的词语来替代原语文化特有的词语或表达式。

（2）释义性泛化译法。艾克西拉的"有限泛化""绝对泛化"，以及贝克的"相关词语释义法""不相关词语释义法"，都属于释义性的泛化译法，只是泛化的程度不同。

（3）归化译法。艾克西拉提出的"归化译法"是专门针对文化专有项翻译的，纽马克的"归化译法"更为宏观，但是两者本质上是一致的，都是文化替代性翻译策略下的翻译方法。

（4）近似翻译法。这个译法包括纽马克提出的"文化对等翻译法""描述性对等翻译法""功能对等翻译法"，以及奈达提出的"功能对等"译法。

（5）删除译法。包括艾克西拉的"删除法"以及贝克的"省略译法"。

（6）多模态译法。包括中国一些学者提出的"多模态翻译法"以及贝克提出的"图示法"等。

三、中国古代科技术语英译的译文评价标准

中国科技典籍英译属于文化外宣翻译的重要类型之一，是中华优秀传统文化对外传播行为，其目标群体是以英语为母语的外国受众。中国古代科技术语的翻译有两个重要的考量，一个是原语文化的对外传播，一个是译入语受众的理解和接受，即中国文化的"走出去"和"走进去"两个方面。文化"走出去"需要做到"文化传真不走样"，完整、准确地对外传播中国文化；"走进去"就需要做到"受众理解并接受"，即以目标

受众容易接受的方式进行有效的国际传播。因此，译者需要在译文的准确性、充分性和受众的可接受性之间做好平衡。与当代科技术语翻译一样，中国古代科技术语的翻译也应该做到准确规范、充分到位，易于读者理解，术语的译文亦应达到准确规范性、充分性和可接受性的标准。

（一）准确规范性

"术语是人类科学知识在语言中的结晶"，"没有术语，就没有科学"。[①]中国古代科技文明的对外传播，是一个中外科技文化交流的过程。因此，准确规范地翻译古代科技术语是中国古代科技文明走向世界的重要前提条件之一。

这里所说的"准确规范"，是一个较宽泛的概念。我们认为，评价中国古代科技术语翻译是否准确规范，一看目的语中的术语是否具有"专业性"，因为"专业性是术语的最根本、最重要的特征"[②]。二看目的语中的术语是否具有"单义性"，即"目标语中的术语与原语中的术语在意义上形成准确对应，不产生任何歧义"[③]。三看目标语中的术语与原语中的术语是否形成等价关系，即是否具有"等价性"。"在两种或两种以上的语言之间表示同一概念的术语叫作等价术语，不同语言之间的等价术语，其内涵和外延都是完全重合的。"[④]"术语翻译就是在目的语中形成与原语等价的术语。"[⑤]四看目的语中的术语是否遵循了"约定俗成的原则"。例如，中国古代科技术语中有的术语是纯科技术语，在目的语中已经具有约定俗成的等价术语，直接借用即可，不必提供新的译名。

（二）充分性

有些中国古代科技术语在目的语中存在"等价术语"，即原语术语

① 冯志伟.现代术语学引论（增订本）.北京：商务印书馆，2011：4.
② 冯志伟.现代术语学引论（增订本）.北京：商务印书馆，2011：34.
③ 冯志伟.现代术语学引论（增订本）.北京：商务印书馆，2011：35.
④ 冯志伟.现代术语学引论（增订本）.北京：商务印书馆，2011：55-56.
⑤ 魏向清，赵连振.术语翻译研究导引.南京：南京大学出版社，2012：164.

与目的语术语形成"完全对应"的等值关系；而有的古代科技术语在目的语中找不到"等价术语"，目的语中的术语与原语术语只能形成"部分对应"（或称不完全对应）的关系；而有的原语术语在目的语中根本就找不到表达原语概念内涵的术语，即原语术语与目的语术语形成"不对应"（或称零对应）的关系。

　　记载着中国古代科技文明的科技典籍中的古代科技术语具有明显的中华民族性、文化性，有相当多的术语都是代表中国传统文化的文化专有项。因此，中国古代科技术语的翻译存在相对的不可译性。为了准确地对外传播中华优秀传统文化，术语翻译的补偿势在必行。译者必须根据术语翻译充分性的原则，针对原语术语在目的语中的"部分对应"和"不对应"的问题，进行适度的翻译补偿。译者应该把原语损失作为翻译补偿的前提，从而从宏观上保证中国古代科技术语翻译补偿的合理性，不能无中生有、过度补偿。贝克的"借词或借词加释义翻译法"、纽马克的"补偿性翻译法"、奈达的"零位信息"功能补偿、艾克西拉的"文内解释""文外解释"、苏联翻译理论家的"描述性翻译"和"近似翻译法"，以及夏廷德的"文本内注释"和"文本内注释"等翻译补偿方法，实际上大都是针对具有丰富内涵的原语文化专有项翻译而提出来的，都充分体现了翻译补偿理论思想，其补偿的目的都是实现译文的充分性。我们认为，充分得体的译文才能有效地传达原文术语的概念内涵，才能实现原语文化到目的语文化的"文化传真"。因此，中国古代科技术语翻译的"充分性"是全面准确对外传播中国古代科技文明的重要保障之一。

　　关于翻译的"充分性"，翻译学者多有论述。例如，翻译的多元系统理论代表人物之一吉迪恩·图里（Gideon Toury）认为："在翻译过程的不同阶段，翻译规范在发挥着作用，如果译者倾向于原语的语言和文化规范，那么译文文本就是更加充分的翻译；如果目的语语言和文化占了上风，那么译文文本的可接受性就会更强一些。充分性翻译和可接受翻译是一个连续统的两极，因为没有完全的可接受性的翻译和充分性的翻译。"① 如果译者在翻译过程中始终遵循原语的语言和文学规范，那么译文就会保持原语文本的特征不变；同时，这样的译文可能会在某些方面偏离目的语的语言和文学规范。② 奈达也曾指出，"充分性"是站在读者的角度去考量译文"在解释性方面的充分度"，即"是否解释清楚了"。③

为了准确对外传播中华优秀传统文化，达到理想的文化外宣翻译效果，译文的充分性就显得非常重要了，翻译具有浓厚文化色彩的中国文化特有的文化专有项（即文化术语）尤其要注意译文的充分性。中国传统文化的译者应该运用好黄友义倡导的外宣"三贴近原则"，即"贴近中国发展的实际、贴近国外受众对中国信息的需求、贴近国外受众的思维习惯"。④

（三）可接受性

翻译的可接受性与充分性是一对概念，也是一对矛盾。图里使用这个术语来说明"可接受性是在译文文本中观察到的两种倾向之一。"所有的译文都是在充分性和可接受性这两个极端之间的一种妥协，即在有些方面更接近于原语规范，在另一些方面更接近于目的语规范。"⑤"有的时候遵循原语系统的规范，而有的时候遵循目的语系统的规范。"⑥ 也就是说，如果译者根据目的语语言文化规范来翻译，那么其翻译考虑更多的是译文在目的语中的"可接受性"，而译文几乎不可避免地要偏离原文的规范。译文的"可理解性"和"可读性"高，其"可接受性"自然会提高，

---

① Toury, G. Adequacy. In Munday, J. *Introducing Translation Studies*. Shanghai: Shanghai Foreign Language Education Press, 2001: 114.
② Shuttleworth, M. & Cowie, M. *Dictionary of Translation Studies*. Shanghai: Shanghai Foreign Language Education Press, 2004: 5-6.
③ Nida, E. A. & Taber, C. R. *The Theory and Practice of Translation*. Shanghai: Shanghai Foreign Language Education Press, 2004: 9.
④ 黄友义. 坚持外宣"三贴近原则"，处理好外宣翻译中的难点问题. 中国翻译, 2004（6）: 27.
⑤ Shuttleworth, M. & Cowie, M. *Dictionary of Translation Studies*. Shanghai: Shanghai Foreign Language Education Press, 2004: 2.
⑥ Shuttleworth, M. & Cowie, M. *Dictionary of Translation Studies*. Shanghai: Shanghai Foreign Language Education Press, 2004: 6.

译文就更容易被目的语受众接受。

中国科技典籍英译的目的，就是对外传播中国古代科技文明，其目标群体是以英语为母语的外国受众，因此译文的可接受性是评价翻译成功与否的一个重要标准之一。为了取得显著的翻译效果，中国古代科技术语英译的"准确规范性"是基础，同时译者还需要在"充分性"和"可接受性"之间做好平衡。一方面要准确无误地阐释好承载着中国古代科技文明的、具有丰富文化内涵的中国古代科技术语，确保文化传播"不失真"，另一方面要以目标受众容易接受的语言表达方式进行语际转换。黄友义明确指出："最好的外宣翻译不是按中文逐字逐句机械地把中文转换为外文，而是根据国外受众的思维习惯，对中文原文进行适当的加工，有时在删减，有时要增加背景内容，有时要将原话直译，有时必须使用间接引语。"[①] 张旭也论述道："如果是给西方读者看的，我们就要弄清楚译作如何能顺畅地抵达彼岸，使西方读者能真正品尝中国文化和思想的精髓。"[②] 好的译者往往是两种语言文化之间一个好的协调者，是沟通中外文化的桥梁和纽带。

第三节　本章小结

基于相关的理论，本章建构了中国古代科技术语英译案例分析的理论框架，具体内容为：文化保留性翻译策略和文化替代性翻译策略共同构成中国古代农业、手工业、建筑和航海术语英译的"共生互补"的翻译策略连续体，用于开展宏观层面的中国古代科技术语英译策略分析。文化保留性翻译策略下的 9 种翻译方法和文化替代性翻译策略下的 6 种翻译方法共同构成中国古代农业、手工业、建筑和航海术语英译的"互为补充、灵活运用"的翻译方法连续统，用于开展微观层面的中国古代科技术语的英译方法分析。而准确规范性、充分性、可接受性共同构成

---

① 黄友义. 坚持外宣"三贴近原则"，处理好外宣翻译中的难点问题. 中国翻译, 2004（6）：27-28.
② 张旭. 心田的音乐：翻译家黎翠珍的英译世界. 北京：清华大学出版社，2019：128.

中国古代农业、手工业、建筑和航海术语英译的译文评价标准，用于考察中外译者运用文化保留性翻译策略和方法以及文化替代性翻译策略和方法来翻译中国古代农业、手工业、建筑和航海术语，最终是否有效地推动了中国古代科技文明更好地"走出去""走进去"，是否实现了对外传播中国古代科技文明的总体目标。

本章所建构的中国古代科技术语英译分析理论工具，将用于第四章到第七章的中国古代农业、手工业、建筑和航海四大类科技术语英译的个案分析。

第四章　中国古代农业术语英译研究：
以《天工开物》为例

　　四大科技典籍之一的《天工开物》由明代江西奉新人宋应星创作。宋应星熟读四书五经和诸子百家经典，1615 年参加乡试，一举及第。但 1616—1631 年，他六次负笈北上参加会试，均名落孙山，遂决定不再参加科举考试。往来于家乡和京城之间，宋应星目睹了明末关内农民起义和官场腐败造成的民生凋敝以及读书人热衷于作八股而罔顾实实在在的学问之景，也见闻了农业和手工业生产技术有关的知识。1634—1638 年，出任江西分宜县教谕期间，有着强烈的家国情怀的他转向了"与功名进取毫不相关"的实学。1637 年，宋应星在好友涂绍煃的资助下刊出《天工开物》，各章从古代经典文献中找出两个古雅的字为标题并按照"贵五谷而贱金玉"的理念排列，书中包括宋应星序、正文十八章（分上、中、下三卷）和 123 幅工艺流程图（见表 4-1）。原书首次系统地总结了中国明代农业和手工业两大领域的 18 个生产部门的生产技术，所列科技建树之广为中国古代历史上的任何科技著作所不能及，因而在中国科技史上书写了浓墨重彩的一笔。近代地质学家丁文江将其评价为"三百年前言农工业书如此其详且备者，举世界无之，盖亦绝作也"[1]。当代科技史专家潘吉星指出："历史上只有《天工开物》第一次从专门科技角度，把

---

① 丁文江.丁文江自述.合肥：安徽文艺出版社，2014：38.

工农业的十八个生产领域的技术知识放在一起加以综合研究，使之成为一个科学体系。"①

表4-1《天工开物》体例及科技内容

卷次	章节	内容
上卷	乃粒	水稻、小麦和五谷种植与栽培技术以及农具、水利器械
	乃服	养蚕和丝织技术要点、工具、织机构造
	彰施	植物染料和染色技术以及染料配色、媒染方法
	粹精	水稻和小麦收割、脱粒及加工技术和工具
	作咸	海盐、池盐、井盐等的盐产地，制盐技术和工具
	甘嗜	甘蔗种植，制糖技术及工具
中卷	膏液	油料植物子实的出油率，油的性状、用途，以及提炼油脂的技术
	陶埏	砖、瓦和白瓷的烧炼技术
	冶铸	铸铁锅、钟和铜钱技术
	舟车	各种船舶和车辆的结构与使用方法
	锤煅	锻造铁器、铜器的工艺过程，以及各种金属加工工具和技术
	燔石	石灰、采煤和烧炼矾石、硫黄和砒石技术
	杀青	纸的种类、原料，以及造纸的工艺过程及设备
下卷	五金	金、银、铜、铁、锡、铅、锌等金属矿石的开采、冶炼和分离技术
	佳兵	冷武器、火药和火器制造
	丹青	研制朱砂、提炼银朱的技术
	曲蘖	酒曲酿造、酒母、药用神曲及红曲所用原料
	珠玉	珍珠、宝石、玉、玛瑙、水晶和琉璃的开采

① 潘吉星.《天工开物》导读.北京:中国国际广播出版社,2009:19.

得益于其卓越的科技价值,《天工开物》这部中国科技典籍于 1637 年首次刊刻后不久便传入日本、朝鲜等邻国,自 19 世纪开始被译成英文在西方国家流传,迄今拥有三个英文全译本。1966 年,美国宾夕法尼亚州立大学出版社出版了美籍华裔任以都及其先生孙守全的《天工开物》译本,使《天工开物》首次完整地进入英语读者的视野(简称"任译本")。任以都曾肄业于西南联大历史专业,后在美国瓦萨学院(哈佛女校)获历史学博士学位,之后执教于宾夕法尼亚州立大学历史系,并长期从事明清经济史研究。任以都曾翻译《中国社会史:研究文献选的翻译》(*Chinese Social History: Translations of Selected Studies*)、《清代管理术语:六部术语译注》(*Ch'ing Administrative Terms: A Translation of the Terminology of the Six Boards with Explanatory Notes*)等,美国科学技术史学家内森·席文(Nathan Sivin)称赞其"翻译的历史文献非常知名"[①]。其先生孙守全为麻省理工学院科学博士,任教于宾夕法尼亚州立大学矿冶系。《天工开物》任译本标题是 *T'ien-kung K'ai-wu: Chinese Technology in the Seventeenth Century*,包括译者序、译者札记、正文和插图、参考文献、术语表、附录和索引。20 世纪 50 年代,我国台湾教育部门组织将《天工开物》全书译成了英文。囿于出版经费,译稿直至 1980 年才由台湾中国文化学院出版部出版。[②] 该译本由我国近代化学史家和化学教育家李乔苹主译(简称"李译本")。李乔苹在 20 世纪 40 年代将自己所著《中国化学史》译成英文,译本大获成功,并使他与英国科技史专家李约瑟结缘。[③] 不但如此,他是海峡两岸率先将李约瑟的《中国科学技术史》节译成中文的先驱。《天工开物》李译本的标题为 *Tien-kung-kai-wu: Exploitation of the Work of Nature*,包括译者序、插图列表、章末注释,附录为中国度量衡单位、索引以及丁文江著《重印〈天工开物〉卷跋》《奉新宋长庚先生传》。进入 20 世纪 90 年代,我国政府发起中华典籍英

---

① Sivin, N. T'ien-kung K'ai-wu: Chinese Technology in the Seventeenth Century. *Isis*, 1966(4): 509.
② 赵庆芝 . 李氏主译《天工开物》始末 . 中国科技史料,1997(3):90-94.
③ 赵慧芝 . 著名化学史家李乔苹及其成就 . 中国科技史料,1991(1):13-24.

译重大出版工程"大中华文库（汉英对照）"，希冀借此有组织、有规模地将中华优秀传统文化推向世界。《天工开物》入选"大中华文库（汉英对照）"，英文版由王义静、王海燕和刘迎春翻译，并于 2011 年由广东教育出版社出版（简称"王译本"）。王义静、王海燕和刘迎春为当代外语学者，他们在理工科高校长期从事科技英语教学与研究以及典籍翻译研究工作，并且在翻译《天工开物》之前系统地学习了翻译学、术语学等知识，开展了扎实的科技典籍译介研究。《天工开物》王译本的标题为 *Tian Gong Kai Wu*，采用的是现代汉语拼音的音译法，译本内含"大中华文库"工作委员会主任杨牧之的总序、潘吉星的前言、目录、英汉对照形式的正文、附录（古今度量衡单位换算表、二十四节气、中国朝代更迭表、古今地名表）。

就《天工开物》的农业部分而言，"乃粒"章被置于十八章之首，践行了宋应星"贵五谷"的理念。潘吉星将之与《齐民要术》《农书》《农桑辑要》等农学典籍加以对比，在此基础上提出《天工开物》在深度上有过之。[①] 正如科技类典籍最鲜明的特点是"古代科技术语和核心概念的专业性表述"[②]，《天工开物》中的农业术语必然是中国古代农业发展水平和科技成就的重要载体。有鉴于此，本章将以《天工开物》的任译本、李译本和王译本为例，对中国古代农业术语的英译进行个案分析，包括《天工开物》中的农业术语的特征和分类，以及术语英译分析。

第一节 《天工开物》中农业术语的特征和分类

《天工开物》的原著主要在"乃粒""粹精"两章论述谷物种植与加工，所以书中的农业术语是指与农作物种植和农产品加工密切相关的专有词项。毋庸置疑，对之进行"实事求是地分类，是对翻译实践的尊重，

---

① 潘吉星.《天工开物》导读. 北京：中国国际广播出版社，2009：17.
② 殷丽. 国外学术出版社在我国科技类典籍海外传播中的作用——以美国两家学术出版社对《黄帝内经》的出版为例. 出版发行研究，2017（4）：87.

总结出的科学翻译类型也就符合客观规律"①,而这一分类的前提是认识农业术语的特点。现代农业科技术语具有简洁性、确切性、稳定性、单义性、理据性、客观性等特点②,而古代科技典籍《天工开物》中的农业术语既有一般农业术语的简洁性和信息传递功能的共性,又表现出其独特的个性。

一方面,《天工开物》问世于近 400 年前,原书语言贴近微言大义的书面文言,凝练了诸多事实性信息,如赵越量化统计了《天工开物》的词汇术语,结果发现单字、双字和三字术语占较大比重。③ 另一方面,宋应星笔下的农业术语根植于中国数千年传统文化和明代经济历史背景,其中一些被赋予了文化传承功能,发挥着社会意义、历史意义和建构意义。④

一、古代农业术语的特征

概括起来,《天工开物》中的农业术语有如下三个主要特征:

(1)同义性。宋应星是前半生投身科举考试的封建读书人,而且现有资料表明其家族和本人均未参与过生产实践⑤,坊间调查和阅读经典所得是《天工开物》撰写的主要素材和来源,因此不难理解此书将一些农业术语辅以书面和俗语称谓,从而使农业术语名称多样化,如"凡黍在《诗》《书》有虋、芑、秬、秠等名"⑥,"南方所用惟炊烬也(俗名地灰)"⑦。虋、芑、秬、秠是黍的别名,"炊烬"和"地灰"指代同一事物。此类例子比比皆是,它们的所指和含义实际是相同的。

(2)文化性。宋应星的首要身份始终是读书人,曾创作《思怜诗》等文学作品,而且撰写《天工开物》的初衷是挽救明末动荡的时局,由

① 黄忠廉.科学翻译的分类及其作用.四川外语学院学报,2004(4):106.
② 方梦之,范武邱.科技翻译教程.上海:上海外语教育出版社,2015:32.
③ 赵越.《天工开物》词汇研究.天津:南开大学,2011.
④ 郭尚兴.论中国古代科技术语英译的历史与文化认知.上海翻译,2008(4):60.
⑤ Schäfer, D. *The Crafting of the 10,000 Things: Knowledge and Technology in Seventeenth-Century China*. Chicago: University of Chicago Press, 2011.
⑥ 宋应星.天工开物.潘吉星,译注.上海:上海古籍出版社,2016:28.
⑦ 宋应星.天工开物.潘吉星,译注.上海:上海古籍出版社,2016:25.

此，《天工开物》兼有文化典籍的特点，部分农业术语承载了丰富的文化内涵。它们与具有相同特质的不同事物存在联系，如"江南长芒者曰浏阳早，短芒者曰吉安早"①，"浏阳早"和"吉安早"是指芒长不一的水稻，而与字面意义截然不同。

（3）民族性。我国的地理位置和自然气候条件独特，孕育了别具一格的人文历史和社会制度，所以《天工开物》中的部分农业术语具有中华民族的独有特征，即具有"中华性"的烙印②，如"谷雨""清明"等属于中华民族特有的二十四节气，而"龙骨拴""辘轳"为中国境内发明的生产工具。

二、古代农业术语的分类

《天工开物》中的农业术语按照用途和种类可大致分为农作物和农产品、农具材料、生产技术、度量衡、时令节气名称，共计五种。与此同时，部分农业术语与我国历史文化传统、思维方式密不可分，兼有"概念、符号和语境维度的多重特质"③，其分类无法采用现代学科或科技术语分类法。依据英语科技词汇的客观性和信息量，方梦之将科技词汇分为技术词、半技术词、非技术词。④ 结合《天工开物》中农业术语的文化内涵和专业程度，本书将其划分为三类。

（1）纯农业术语。这类术语的指称意义稳定、单一，其内涵往往等同于字面意义，所指易于被不同文化语境中的读者所理解，也能够快速在英语文化中找到对应的名称，如"稻""小麦""大麦""青稞""豌豆""水牛""砒霜""木桶"等。

（2）半农业术语。半农业术语的意义较容易从字面获取，但其命名

---

① 宋应星. 天工开物. 潘吉星，译注. 上海：上海古籍出版社，2016：7.
② 魏向清. 从"中华思想文化术语"英译看文化术语翻译的实践理性及其有效性原则. 外语研究，2018（3）：68.
③ 魏向清. 从"中华思想文化术语"英译看文化术语翻译的实践理性及其有效性原则. 外语研究，2018（3）：68.
④ 方梦之. 应用翻译研究：原理、策略与技巧（修订版）. 上海：上海外语教育出版社，2019：262.

又带有一定的历史背景和文化内涵，或所指对象的地域性强，其构词以"名词或形容词＋名词"为主要形式，如"谷雨""胡麻""五月黄""高脚黄""虎斑豆""峨眉豆"等。实际上，许多具有同义性、民族性的术语都可以归为此类。

（3）日常农业术语。俗语名称和命名具有文学性和审美价值的农业术语皆属于此类。日常农业术语的文化内涵鲜明，书面化程度相对最低，所以它们的含义不易从字面推断，甚至看似毫不相干，而需要结合上下文语境获取文字背后的真实所指，如"来""捻头""汤料""雀""浏阳早""驴皮""牛毛"等。

由此可见，《天工开物》中的三类农业术语的区别在于其承载的历史和文化内涵的多少。纯农业术语的翻译在于传播普遍性和事实性的科学技术知识，后两类农业术语代表的中国古代农业和科技肩负着"知识传播与文化沟通的双重诉求"①。

第二节　《天工开物》中农业术语的英译分析

前文提到，《天工开物》记录的中国古代农业发展成就集中体现在"乃粒""粹精"两章，为此，本研究首先通过文本细读提取出 160 个农业术语，并基于本章第一节的分类标准对之进行详细分类（详见表 4-2）。值得一提的是，部分农业术语出现不止一次，此外，相同农业术语的翻译策略和方法可能有所不同，甚至互相矛盾。例如，陆朝霞指出，任译本存在农业术语翻译不一致的情况。② 因此，本研究仅考察该术语首次出现时的英译文。

---

① 魏向清．从"中华思想文化术语"英译看文化术语翻译的实践理性及其有效性原则．外语研究，2018（3）：68.
② 陆朝霞．中国古代农业术语汉英翻译研究——以任译本《天工开物》为例．大连：大连海事大学，2012.

表4-2 《天工开物》中农业术语的分类和统计

农业术语类别		具体的农业术语名称							
农作物和产品	纯农业术语	五谷	麻	麦	稻	糯	秧	旱稻	棉花
		绿豆粉	黄豆	莴草	樟	柏	穑	大麦	荞麦
		芸苔	粱	青稞	麦花	粟	黄米	豌豆	蚕豆
		黑豆	豉	酱	腐	绿豆	赤小豆	白小豆	白扁豆
		糠	麸	粱	豇豆	秕	细糠	面筋	小粉
		小米	豆柎	芦	黄豆	大豆	—	—	—
农作物和产品	半农业术语	稷	菽	黍	秔	粳	秫	稊	稗
		春酒	大眼桐	雀麦	穬麦	蘖	芑	秬	茶
		秠	秼	荻	火麻	胡麻	五月黄	稻尾	蓼
		冬黄	高脚黄	饭豆	稺豆	峨眉豆	虎斑豆	刀豆	莱菔子
	日常农业术语	来	牟	挞禾	捻头	环饵	馒首	汤料	牛毛
		燕颔	马革	驴皮	荡片	搓索	浏阳早	婺源光	六月爆
		吉安早	救公饥	喉下急	金银包	—	—	—	—
计量单位	半农业术语	寸	亩	斗	升	尺	斤	两	石
		丈	—	—	—	—	—	—	—
时令节气	半农业术语	春分	清明	仲夏	立夏	谷雨	霉雨	寒天	社种
农具材料	纯农业术语	小磨	石碾	牛车	石板	木桶	木柄	石墩	砒霜
		马驹	牛犊	—	—	—	—	—	—
	半农业术语	耒耜	风车扇	杠	风车	磨耙	筒车	耩	木砻
		大镈	溲浆	踏车	拔车	黄牛	桔槔	辘轳	醋滓
		舂杵	土砻	筛	炊烬	地灰	杵臼	小彗	簟席
		水牛	—	—	—	—	—	—	—
	日常农业术语	龙骨	—	—	—	—	—	—	—

农业术语类别		具体的农业术语名称							
生产技术	纯农业术语	粹精	耕耙	扬法	攻麦	击禾	轧禾	击稻法	—
	半农业术语	耘耔	小碾	攻稻	打豆枷	—	—	—	—

一、农作物和农产品名称英译例证

表 4-2 的统计数据显示,《天工开物》中的农作物和农产品名称的术语涉及前文划分的纯农业术语、半农业术语和日常农业术语三个小类。因此,本节将对这三类农业术语的英译方法逐一进行分析。

(一)纯农业术语的英译

例 1:南方磨绿豆粉者,取溲浆灌田肥甚。豆贱之时,撒黄豆于田,一粒烂土方寸,得谷之息倍焉。[①] (p.10)

任译本[②]:In the south where green lentil flour is made, the liquid waste is used in the fields as a very rich fertilizer. When the price of beans is low, soy beans can be cast into the field, each bean enriching an area about three inches square; the cost is later twice repaid by the grain yield. (p.6)

李译本[③]:In the South, liquid remains obtained from the washing in the milling process of mung bean, or green lentil flour, are a very rich fertilizer. When the price of soya bean is cheap, it may be spread in the fields as fertilizer. A single seed, after rotting, will enrich three square ts'un of soil. (p.6)

[①] 本章所选取的《天工开物》一书的原文均参见:宋应星. 天工开物. 潘吉星,译注. 上海:上海古籍出版社,2016。后文仅标注其所在页码。原文和译文下画线均为本书作者所加,不再赘述。

[②] 任译本译例均参见:Sung Y. X. *T'ien-kung K'ai-wu: Chinese Technology in the Seventeenth Century*. E-tu Zen Sun & Shiou-Chuan Sun (trans.). University Park: The Pennsylvania State University Press, 1966. 后文译例仅标注其所在页码。

[③] 李译本译例均参见:Sung Y. X. *Tien-Kung-Kai-Wu: Exploitation of the Work of Nature, Chinese Agriculture and Technology in the XVII Century*. Li Ch'iao-ping (trans.). Taipei: China Academy, 1980. 后文译例仅标注其所在页码。

王译本 ① : In the south, when green bean flour is made, its liquid waste is used as a very rich fertilizer to irrigate the fields and when the soy-beans become very cheap, they can be scattered in the fields. One rotten bean can enrich an area of field measuring three *cun* square; and the cost is later twice repaid by the grain yield.（p.11）

例 1 中的纯农业术语"绿豆粉"为农产品名称，"黄豆"为农作物名称。《天工开物》的任译本、李译本和王译本对"绿豆粉"的翻译都倾向于直译法，"黄豆"则采用中性化的翻译。首先，三个译本的"绿豆粉"译法略有不同。查阅剑桥英语词典发现，"lentil" "mung bean" 和 "green bean"的释义分别是："a very small dried bean that is cooked and eaten" ②. "a small bean that is often used in Chinese cooking and is eaten when it has grown long shoots"③ 和 "a type of long, green bean that you can eat"④。而在《天工开物》中，描述制作绿豆粉的绿豆"圆小如珠"⑤。与任译本和王译本相比，李译本较好地传递了农业信息，又保留了术语背后包含的地理特征。至于"黄豆"一词，李译本的"soya bean"属于英式表达，任译本的"soy bean"和王译本的"soy-bean"是美式英语用法。进一步检索它们在当代美国英语语料库（Corpus of Contemporary American English）⑥的频次可以发现，"soy bean" "soya bean"和"soy-bean"分别出现了 10 次、2 次和 1 次；在英国国家语料库（British National Corpus）⑦中，"soy bean"和"soy-bean"无对应的检索结果，"soya bean"出现了 9 次。如

---

① 王译本译例均参见：Song Y. X. *Tian Gong Kai Wu. Song Y. X.* Wang Yijing, Wang Haiyan & Liu Yingchun (trans). Guangzhou: Guangdong Education Publishing House, 2011. 后文译例仅标注其所在页码。

② 详见：（1999）[2020-01-06]. https://dictionary.cambridge.org/dictionary/english-chinese-simplified/lentil.

③ 详见：（1999）[2020-01-06]. https://dictionary.cambridge.org/dictionary/english-chinese-simplified/mung-bean.

④ 详见：（1999）[2020-01-06]. https://dictionary.cambridge.org/dictionary/english-chinese-simplified/green-bean.

⑤ 宋应星 . 天工开物 . 潘吉星，译注 . 上海：上海古籍出版社，2016：32.

⑥ 详见：（2008-02-20）[2020-01-06]. https://www.english-corpora.org/coca/.

⑦ 详见：（2008-02-20）[2020-01-06]. https://www.english-corpora.org/bnc/.

此看来，任译本和李译本对"黄豆"的翻译更贴近英语读者的语言使用习惯。

例2：凡麦有数种。小麦曰来，麦之长也。大麦曰牟、曰穬。（p.21）

任译本：There are several kinds of wheat. The ordinary wheat [Triticum vulgare] is called *lai* and is the principal species. Barley is called *mou* or *k'uang*.（p.13）

李译本：There are several kinds of crop plant belonging to the wheat category. Wheat, which is also called "Lai"（来）, is at the top of the list in this category. Barley is sometimes called "Mou"（牟）or "Kwan"（穬）.（p.14）

王译本：Wheat, in the broad sense, is of different types, but in the narrow sense, it is called *lai*, which is the main type of wheat. Barley is called *mou* or *kuang*.（p.33）

作为谷物的小麦和大麦如今在世界范围内广泛种植，其内涵和英文名称易于不同文化背景中的读者理解。《天工开物》的三个英译本对这两个纯农业术语均采用了约定俗成的译法。例2中，就"小麦"的翻译而言，与李译本和王译本相比，任译本"wheat"之后又添加了文外解释，补充小麦的学名*"Triticum vulgare"*，由此兼顾了普通英语读者的背景知识和专业人士的期待。与此同时，三个译本不约而同地使用了已被广为接受的"barley"来翻译"大麦"。整体而言，三个译本对两个农业术语的翻译不存在分歧和争议。

例3：凡大豆视土地肥硗、耨草勤怠、雨露足悭，分收入多少。凡为豉、为酱、为腐，皆大豆中取质焉。（p.32）

任译本：The amount of the yield of the soy bean depends on the quality of the soil, the frequency of cultivation, and the amount of rainfall. All bean jams, sauces, and curds are made from soy.（p.29）

李译本：The yield of soybean depends upon quite a number of factors, such as soil fertility, care in weeding, and the amount of rain. The essential constituents of <u>salt-fermented relishes</u>, as well as <u>bean curds</u>, are derived from soybeans.（p.23）

王译本：The output of <u>soybeans</u> depends on the soil quality, the frequency of weeding, and the amount of rainfall. Soybeans are the raw materials for <u>fermented soybeans, soybean sauce and bean curd</u>.（p.49）

宋应星在此介绍了大豆种植和以大豆为原料的农产品"豉""酱"和"腐"。首先，"大豆"实际上是例1中纯农业术语"黄豆"的别名，李译本和王译本的"soybean"分别在当代美国英语语料库和英国国家语料库中出现了1197次和13次，使用频率远远超过了此处的任译本的"soy bean"。因此，李译本和王译本的用词更加符合当代英语表达习惯。再看三种豆类产品名称的翻译方法，《天工开物》三个英译本皆选择"curd(s)"翻译"（豆）腐"，而"豉"和"酱"的翻译方法存在差异。具体而言，任译本的"jam"表达的意思是"a sweet, soft food made by cooking fruit with sugar to preserve it. It is eaten on bread."①，明显是西方读者所熟悉的意象。然而，豆豉是发酵的豆制调味料；相比之下，王译本的译文"fermented soybeans"更加贴切、准确。不但如此，这一译法在当代美国英语语料库中出现了14次，因而较好地平衡了原语信息的表达和译文的读者接受。任译本和王译本对"酱"的翻译不存在实质性的差异。因为"salt-fermented relishes"能够概括"豉"和"酱"的调味作用，有利于目的语受众快速获取信息，所以李译本选择的是解释性的和功能性的对等翻译。

例4：一种小豆，<u>赤小豆入药有奇功</u>，<u>白小豆</u>（一名饭豆）当餐助嘉谷。（p.35）

任译本：A fifth kind is the small lentil. <u>The red variety</u> is effective when used medicinally, while <u>the white variety</u> (also known as the rice bean) is

---

① 详见：（1999）[2020-01-06]. https://dictionary.cambridge.org/dictionary/english-chinese-simplified/jam.

good as a vegetable.（p.31）

李译本：Among the field beans, the <u>azuki bean</u> has remarkable medical value. As for the rice bean, <u>a white-seeded type</u> may be served with rice, as a meal.（p.26）

王译本：One kind of beans is <u>red bean</u>. Red beans have been used as medicine and proved effective. <u>Rice beans</u> are cooked with rice.（p.53）

例 4 中的"赤小豆"和"白小豆"同是豆科类农作物名称，它们所指对象明确、单一，因而被归为纯农业术语。前者在任译本和王译本中的处理方式倾向于直译法，李译本选择的"*azuki*"表示"a sweet, red bean used in Chinese and Japanese cooking"①，体现了约定俗成和套用已有表达的翻译方法。值得一提的是，三个译本对"小豆"的翻译有所不同。借助当代美国英语语料库和英国国家语料库检索发现，任译本的"lentil"分别出现了 362 次和 30 次，李译本和王译本的"bean"分别出现了 7086 次和 526 次。综合来看，李译本此处的翻译较好地传递了原语的信息，同时又满足了英语普通和专业读者的阅读期待。关于"白小豆"的译法，任译本和李译本有异曲同工之处，而王译本则只译出"白小豆"的别名"饭豆"，采用了删除法，原农业术语删减未译。

（二）半农业术语英译例证

例 5：凡稻种最多。不粘者禾曰<u>秔</u>，米曰<u>粳</u>。粘者禾曰<u>稌</u>，米曰糯。（p.7）

任译本：There are numerous kinds of rice. Of the nonglutinous kind, the plant is denoted by one word and the grain by another, both of which are pronounced *keng*; of the glutinous kind, the plant is called *t'u*, the grain *nuo*.（p.4）

李译本：Rice varieties are much more numerous than those of any other

---

① 详见：（1999）[2020-01-06]. https://dictionary.cambridge.org/dictionary/english-chinese-simplified/adzuki.

kind of crops. The plant varieties bearing non-glutinous rice are called "Ken" 秔 , the milled rice of which is called "Keng" 粳 . The name "Tu" 稌 was given to rice varieties bearing glutinous seeds, and the name "Nou" 糯 to its milled rice.（p.2）

王译本：There are many types of rice. The non-glutinous kind is called round-grained non-glutinous rice, and the grain obtained from it is called polished round-grained non-glutinous rice. The glutinous kind is called glutinous rice, and the grain obtained from it is called polished glutinous rice.（p.5）

例 5 中的"秔""粳""稌"皆为水稻的引申名称，因为构字的偏旁部首包含部首"禾"和"米"，因而能够推断其含义与农作物相关，却难以在目的语中找到语义尤其相近的术语，所以它们应归为半农业术语。任译本和李译本对三个半农业术语进行音译。李译本则列出中文名称，这种翻译方法对异语人士而言，具有适度的陌生化审美效果，"可以解决文化上的翻译困难，而且有助于文化传播，有利于外国读者更好地接受、尊重，进而欣赏中国文化与艺术"①。与李译本相比，任译本采用威妥玛式拼音法，并将"秔"和"粳"合译，"keng"和"t'u"斜体还运用了形貌修辞，即"利用语言（文字）或符号的形貌（如字体字形、排列方式等）以取得理想交际效果的修辞行为"②，虽然在视觉上提高了译文的艺术性和审美特质，但音译法可能会给域外读者造成理解障碍，若与文内或文外注释等方法结合，就可以兼顾原语文化特色和文化传播。③然而，任译本和李译本并没有添加任何注释来进行语义补偿。就王译本而言，鉴于三个术语找不到对应的英文对等词语而采用了意译法。译者通过译出"秔""粳"和"稌"的形状和特质进行补偿，如此一来，原术语的意义和功能成功地进行了语际转换，又有助于国外读者的阅读理解。

① 项东，王蒙. 中国传统文化文本英译的音译规范刍议. 中国翻译，2013（4）：109.
② 冯全功. 论文学翻译中的形貌修辞——以霍译《红楼梦》为例. 外语教学理论与实践，2015（1）：76.
③ 项东，王蒙. 中国传统文化文本英译的音译规范刍议. 中国翻译，2013（4）：105.

例 6：凡宿田莴草之类，遇耔而屈折。而稊、稗与荼、蓼，非足力所可除者，则耘以继之。（p.13）

任译本：Such weeds as *Backmannia crucaeformis* can be broken by foot, but darnels, tares, and smartweed cannot be killed in this way, and have to be uprooted by hand [Figure 1.4].（p.8）

李译本：The tender weeds in the paddy fields are rather easy to destroy in this manner. However, it is quite difficult to eradicate, by means of foot-treading, weeds such as barnyard grass and knotweed. Therefore, the treading must be supplemented by pulling by hand.（p.9）

王译本：Weeds such as Beckmannia *erucaeformis* can be broken by foot, but darnels, tares and sweetweed cannot be broken this way and they have to be uprooted by hand. Weeding in the paddy fields is hard on one's back and hands, and distinguishing rice plants and from weeds requires keen eyesight. The rice plants will flourish after all undesirable weeds are eliminated.（p.17）

例 6 原文的"稊""稗""荼"和"蓼"均为水生杂草。它们的构字偏旁包含"禾"或者"艹"，由此可以大致推断其内涵与农作物或草类植物有关。这一命名带有一定的地域性和文化原理，无法在译入语中找到完全一致的英文名称，所以本书将之归为半农业术语的范畴。试看三个译本的翻译和处理，任译本和王译本的"darnel"的含义是"any of several grasses of the genus *Lolium*, esp. *L. temulentum*, that grow as weeds in grain fields in Europe and Asia"[1]，该词在当代美国英语语料库和英国国家语料库中分别出现了 17 次和 11 次，因而是不常用的生僻词汇。"tare"表示"any of various vetch plants, such as *Vicia hirsuta* (hairy tare) of Eurasia and N Africa"[2]。由此可见，任译本和李译本的"稊"和"稗"的翻译倾向于意译法，强调功能对等，有助于目标语读者快速获取到文字背后的内

---

① 详见：（2011-12-31）[2020-01-06]. https://www.collinsdictionary.com/dictionary/english/darnel.

② 详见：（2011-12-31）[2020-01-06]. https://www.collinsdictionary.com/dictionary/english/tare.

涵所指。再如，任译本 "smartweed" 有 "蓼" 的意思①。《天工开物》成书于明末，其语言文体贴近书面文言，且古汉语不使用标点符号，所以很可能是译者将 "荼" 和 "蓼" 两个单字型术语理解成了词汇型术语 "荼蓼"。王译本的 "sweetweed" 在词典中并无确切的含义，应当是译者根据 "sweet" 和 "weed" 创造的新的复合词。潘吉星指出，"荼" 是一种菊科苦菜②，因此，"sweetweed" 与原文的真实含义有所偏离。李译本措辞与另外两个译本有所差别，但是也主要采用了解释性翻译的意译法。具体而言，"barnyard grass" 的字面意思是庭院杂草，其意象为西方读者所熟悉，而原文语境是介绍稻田中的水生杂草。"knotweed" 用于指蓼类植物③，因而与任译本对原术语的理解较为相似。整体而言，就例6中的农业术语的翻译而言，三个译本各有得失。

例7：江南又有高脚黄，六月刈早稻方再种，九十月收获。（p.32）

任译本：South of the Yangtse there is another species known as "long-legged yellow," which is planted in the sixth month after early rice has been cut, and is harvested in the ninth or tenth month. （p.29）

李译本：In the region south of the Yangtze Valley, there is a soybean variety called "Tall Foot Yellow", which is planted right after the harvesting of the early rice crop, and is cropped in October. （p.23）

王译本：In the south of Yangtze River, there are long-stalk soybeans, which are sown after the harvest of early season rice in June and harvested in September or October. （p.49）

六月割早稻时播种、九十月收割的 "高脚黄" 是黄豆的种类之一。例7中的 "黄" 是黄豆，指代事物明确、单一；"脚" 是人和动物的身体部位，将之用于修饰农作物，带有拟人色彩和艺术气息。因此，这一半农业术语的翻译应当基于 "秉持术语概念层面的'真'，语言表征层面

① 陆谷孙.英汉大词典（第2版）.上海：上海译文出版社，2007：1895.
② 宋应星.天工开物.潘吉星，译注.上海：上海古籍出版社，2016：14.
③ 陆谷孙.英汉大词典（第2版）.上海：上海译文出版社，2007：1055.

的合 '理' 与语境交际层面的向 '善' 原则"①。任译本和王译本的译文倾
向于直译法，李译本践行了将原文一个字一个字对译的逐字翻译法。首
先，任译本和王译本的 "long" 异于李译本的 "tall"。尽管 "long" 通常表
示横向距离，而 "tall" 用于描述纵向差距，但是前者修饰的是身体部位，
如 "long arms" "long legs" 比较符合常规的英语表达和思维认识。三个
译本对 "脚" 的阐释和翻译也存在显著的差异。根据上下文语境可推断，
"脚" 形容连接大豆根部和果实的秸秆，"foot" 还原了生动的表达效果，
但莫如 "leg" 贴切形象。王译本的 "stalk" 代表植物的茎、杆，将原本隐
晦的信息转换成平白直接的表述。至于 "黄"，任译本和李译本照直译出
"yellow"，而 "soybean" 本身就指黄豆，实际内隐了黄色这一颜色信息。
相比之下，王译本虽通俗易懂，却导致了原术语蕴含的文化元素的流
失；李译本的逐字翻译法完整地再现了 "高脚黄" 的字词结构，然而，字
面对等并没有很好地传达原文中的半农业术语的概念，而且缺乏注解进
行适度地补偿可能会影响大多数英语读者的理解和接受；任译本则平衡
了事实信息和文化内涵的传播。

例 8：一种白扁豆，乃沿篱蔓生者，一名蛾眉豆。其他豇豆、虎
斑豆、刀豆与大豆中分青皮、褐色之类，间繁一方者，犹不能尽述。
（p.35）

任译本：A further kind is the white bean, which grows along trellises
and is also known as the "eye-brow bean." In addition, there are long string
beans, tiger-spot beans, knife beans [large French beans], as well as the
black-skin and brown-skin varieties of soybeans, and so forth, which are too
numerous to describe.（p.31）

李译本：There is a kind of white-seeded lablab bean, which is sometimes
called "Moth Eyebrow" bean. Being a climber, it usually grows and twines
along fences. Other species of beans that may be mentioned are cow-peas,

---

① 魏向清. 从 "中华思想文化术语" 英译看文化术语翻译的实践理性及其有效性原则. 外
语研究，2018（3）: 71.

velvet beans, and jackbeans. They may be classified, like soybeans, into green-seeded or brown-seeded types. The varieties of these are so numerous that it is impossible to describe even those in a single locality.（p.26）

王译本：White hyacinth beans, also called eye-brow beans, grow along fences. There are other kinds of beans, such as cowpeas, tiger-spot beans, knife-shape beans, black-color soybeans, and brown-color soybeans, which are planted in certain areas, to name just a few.（p.55）

例 8 中，沿着篱笆蔓生的农作物"白扁豆"被称为"蛾眉豆"，而"蛾眉"指蚕蛾触须细长而弯曲，后用于形容女子美丽的眉毛。"虎斑豆"和"刀豆"则因为扁豆的颜色像虎斑、形状像刀而命名。同样，这三个半农业术语的翻译不仅需要传递农业生产信息，还要挖掘文字背后的美感和艺术性，从而真正兼顾科技信息交流和文化传播。从三个译本的翻译来看，对"豆"这一明确概念的理解不存在分歧。首先，就"蛾眉"的阐释和理解而言，任译本和王译本倾向于直译法，李译本选择的是逐字翻译法，"moth eyebrow"营造出陌生化的审美效果，但是似乎将拟人效果转变成了类比修辞手法，从而使深层次的主题思想和艺术有所流失。与此同时，李译本中的"eyebrow"在当代美国英语语料库和英国国家语料库中出现的频次分别是 2905 和 385，任译本和王译本"eye-brow"的检索结果阙如。其次，任译本和王译本直译"虎斑豆"，因为"虎斑"的文化意象为不同地域文化的读者所熟知，所以合成的新词"tiger-spot"产生的画面感生动、有趣。相比之下，李译本的"velvet"的一层含义是"天鹅绒般的（通常为暗色的）"①，因而讲究撮其大意的功能对等译法。最后，任译本和王译本亦诉诸直译法处理"刀豆"，但是前者借助分立补偿手段，"把补偿内容加上标记，或与原文内容分别放置，以便向目的语读者明示补偿内容"②。换言之，中括号内补充的"large French beans"

---

① 详见：（1999）[2020-01-06].https://dictionary.cambridge.org/dictionary/english-chinese-simplified/velvet.
② 夏廷德 . 善译必由之路：论典籍翻译的补偿 . 外语学刊，2009（2）：99.

与"knife beans"相辅相成；王译本为"knife"增译出"shape"，读者获取的信息直观清楚。李译本选择的"jackbean"表示"a bushy annual tropical American legume (*Canavalia ensiformis*) grown especially for forage"[①]，因而译名采用了意译法，使用了受众易于接受的词汇。总体上，任译本对三个半农业术语的翻译较为成功，王译本和李译本依次次之。

（三）日常农业术语英译例证

例9：质本粳而晚收带黏（俗名<u>婺源光</u>之类），不可为酒、只可为粥者，又一种性也。（p.7）

任译本：A further variety is originally nonglutinous, which yields a late harvest of slightly glutinous grains (commonly known as the "<u>light of Wu-yuan</u>" * variety, and is fit only for making gruel).（p.4）

李译本：Those late varieties of rice which are inherently non-glutinous, but tend to be glutinous (such varieties are commonly called <u>Wu-yuan Awn-less</u>, etc.), are, in fact, not suitable for-brewing wines.（p.3）

王译本：Another kind of rice which originally belongs to the round-grained non-glutinous rice category, ripens late and produces slightly glutinous grains (known as <u>the rice produced in the town of Wuyuan in Jiangxi Province</u>). It is not used to brew wine, but only used to cook porridge.（p.5）

日常农业术语的称谓往往是来自坊间或者古籍，其真实含义不易察觉，甚至与字面意思大相径庭。例9中的"婺源光"即是如此。"婺源光"并非与光线有关，而是一种晚熟和带黏性的大米。对此，《天工开物》三个译本的翻译方法各有不同。任译本采用了直译法，并考虑到这一极具文化内涵的术语可能会给读者造成的陌生感，通过文外解释"Wu-yuan, a town in Kiangsi province"[②]提供理解词义和欣赏原文所必需的信

---

① 详见：（1828）[2020-01-06].https://www.merriam-webster.com/dictionary/jack%20bean.

② 详见：Sung Y. X. *T'ien-kung K'ai-wu: Chinese Technology in the Seventeenth Century*. E-tu Zen Sun and Shiou-Chuan Sun(trans.), University Park: The Pennsylvania State University Press, 1966: 31.

息。这种手段可以保留原语形式，因此非常适合把原语文化移植到目的语当中①。李译本 "Wu-yuan Awnless" 是逐字翻译法的体现，"awnless" 指无芒的，较之任译本 "light" 的语义更加明确。王译本 "the rice produced in the town of Wuyuan in Jiangxi Province" 是诠释了原文术语意义的意译法，将原文术语的大意译出。日常农业术语的文化性深厚，"文化概念的独特异质性使得文化术语翻译的目标并非追求科学性的等值，而应该旨在揭示不同文化概念的差异性"②。因此，李译本和王译本在传递原文术语的科学性方面略胜一筹，但是莫如任译本更多地考虑到了概念背后的文化特质。

例 10：凡秧既分栽后，早者七十日即收获（粳有救公饥、喉下急，糯有金包银之类）。（p.8）

任译本：The early variety ripens seventy days after transplantation (of the many local names of this type I shall enumerate only a few: "quell-your-hunger" and "urgent-for-the-throat" for *keng* rice and "silver-wrapped-in-gold" for *nuo* rice)…（p.4）

李译本：After the rice seedlings are transplanted, the early varieties may be harvested in seventy days. (There are many early varieties of non-glutinous ken-rice, such as "Rescue Your Hunger", "Throat in Urgency" etc., and of glutinous rice, such as "Silver in Gold", etc.; altogether hundreds or thousands of locally-named rice varieties, too numerous to mention).（p.4）

王译本：Seventy days after transplanting, the early-ripening rice can be harvested (which includes both the non-glutinous and glutinous rice. The former is locally called "satisfying-one's-hunger" and "ready-to-be-swallowed", and the latter is called "silver-wrapped-in-gold". People in different places have different names for rice).（p.7）

---

① 夏廷德. 善译必由之路：论典籍翻译的补偿. 外语学刊，2009（2）：96-100.
② 魏向清. 从"中华思想文化术语"英译看文化术语翻译的实践理性及其有效性原则. 外语研究，2018（3）：70.

例 10 中的 "救公饥" 和 "喉下急" 指粳稻，"金包银" 是糯稻的别称。宋应星在《天工开物》中介绍 "方语百千，不可殚述"①，由此可见，这三个日常农业术语皆是方言词汇。实际上，它们又可以被称为文化专有项，即 "在其原文中的特殊文本功能和内涵转移造成翻译困难的词"②。显然，三个译本对此均选择了文化保留性的翻译策略。具体而言，任译本和王译本的翻译符合基本英语语法规范，所采用的具体翻译方法是直译法，李译本寻求的是语义比较生硬的逐字翻译法，且英文译名均包括三个单词与原语形式对仗整齐。整体而言，三个译本的翻译使作为文化专有项的日常农业术语的中华文化色彩和特点更加浓厚，语言形式和文化差别会给读者带来一定的外来陌生感，有助于激发他们对中国古代农业科技和中华文化的兴趣。若进一步探究，"quell" 的意思是 "to stop something, especially by using force"③，"rescue" 意为 "to help someone or something out of a dangerous, harmful, or unpleasant situation"④，"satisfy" 意为 "to please someone by giving them what they want or need"⑤。因此，三个译本的措辞各有特色。任译本的 "urgent-for-the-throat" 和李译本 "Throat in Urgency" 以及王译本 "ready-to-be-swallowed" 大差不离。此外，较之任译本的 "silver-wrapped-in-gold" 和王译本的 "ready-to-be-swallowed"，李译本的 "Silver in Gold" 传达的意象和信息更加隐蔽。值得一提的是，虽然三个译本都没有进行额外的翻译补偿说明，但是读者在轻松地了解文化的同时，很容易通过上下文语境推断出原文农业术语的含义。

例 11：凡黍在《诗》《书》有虋、芑、秬、秠等名；在今方语，有牛

---

① 宋应星 . 天工开物 . 潘吉星，译注 . 上海：上海古籍出版社，2016：8.

② Aixelá, J. F. Culture-Specific Items in Translation. In Alvarez, R. & Vidal, M. C. (eds). *Translation, Power, Subversion*. Beijing: Foreign Language Teaching and Research Press, 2007: 58.

③ 详见：（1999）[2020-01-07]. https://dictionary.cambridge.org/dictionary/english-chinese-simplified/quell.

④ 详见：（1999）[2020-01-07]. https://dictionary.cambridge.org/dictionary/english-chinese-simplified/rescue.

⑤ 详见：（1999）[2020-01-07]. https://dictionary.cambridge.org/dictionary/english-chinese-simplified/satisfy.

毛、燕颔、马革、驴皮、稻尾等名。（p.28）

任译本：The large-panicled millet appears in the classics under such names as *hsin, ch'i, chü*, and *p'ei*; nowadays it is locally designated as ox hair, swallow's cheek, horsehide, donkey skin, rice tail, and so on.（p.23）

李译本：Various other names, such as "Men", "Chi", and "Pei", etc., are recorded in the Book of Odes and Book of History for the "Shu" crop. At present, there are also local names for it, such as "Ox-hair", "Swallow's Chin", "Horse-hide", "Ass' Skin", "Rice Tail", etc.（p.20）

王译本：In the classic *Book of Poetry* and *Book of History*, millet has different names like *qi, ju, pi*, while in modern dialect it is called ox hair, swallow's cheek, horsehide, donkey skin, rice tail, and so on.（p.45）

例 11 原文涉及的日常农业术语来源丰富、数量繁多，"穄""芑""秬"和"秠"是黍在四书五经中的正式名称，而"牛毛""燕颔""马革""驴皮"则是方言称谓。就四个单字型术语而言，《天工开物》三个英译本主要采用了音译法，避免了"因直译造成的文化损伤或文化误读"，以及"因意译而造成的译文冗长"①，有利于呈现给目标受众最真实、地道的信息和原语文化。但是不难发现，任译本逐一给出了前 4 个术语的音译名称，李译本删去了"秠"，王译本舍去了"穄"。因此，李译本和王译本同时使用了文化保留性翻译策略和替代性翻译策略。4 个词汇型日常农业术语的翻译不存在实质性差异，但是个别措辞存在分歧。李译本"chin"表示"the part of a person's face below their mouth"，与"swallow"搭配有误；李译本"ass"有多重含义，但如今很少用于表示"donkey"。需要指出的是，李译本为全部英文译名加上双引号，有利于更好地引导读者辨析这些术语名称，尤其感悟文字背后的文化内涵。

例 12：西极川、云，东至闽、浙、吴、楚腹焉，方圆六千里中，种小麦者二十分而一，磨面以为捻头、环饵、馒首、汤料之需，而饔飧不

① 熊兵. 翻译研究中的概念混淆——以"翻译策略""翻译方法"和"翻译技巧"为例. 中国翻译，2014（3）：39.

及焉。（p.21）

任译本：[In the southern half of the country] in an area 6000 *li* square from Yunnan and Szechuan in the west of Fukien, Chekiang, Kiangsu and Hunan in the east, only one-twentieth of the people cultivate wheat. The flour thus obtained is used for pastries and soups, not as a staple food.（pp.13-14）

李译本：However, in the region of six thousand square *li*, with its westward limit extending toward Szechwan and Yitalunnan provinces, its eastward extremity toward Fukien and Chekiang, and with Kiangsu, Hunan and Hupei provinces at its center, wheat constitutes only five per cent of the grain crops cultivated. The wheat is milled into flour for preparing nipped balls, cakes, steamed bread, and soups only. It is not used as a main food in this region.（p.14）

王译本：In such places as Hebei, Shaanxi, Shanxi, Henan, Shandong provinces, wheat contributes half of the grains of the residents, while millet, proso millet, rice combined the other half, within a circumference of 6000 *li* reaching as far as Sichuan Province in the west and Fujian, Zhejiang, Jiangsu and the Land of Chu in the east. One out of twenty people plant wheat. Wheat is ground into powder to make fancy shaped steamed rolls, thin pancakes, steamed bread and noodles. One out of fifty people plants other types of wheat. Poor families eat them for breakfast, while the rich do not.（p.33）

例 12 的原文大意是"将小麦磨成面粉后可以制作各种面食，如花卷（捻头）、糕饼（环饵）、馒头（馒首）和面条（汤料）"。《天工开物》创作的初衷之一是呼吁明末投身科举考试的读书人关注与国计民生相关的实学，而且宋应星前半生"六上公车不第"的经历也决定了其对工农业技术知识的认识离不开书面文献①。凡此种种，加之为了使作品赢得彼时读书人的认同和共鸣，宋应星在此使用了各种面食的书面名称。这

---

① Schäfer, D. *The Crafting of the 10,000 Things: Knowledge and Technology in Seventeenth-Century China.* Chicago: University of Chicago Press, 2011.

些日常农业术语的翻译不但有利于呈现中国古人在农业生产和加工领域取得的成就，而且能够再现中华文化之博大精深。任译本采取了文化替代性翻译策略和对概念进行解释性翻译，"pastry"表示"a type of sweet cake made of special pastry and usually containing something such as fruit or nuts"[①]，"soup"的释义是"a usually hot, liquid food made from vegetables, meat, or fish"[②]。由此可见，英语读者可以通过任译本选用的西方农业产品获取信息和知识，但是原文蕴含的历史文化元素流失殆尽。同样，李译本的"nipped balls""cakes"和"steamed bread"亦为西方读者所熟知而不存在认识障碍。相比之下，王译本的"steamed rolls"和"noodles"更加接近"捻头"和"汤料"的真实含义。从本例来看，三个译本并未如上例选用原汁原味地保留原语文化特质的音译法，而是主要采用了删除法、意译法。个中主要原因不外乎汉语和中华文化的独特性决定了原文术语无法完整地移植到英语文化中。为此，三个译本的译者都将目的语读者的接受摆在了首位。

二、度量衡名称英译例证

例 13：凡秧田一亩所生秧，供移栽二十五亩。（p.8）

任译本：One *mou* of young plants can provide rice plants for twenty-five *mou* of the transplanted fields.（p.4）

李译本：One *mou*（亩）of rice nursery will normally provide a sufficient number of rice seedlings for twenty five *mou* of paddy field.（p.4）

王译本：One *mu* of young plants can provide rice plants for twenty-five *mu* of transplanted paddy fields.（p.7）

例 13 中的"亩"是一种面积单位，但与此相关的农业生产和发展水平带有鲜明的地域性，所以本研究将"亩"与《天工开物》中出现的其他

---

① 详见：（1999）[2020-01-07]. https://dictionary.cambridge.org/dictionary/english-chinese-simplified/pastry.

② 详见：（1999）[2020-01-07]. https://dictionary.cambridge.org/dictionary/english-chinese-simplified/soup.

度量衡单位均归为半农业术语。而且奈达曾将文化负载词划分为生态、物质、社会、宗教、语言五类，度量衡单位被归为社会文化负载词。①具体而言，"亩"是市制土地面积单位，一亩等于六十平方丈，十五亩等于一公顷。三个英译本均采取文化保留性翻译策略，用字母转换法（或曰音译法）处理这一半农业术语。同样，任译本和李译本具体采用了威妥玛式拼音的音译法，王译本使用现代汉语拼音的音译法。究其原因，1979 年之后汉语拼音正式取代威妥玛式拼音法，成了国际通用的中国人名和地名的拼写方式。而任译本于 1966 年出版，1980 年出版的李译本实际上是于 20 世纪 50 年代译成的。②为了避免单纯的音译可能会给目标受众造成的理解障碍，三个译本皆借助形貌修辞，即将译名的字体与正文区别开来。较之任译本和李译本，王译本还通过附录添加文本外注释补充："*mu*（亩）in hectare: one *mu* is one fifteenth of a hectare, that is about 0.067 hectare"③，如此，既忠实了原语文化，又在语义补偿过程中兼顾了目标读者尤其是英语普通人士的知识背景和理解能力。

例 14：其浅池、小浍不载长［水］车者，则数尺之车一人两手疾转，竟日之功，可灌二亩而已。（p.20）

任译本：Around shallow ponds and small creeks, where lengthy wheels cannot be erected, short [hand cranked] wheels of a few *ch'ih* in length are used [Figure 1.12]. Here a man after cranking all day can irrigate only two *mou*.（p.12）

李译本：When lifting water from shallow ponds or rivulets, there is not enough room to set up the longer types of water wheel; a shorter type only several feet long should be used. This type is operated by revolving it rapidly by hand. One man, working one day, may irrigate only two *mou* of land by

① Nida, E. A. *Toward a Science of Translating*. Shanghai: Shanghai Foreign Language Education Press, 2004.
② 赵庆芝. 李氏主译《天工开物》始末. 中国科技史料，1997（3）: 90-94.
③ Song Y. X. *Tian Gong Kai Wu*. Wang Yijing, Wang Haiyan & Liu Yingchun(trans). Guangzhou: Guangdong Education Publishing House, 2011: 546.

this method.（p.13）

王译本：Waterwheels can not be applied to the shallow ponds and water canals, so hand cranked wheels of several *chi* in length are used instead. A man turns the handle with both hands to quickly turn the wheel only to irrigate two *mu* of rice paddy field.（p.25）

例 14 的原文涉及了两种度量衡单位"尺"和"亩"。首先，三个英译本对"亩"的语际翻译与例 13 相同。就"尺"而言，尽管任译本使用威妥玛式拼音，王译本践行目前国际上通用的汉语拼音方案，但是两个译本均采用了音译法。相比之下，李译本的"feet"（英尺）明显运用了文化替代性翻译策略和有限泛化译法，即使用西方读者熟悉的"feet"进行翻译。这一做法确保了翻译的接受度，却于保留原语文化特质无太大裨益。至于这一半农业术语的语义补偿，任译本的附录三"One Ch'ih or (Chinese) Foot in Centimeters"中的一栏详细地罗列了从黄帝到清末历朝历代"尺"与厘米的换算[1]，拓展了西方专业人士对中国古代科技和传统文化的认识。王译本的附录一则补充了"one *chi* is 31.10 centimeters"[2]。整体而论，较之李译本，任译本和王译本的语际翻译较好地兼顾了原语文化信息及其目的语读者的接受和认可。

例 15：凡苗自函活以至颖栗，早者食水三斗，晚者食水五斗，失水即枯（将刈之时少水一升，谷数虽存，米粒缩小，入碾、白中亦多断碎），此七灾也。（pp.16-17）

任译本：A seventh disaster is the lack of water and drying up of plants, for between the formation of the tassels and the maturing of the grains the water needed [per plant] is three pecks for the early variety and five pecks for the late variety (if the plants are short of one pint of water just before harvest,

---

① Sung Y. X. *T'ien-kung K'ai-wu*: Chinese Technology in the Seventeenth Century. E-tu Zen Sun and Shiou-Chuan Sun(trans.) University Park: The Pennsylvania State University Press, 1966: 362-363.

② Song Y. X. *Tian Gong Kai Wu*. Wang Yijing, Wang Haiyan & Liu Yingchun(trans.). Guangzhou: Guangdong Education Publishing House, 2011: 546.

the grains will still be there, but their size will be small, and are easily broken when husked). （p.12）

李译本：With respect to the water required, from the time of transplanting the seedlings in the fields, to their ripening, three *tou* （斗）are needed for the later varieties. If there is any deficiency in the water supply, the rice plant will wilt and die. (If water is lacking by one *sheng* （升）, at the time of harvest, even though the rice grains may not be reduced in number, they will become less plump and more rice will be broken in milling). This is the seventh form of crop disaster. （pp.11-12）

王译本：From growing blades to earring up and bearing fruit, the seedlings require irrigation, without which the rice withers. The early season rice needs three *dou* of water and late season rice five *dou* (toward harvesting, a shortage of one *sheng* of water will cause the shrinkage of the grains of rice and though the number of the rice grains remains the same, and when being ground, the grains will be smashed). This is the seventh disaster. （p.23）

例 15 原文中的"斗"和"升"是计算容量的度量衡单位。显然，"peck"（配克）和"pint"（品脱）都是英制容量单位，所以任译本选择文化替换性翻译策略处理两个半农业术语。这可能与在英语文化中找不到最贴近的词项有关，但是这一做法无疑造成了原计量单位的文化内涵流失。相反，李译本和王译本皆诉诸音译法来保留原语的意象，且李译本 [1] 附录三补充了"1 *shih*（石）=10 *tou* or Chinese bushels=100 liters"和"1 *tou*=10 *sheng*（升）or Chinese pints=10 liters"，王译本的附录一增补出解释性信息"one *dou* is 10.74 liters"和"one *sheng* is 1.074 liters" [2]。就本例的翻译而言，李译本和王译本较好地平衡了中国古代科技文化信息原汁原味的传播和英语读者的有效理解与接受。

---

[1] Sung Y. X. *Tien-Kung-Kai-Wu: Exploitation of the Work of Nature, Chinese Agriculture and Technology in the XVII Century*. Li Ch'iao-ping (trans.). Taipei: China Academy, 1980: 479.

[2] Song Y. X. *Tian Gong Kai Wu*. Wang Yijing, Wang Haiyan & Liu Yingchun(trans.). Guangzhou: Guangdong Education Publishing House, 2011: 546.

例 16：凡力牛一日攻麦二石，驴半之，人则强者攻三斗，弱者半之。（p.45）

任译本：An ox-powered mill can grind two *tan* of wheat in a day; a donkey-driven mill, half of that amount; while a strong man is able to grind three pecks [i.e. three-tenths the amount done by an ox], a weaker one can do [only] half as much. （p.95）

李译本：An ox is able to mill two *shih* (20 Chinese bushels) of wheat in one day, and a donkey, one *shih*. A strong man can mill only three Chinese bushels and a not-too-strong man, one and a half. （p.123）

王译本：An ox-drawn mill can grind two *dan* of wheat a day, a donkey-drawn one can grind one *dan*, while a strong man can grind three *dou* and a weaker man can only grind half as much. （p.75）

"石"是中国古代度量衡中的重量单位。例 16 中，尽管三个英译本均选择了文化保留性翻译策略下的音译法，但是译文存在一定的差异。任译本仍采用威妥玛式拼音法，王译本使用现代汉语拼音，"tan"和"dan"这两个译法与李译本的"shih"截然不同。究其原因，"石"在古书中读作"shí"，今读作"dàn"。由是观之，李译本的译法更加贴近这一个半农业术语所蕴含的古代文化信息，而任译本和王译本的译法更符合当代读者的认识。与此同时，李译本添加文外解释"20 Chinese bushels"将之与西方读者熟稔的计量单位联系起来，还在附录中详细地解释"1 *shih*（石）=10 *tou*（斗）or Chinese bushels=100 liters"①。需要明确的一点就是，艾克西拉的文外解释，在夏廷德的分立补偿策略中被称为"文本内注释"，其实质是不矛盾的，都是同一位置做出必要的补偿，只是不同理论体系说法不一而已。分立补偿策略下的补偿方法中，在译文文本之外以脚注、尾注等形式出现的补充信息被称为"文本外注释"。王译本的

---

① Sung Y. X. *Tien-Kung-Kai-Wu: Exploitation of the Work of Nature, Chinese Agriculture and Technology in the XVII Century*. Li Ch'iao-ping (trans.). Taipei: China Academy, 1980: 479.

附录一则将之理解成 "one *dan* is 107.4 liters"①。需要指出的是，李译本和王译本分别将 "石" 换算成 100 升和 107.4 升，而十升为一斗，十斗为一石，所以李译本的阐释更为精确。对于本例中再次出现的 "斗"，任译本和王译本采用了连贯一致的翻译方法，而李译本则替换为 "bushel"（英斗），即通过有限泛化的译法将文化专有项更改为译入语读者更熟悉的词汇。因此，单就本例而言，王译本较好地传递了半农业术语中蕴含的事实信息和文化内涵，又辅助了读者对原术语的理解。

三、时令节气名称英译例证

例 17：湿种之期，最早者春分以前，名为社种（遇天寒有冻死不生者），最迟者后于清明。（pp.7-8）

任译本：Rice should be planted in wet fields not earlier than just before the vernal equinox which is known as "*she* planting" (if the weather is cold the plants are sometimes killed by frost), and not later than the Ch'ing-ming festival.* (p.4)

李译本：The earliest time for soaking rice for pre-treatment is before the Vernal Equinox (approximate date, March 20th). The treated grain is then called Festival Grain. (Should cold weather happen to occur during the time of treatment, a portion of the soaked grain may suffer from the severe cold and lose its ability to germinate). The latest period of soaking the rice is right after the "clear and bright", or Ch'ing Ming period (清 明)* (approximate date, April 5th). (p.3)

王译本：At the earliest, the soaking of seed rice can be done before the Spring Equinox which is known as "*she planting*," (If there is a cold weather during this period of planting, the seeds will be frozen and can't grow out of the ground), or can be done after Pure Brightness at the latest. (p.5)

---

① Song Y. X. *Tian Gong Kai Wu. Wang Yijing, Wang Haiyan & Liu Yingchun* (Trans.). Guangzhou: Guangdong Education Publishing House, 2011: 546.

例 17 中的"春分"和"清明"属于中国特有的二十四节气。古代农耕生产和文明与自然节律密切相关，二十四节气正是古代先民通过观察自然现象和天体运动所总结出来有关农业的时令、气候、物候等方面变化规律的知识体系。因此，这些术语的翻译不仅在于传递事实性信息，更关系到展示中国古人的智慧和在自然科学方面所取得的成就。"社种"则是依据时节所从事的农作物种植活动。根据潘吉星所注，"社种"表示社日浸种，古代，立春（农历正月初）之后的第五个戊日称为春社。[1] 毋庸置疑，《天工开物》三个英译本均对三个半农业科技术语采取了文化保留性翻译策略下的翻译方法。具体而言，第一，任译本和李译本"the Vernal Equinox"与王译本"the Spring Equinox"均表示春分，且两者在当代英语美国语料库中分别出现了 47 次和 52 次，使用频次差距不大。同时，三个英译本通过文外解释或文本外注释的方式对"春分"的含义进行了延伸和拓展。例如，任译本在"附录二"中补充春分对应的公历日期是 3 月 20 日，农历为二月中旬以及对应的星座为白羊座[2]；李译本加入小括号补充春分大约在 3 月 20 日；王译本的"附录二"补充了春分大概发生在 3 月 20 日、21 日或 22 日[3]。第二，任译本和王译本逐字翻译"社种"，但是没有添加任何注解；李译本看似对"社种"进行了文化保留性翻译并补充："so called because the rice seed is soaked at the time of Spring Festival, and there were two festival known as the Spring Festival and the Autumn Festival"[4] 然而，句子主语"the treated grain"表明译文改写了本是一种农事的"社种"，所以原术语的真实含义和文化元素有所流失。第三，任译本和李译本主要是音译"清明"，王译本则选用逐词翻译法。对于这些翻译方法可能造成的阅读障碍，任译本补充"Ch'ing-

① 宋应星. 天工开物. 潘吉星，译注. 上海：上海古籍出版社，2016：8.
② Sung Y. X. *T'ien-kung K'ai-wu: Chinese Technology in the Seventeenth Century.* E-tu Zen Sun and Shiou-Chuan Sun (trans.). University Park: The Pennsylvania State University Press, 1966: 360.
③ Song Y. X. *Tian Gong Kai Wu. Wang Yijing,* Wang Haiyan & Liu Yingchun (trans.). Guang-zhou: Guangdong Education Publishing House, 2011: 546.
④ Sung Y. X. *Tien-Kung-Kai-Wu: Exploitation of the Work of Nature, Chinese Agriculture and Technology in the XVII Century.* Li Ch'iao-ping (trans). Taipei: China Academy, 1980: 27.

ming festival occurs in early spring, approximately early April of the solar calendar. On this day family tombs were visited and offerings made; it was also the occasion for a day's outing in the country"①；李译本充分践行了分立补偿策略下的方法，先用小括号标记补偿内容，又在文本外注释中解释："One of the 24 terms or periods, with 15 days each which make a year in lunar calendar"②；王译本的"附录二"对"清明"做出补充"5th solar term"及大致对应的日期"April 4, 5 or 6"③。综合来看，三个译本较好地挖掘了"春分"和"清明"的内涵，并且易于被目标受众理解和接受。相比之下，任译本和王译本尽可能地保留"社种"的指称，李译本则将之改写为易于理解的词汇。

例18：湖滨之田待夏潦巳过，六月方栽者。其秧立夏播种，撒藏高亩之上，以待时也。（p.8）

任译本：In lake-side fields the transplanting takes place in the sixth month [approximately the month of July in the solar calendar] after the summer inundations are over; meanwhile, the young plants are temporarily kept in high fields to await the proper time.（p.4）

李译本：Thus rice is necessarily sown at the beginning of Summer (approximate date, May 5th) and on high land. It is necessary to wait for favorable weather.（p.4）

王译本：In the lake-side paddy fields, transplanting is not done until the sixth month of the solar calendar, after the summer floods are over. The seed rice for these young plants must be planted in the soil of higher fields to await the proper time of planting.（p.7）

① Sung Y. X. *T'ien-kung K'ai-wu: Chinese Technology in the Seventeenth Century.* E-tu Zen Sun and Shiou-Chuan Sun (trans.). University Park: The Pennsylvania State University Press, 1966: 32.

② Sung Y. X. *Tien-Kung-Kai-Wu: Exploitation of the Work of Nature, Chinese Agriculture and Technology in the XVII Century.* Li Ch'iao-ping (trans.). Taipei: China Academy, 1980: 27.

③ Song Y. X. *Tian Gong Kai Wu.* Wang Yijing, Wang Haiyan & Liu Yingchun (trans.). Guangzhou: Guangdong Education Publishing House, 201: 546.

"立夏"是二十四节气中的第七个节气、夏季的第一个节气，表示盛夏时节正式开始。王译本在"附录二"中通过分立补偿策略下的文本外注释的方法对这一半农业术语进行了阐释："立夏 the beginning of the Summer (7th solar term) May5, 6 or 7"[①]，却同任译本一样，采用了文化替代性翻译策略下的翻译方法。具体而言，任译本和王译本在正文中对"立夏"这一农业文化术语删减不译，而李译本则对此进行了保留，并且在译出之后通过文本外注释进行了分立补偿处理，从而辅助英语读者对这一时令节气的认识和了解。

例 19：荆、扬以南唯患<u>霉雨</u>，倘成熟之时晴干旬日，则仓廪皆盈，不可胜食。（p.26）

任译本：South of Chin-chou [in mid-Yangtse] and Yang-chou the only fear is <u>prolonged rain</u>, but if at the time of ripening there are some dozen fair days the harvest is more plentiful than the people can use.（p.20）

李译本：However, in areas south of Chinchow, Hupei, and Yangchow, Kiangsu Provinces, <u>a long spell of rainy days</u> becomes a serious problem for wheat farmers. Should the weather be fine for ten days, at the time of the wheat's maturity, a bounty harvest with a large surplus, filling up all the granaries, will be assured.（p.18）

王译本：However, south of Jingzhou and Yangzhou, the intermittent drizzle in <u>the rainy season</u> in late spring and early summer in the middle and lower reaches of the Yangtze River is harmful to wheat.（p.43）

每年六七月份，我国长江中下游地区会出现持续阴雨天的气候现象，此时器物易霉，故称"霉雨"，这一时期也是江南梅子的成熟期，所以又被称为"梅雨"或"黄梅雨"。加之霉雨是我国和东亚地区特有的天气气候现象，本书将之归为半农业术语。显而易见，例 19 中，任译本的"prolonged rain"、李译本的"a long spell of rainy days"和王译本的

---

① Song Y. X. *Tian Gong Kai Wu*. Wang Yijing, Wang Haiyan & Liu Yingchun (trans.). Guangzhou: Guangdong Education Publishing House, 2011: 547.

"the rainy season" 仿译和概括出了原文术语的主要信息，由此产生的译文清晰、易懂，但是"霉雨"的文化意象和地域信息荡然无存。与此同时，三个译本均未添加任何形式的注释进行翻译补偿。如此一来，原文术语被消解而与正文浑然一体，且淡化了中国古人对自然现象的总结和认识。

例20：凡面既成后，<u>寒天</u>可经三月，春夏不出二十日即郁坏。（p.46）

任译本：When the final product is obtained, it will keep well in storage for three months in the <u>cold season</u>, but during spring or summer flour will spoil within twenty days.（p.95）

李译本：Wheat flour may be kept for three months, <u>in winter</u>, and less than twenty-one days, in summer, without deterioration in quality or change in taste. If kept longer, it will ferment and deteriorate. It is recommended that flour be milled when it is needed, to obtain a better flavor.（p.124）

王译本：The ready-to-eat flour can be stored for three months in <u>cold weather</u>. But in spring and summer, the flour will turn bad within twenty days. It is important to eat the flour promptly in order to ensure its taste.（p.83）

例20的原文大意是磨小麦磨过的面粉可以在"寒天"放置三个月不坏，如果在春季和夏季则不出二十天就会闷坏。中国民间有着"数九寒天"的说法，从冬至逢壬日开始算起，每九天算一"九"，当数到九个"九"天，便到了春深日暖、万物生机盎然的时候。因此，三个译本对这一半农业术语均没有采取文化保留性翻译策略或进行任何形式的阐释。具体而言，"season"的含义是"one of the four periods of the year; spring, summer, autumn, or winter"[①]，所以任译本的"cold season"和李译本"winter"并无实质性差异。而天文学对冬天的界定是从立冬到立春的三个月，因而任译本和王译本仅传递出了原文术语的大意，对原本的科

---

① 详见：（1999）[2020-01-07]. https://dictionary.cambridge.org/dictionary/english-chinese-simplified/season.

技信息和文化元素考虑不足。王译本使用的"weather"一词主要表示天气，而"cold weather"可能发生在四季，所以无法准确引导读者获取相关的信息。

四、农具材料名称英译例证

（一）半农业术语英译例证

例 21：但畜水牛者，冬与土室御寒，夏与池塘浴水，畜养心计亦倍于黄牛也。（p.12）

任译本：The buffalo is twice as strong as the ox, but he requires twice as much care as the ox, since he has to be housed in a mud barn during the cold winter and provided with a pond for bathing in summer.（p.8）

李译本：However, the water buffalo requires more care than the yellow ox, because buffalo requires a walled stable in Winter, to keep out cold, and a pond in Summer, in which it may bathe. Therefore, it is twice as troublesome as to care for a buffalo than to care for an ox.（p.7）

王译本：However, it requires twice as much care to raise water buffalos compared with raising the yellow oxen because the water buffalos must be housed in earthen sheds during the cold winter and provided with a pond for bathing in summer.（p.15）

例 21 中，"水牛"和"黄牛"都是牛的种类，但是前者为亚洲普遍使用的畜力，并且因皮厚、汗腺极不发达需要浸水散热而得名，后者为中国固有的普通牛种。因此，两个称谓折射出地域差异造成的物种差异和认识差异。查阅相关词典可知，"buffalo"的含义是"a large animal of the cattle family, with long, curved horns"①，所以李译本和王译本添加的修饰语"water"更加贴切，防止了中西地域文化差异会造成的理

---

① 详见：（1999）[2020-01-07]. https://dictionary.cambridge.org/dictionary/english-chinese-simplified/buffalo.

解偏差。"ox"的意思是"a bull (=male cow) that has had its reproductive organs removed, used in the past for pulling heavy things on farms, or, more generally, any adult of the cattle family"①，该词的首要含义是阉割的公牛。在无法找到最贴切和对等的词汇情况下，李译本和王译本均添加"yellow"凸显黄牛的皮毛为黄色，从而与西方读者熟知的"牛"的形象区别开来。

例22：盖去水非取水也，不适济旱。用桔槔、辘轳，功劳又甚细已。（p.20）

任译本：They serve to eliminate excess water from the fields before planting rather than to irrigate and are, therefore, not suitable as a remedy against drought. As to other devices, such as the counterweight lever [Figure 1.13] and pulley well [Figure 1.14], they are still less efficient.（pp.11-12）

李译本：The windmill is contrived primarily not for the purpose of lifting water, but for draining off standing water from the field, during the time of continuous rains, so as to facilitate the transplanting work. Hence, it is not altogether suitable for drought. Well-sweeps and windlasses are sometimes used for irrigation, but their efficiency is rather poor.（p.14）

王译本：This kind of waterdrawing wheel is used to drain flooded fields. If water is drawn by using a counterweight lever and a pulley wheel, the efficiency is rather low.（p.33）

例22中，"桔槔"和"辘轳"是用于取水灌溉的装置，从它们的构字偏旁可以推断两者是木制汲水工具。具体而言，桔槔利用的是杠杆原理，构造包括在一根竖立的架子上加上一根细长的杠杆，中心是支点，末端悬挂重物，前端挂水桶。辘轳依据轮轴原理制成，井上竖架，上装可用手柄摇转的轴，轴上绕绳索，绳一端系水桶。摇转手柄，使水桶一起一落取水。这两个术语也反映出中国古人在农业生产方面的先进发明

---

① 详见:（1999）[2020-01-07]. https://dictionary.cambridge.org/dictionary/english-chinese-simplified/ox.

创造，因地制宜和发挥智慧进行灌溉。首先，任译本舍去了原文术语的意象，仅仅译出功能和用途。多模态翻译是指视觉元素用于传递语言信息，图文符号同时出现，以不同的模态"翻译"文本 [①]。《天工开物》图文并茂，为"桔槔"配有插图，任译本予以保留并为"辘轳"配上插图（见图4-1）。这种多模态手段"大大提高中国科技典籍的可读性，有利于目标读者更好地理解中国古代农业生产的内涵" [②]。

图 4-1 《天工开物》任译本中的辘轳 [③]

王译本和任译本所译"桔槔"的措辞相同，"pulley"和"pulley wheel"所指对象基本一致，所以任译本"well"相对更贴切地描绘了桔槔的使用场景。李译本"well-sweep"表示"a leverlike device for raising or lowering a bucket in a well" [④]，"windlass"的释义为"a piece of equipment used for lifting heavy things. It uses a motor to wind a rope or chain around a

① Liu, Fung-Ming Christy. On Collaboration: Adaptive and Multimodal Translation in Bilingual Inflight Magazines. *Meta*, 2011(1): 208.
② 王海燕，刘欣，刘迎春. 多模态翻译视角下中国古代科技文明的国际传播. 燕山大学学报（哲学社会科学版），2019（2）: 52.
③ Sung Y. X. *T'ien-kung K'ai-wu: Chinese Technology in the Seventeenth Century*. E-tu Zen Sun & Shiou-Chuan Sun (trans.). University Park: The Pennsylvania State University Press, 1966 : 25.
④ 详见:（1995）[2020-01-07]. https://www.dictionary.com/browse/sweep.

large round cylinder"①。由此可见，李译本的译法无疑有助于当代西方读者阅读和理解，但是造成了中华文化元素的丢失。就本例而言，三个译本对术语背后的信息和文化均有不足之处。

例 23：其服牛起土者，耒不用耙，并列两铁［尖］于横木之上，其具方语曰<u>耩</u>。（p.23）

任译本：When an ox is used in turning the soil, the plough's point is removed and in its place are fixed two iron [diggers] on the cross-beam which the local dialect calls *ch'iang*. （p.14）

李译本：Two iron sweeps, attached in a parallel position under a cross bar on the implement, act as plows. The local name of this implement is *"Chiang"* (耩) (seed drill). （p.16）

王译本：In this case, the plough's point is removed and two iron diggers are fixed in its place on the cross-beam which the local dialect calls *jiang*. （p.35）

宋应星在《天工开物》中如此介绍"耩"："耩中间盛一小斗贮麦种于内，其斗底空梅花眼。牛行摇动，种子即从眼中撒下。欲密而多则鞭牛疾走，子撒必多。欲稀而少，则缓其牛，撒种即少。"② 同样，该单字术语的构字偏旁"耒"映射出这是一种木质农业器具。例 23 中，就翻译共性而言，三个译本将这一半农业术语进行音译，差别在于任译本和李译本使用了威妥玛式拼音法，王译本采用现代汉语拼音法。相比之下，李译本又呈现中文术语名称，并借助分立补偿手段，添加文本内注释，解释"耩"的功用。

例 24：其碾石圆长如牛赶石，而两头插<u>木柄</u>。米堕边时，随手以小<u>篲</u>扫上。家有此具，<u>杵臼竟悬也</u>。（p.48）

任译本：The rolling stone is cylindrical in shape and is similar to that

① 详见：（2003）[2020-01-07]. https://www.macmillandictionary.com/dictionary/british/windlass.
② 宋应星 . 天工开物 . 潘吉星，译注 . 上海：上海古籍出版社，2016：23.

of the ox-pulled rolling mill [Figure 4.19]; but a <u>wooden handle</u> is attached to each end [of the small roller]. Any grain that falls toward the edge of the block is promptly swept back with a <u>little brush</u>.（p.99）

李译本: It is shaped like the animal-drawn milling roller, but much smaller in size. It has a <u>wooden axle</u> at both ends, which are used as handles.（p.125）

王译本: The roller is cylindrical in shape and is much the same as the roller driven by an ox, but there are <u>wooden handles</u> on both ends. At the same time, when the millet falls off to the edge, the millet should be immediately swept to the top with a <u>small brush</u>. There is no need to use any <u>mortar and pestle</u> when a household has such a stone roller at home.（p.83）

　　"木柄""小彗"和"杵臼"皆是农作物加工器具，"木柄"的含义相对直观，"小彗"是（竹子制作的）扫帚，"杵臼"是舂捣粮食或药物的工具。实际上，"家有此具，杵臼竟悬也"是宋应星有感而发，书中并未明确提到"杵臼"的用处。例 24 中，首先，就石碾两端的"木柄"翻译而言，任译本和王译本的"handle"和李译本的"axle"有所差异。而前者的英文释义是"a part of an object designed for holding, moving, or carrying the object easily"①，后者表示"a bar connected to the centre of a circular object such as a wheel that allows or causes it to turn"②。两相比较并结合前后文语境，李译本的措辞更为贴切。其次，任译本和王译本对"小彗"的理解不存在实质性差异，李译本则删去未译。再次，任译本和李译本对"杵臼"采取了文化替换性翻译策略，删除了译入语读者不易理解的文化专有项，王译本则保留了这一术语名称，利用目的语中现有的译名，从而兼顾了目的语读者的理解和原语文化元素的保留。

---

① 详见:（1999）[2020-01-08]. https://dictionary.cambridge.org/dictionary/english-chinese-simplified/handle.

② 详见:（1999）[2020-01-08]. https://dictionary.cambridge.org/search/direct/?datasetsearch=english-chinese- simplified&q=axle.

（二）日常农业术语英译例证

例 25：车身长者二丈，短者半之。其内用<u>龙骨</u>拴串板，关水逆流而上。（p.18）

任译本：Ranging in length between ten to twenty *ch'ih*, the treadle wheel [Figure 1.11], consisting of a <u>wooden paddle chain</u> and a sprocket wheel, [is turned by the weight of one or two persons on the wooden treadle pieces]. （p.12）

李译本：The longer type of water wheel may have a body of twenty Chinese feet, while the shorter ones maybe only half of that. The interior of the wheel is so constructed that <u>a series of wooden vanes, set at a regular intervals, are strung together</u> through their centers by an endless and jointed movable wooden core. When the wheel turns, the water thus caught in between the plates will be carried to a higher elevation. （p.13）

王译本：The larger waterwheel is two *zhang* long, and the shorter one is one *zhang* in length. The waterwheel is a <u>dragon-bone</u> water-lift (made of wooden boards tied one by one to the dragon-bone) which brings water against the current and let it go to the fields. （p.25）

例 25 中，谈及水稻防旱的工具，宋应星介绍了汲水灌稻的水车。这种水车由数人踏转，车身长一至二丈，内部用"龙骨"拴一串串板，带水逆行而上，流入田里。由此可见，该农业术语体现了丰富的文化元素，其真实含义不易从字面获取。显而易见，任译本和李译本均对之采取文化替换性翻译策略。任译本使用绝对泛化的方法概括出大意和运用非文化的指称意义代替，舍去了原语的文化内涵；李译本"set at a regular intervals"删去原文意象，但是详细地补充了"龙骨"的概念所指。通过当代美国英语语料库和英国国家语料库中分别对王译本"dragon-bone"检索，所得结果分别为 1 次和 0 次。若进一步探究，语料库中这一处"dragon-bone"出现在 1995 年的杂志自然史一栏，具体语境为："Longgupo had largely escaped dragon-bone mining, however, because the limestone ceiling and uppermost walls at its entrance and exit had collapsed many thousands of years ago, obscuring its nature." [1] 此处 "dragon-bone" 指恐龙骨化石。因此,王译本的翻译方法可以视为自创译法,将 "dragon" 和 "bone" 合成新的专有名词,有利于产生适度陌生化效果,激发目的语读者的阅读兴趣。然而,正如西方文化积淀所造成的心理定势很难在短时期内发生巨变, "dragon" 一词仍然带有明显的贬义甚至敌意 [2],释义没有任何语义补偿的这种译法能否使之真正为大多数目标受众消化和吸收,还有待于进一步探讨。

五、生产技术名称的英译

(一)纯农业术语英译例证

例 26:北方稻少,用扬法,即以扬麦、黍者扬稻,盖不若风车之便也。(p.38)

任译本:In north China, on the other hand, where less rice is produced, it is generally winnowed by tossing [the unseparated grains and husks in the wind]. The same method is used for wheat and millet, but it is not so efficient as the machine.(p.82)

李译本:Northern farmers throw the grain high up into the air and let the wind separate it, just as they do for their wheat and millet. The wind separation method is not so efficient as using a winnower.(p.118)

王译本:Less rice is planted in the north. People winnow rice by hand, the same way they winnow wheat and millet, but it is not as convenient as using a winnower.(p.61)

例 25 中,宋应星简单地提到 "扬法" 与扬麦相同,即后文 "攻麦" 章节谈到的 "其去秕法,北土用扬,盖风扇流传未遍率土也。凡扬不在

① 详见:(2008-02-20)[2020-01-08]. https://www.english-corpora.org/coca/.
② 熊欣. 音译理论及音译产生的背景. 中国科技翻译,2014(1):39-41.

宇下，必待风至而后为之"①。由此可见，"扬法"借助自然风力筛去秕子，这一工艺技术体现了中国古人认识自然和发展农业的智慧。三个译本参照原文而将原农业术语进行仿译，使之意义与上下文自然地融合，却消解了术语名称和多元化内涵。具体而言，任译本借助文本内注释，添加方括号说明扬法的手段和功用，弥补了该名称无法完整地移植到英语文化中的不足。而 "toss" 有 "to throw something carelessly"② 这层含义，但是扬稻必然利用风向，所以挖掘得不够透彻。李译本采用了意译法，王译本将 "winnow" 和 "by hand" 搭配似乎容易引起歧义，因为 "by hand" 是隐含的动作，却不是 "扬法" 最主要的手段。因此，李译本、任译本和王译本对本例的意义再现和内涵挖掘情况依次递减。

例 27：攻稻

凡稻刈获之后，离稿取粒。束稿于手而击取者半，聚稿于场而曳牛滚石以取者半。凡束手而击者，受击之物或用木桶，或用石板。收获之时雨多霁少，田稻交湿不可登场者，以木桶就田击取。晴霁稻干，则用石板甚便也。（p.37）

任译本：POLISHING RICE

For the separation of rice grains from the stalks after reaping, half of it is done by beating sheaves of the plants by hand [against a receptacle], while the other half is accomplished by spreading the rice plants on the ground and passing over them a stone roller drawn by an ox. If the former method is used, the sheaves can be beaten against either a wooden barrel or a slab of stone. If during harvesting time the weather is often rainy, and the fields and rice plants are both wet so that nothing can be spread on the ground, the grams are beaten into a wooden barrel right in the fields [Figure 4.1]. But if the weather is fair and the rice plants are dry, a slab of stone will serve the purpose very nicely

---

① 宋应星 . 天工开物 . 潘吉星，译注 . 上海：上海古籍出版社，2016：44.

② 详见：（1999）[2020-01-08]. https://dictionary.cambridge.org/dictionary/english-chinese-simplified/ toss.

[Figure 4.2].（pp.81-82）

　　李译本：PROCESSING OF RICE（攻稻）

To thresh grain from the harvested rice, plants, half of the people beats by hand a bundle of rice stalks against a threshing board, or threshing tub; the other half spreads the rice stalks on the ground and threshes them by pressure, using animal-drawn stone roller. The people who thresh by hand, are using the threshing tub in places where rain prevails during the harvesting season; the threshing board is used where fine weather is the general rule. The stone roller threshing method is three times more efficient than that done by hand. However, it is believed that the germ of the rice grain may be damaged and its power of germination affected by this method. Although the big rice farmers of the South usually use the stone roller threshing method, they prefer the hand threshing method for seed rice.（p.117）

　　王译本：The Processing of Rice

Rice grains are removed from their stalks after harvest. Half of the rice grains can be obtained by thrashing the stalks on something, and the other half can be obtained by spreading the rice stalks on the ground and passing over them with an ox-drawn stone roller. Hold a handful of rice stalks in hand and thrash them on a cask or on a slate. If there are more rainy days and fewer sunny days during the harvest season, both the field and the rice will be wet. Therefore, the rice cannot be put on the ground. In this case, thrash the rice stalks on the inside of the cask in the field right after harvest. If it is sunny and the rice is dry, it is more convenient to thrash the rice stalks on the slate.（p.57）

　　例 27 中，"攻稻"的目的是"离稻取粒"。宋应星如此描述这一过程：具体可以用手握住一把稻秆击取稻粒，被击打之物用木桶或石板，如果遇到雨天多晴天少的情况，可以在田间就地击取；如果天晴稻干，则将稻放在场上用牛拉石碾获取稻粒。一方面，三个译本均采取了文化保留性翻译策略下的翻译方法，但是对"攻"的译法有所差异。任译本

"polish" 的含义是 "to rub something using a piece of cloth or brush to clean it and make it shine"①，李译本和王译本的 "process" 既可以表示 "a series of actions that you take in order to achieve a result"，又可以指 "a method of producing goods in a factory by treating natural substances"②。由此可见，李译本和王译本更贴切、准确，有助于引导读者充分感悟中国古代农业生产技术。另一方面，术语翻译 "要遵循术语本身的属性和命名原则"③。原术语为两个汉字，任译本遵循了简洁性原则，而李译本和王译本使用介词 "of" 和不定冠词 "the" 则显得相对冗长，不符合简洁性原则。

例 28：小麦收获时，束稿击取，如击稻法。（p.44）

任译本：When wheat is harvested it is put in bundles and the grains are separated from the stalks by beating, as is done with rice.（p.94）

李译本：Wheat is threshed by beating, just as it is done when threshing paddy.（p.122）

王译本：The way of reaping wheat by hand is the same as reaping rice.（p.75）

例 27 原文介绍了击稻方法，即用手握住稻秆击打木桶或石板来获取稻粒。本例提及收取小麦根据相同的原理。由是观之，任译本进行了解释性翻译，李译本和王译本的翻译则倾向于直译。具体而言，王译本 "reap" 的含义 "to cut and collect a grain crop"④ 侧重于收割而非获取稻粒，李译本使用 "thresh" 代表 "to remove the seeds of crop plants by hitting them, using either a machine or a hand tool"⑤。两相比较，李译本理解和挖

---

① 详见：（1999）[2020-01-08]. https://dictionary.cambridge.org/dictionary/english-chinese-simplified/polish.

② 详见：（1999）[2020-01-08]. https://dictionary.cambridge.org/dictionary/english-chinese-simplified/process.

③ 魏向清，赵连振. 术语翻译研究导引. 南京：南京大学出版社，2012：163.

④ 详见：（1999）[2020-01-08]. https://dictionary.cambridge.org/dictionary/english-chinese-simplified/reap.

⑤ 详见：（1999）[2020-01-08]. https://dictionary.cambridge.org/dictionary/english-chinese-simplified/thresh.

掘较为准备和充分，译文优于任译本和王译本。

（二）半农业术语英译例证

例 29：凡打豆枷竹木竿为柄，其端凿圆眼，拴木一条，长三尺许，铺豆于场执柄而击之。（p.49）

任译本：The flail for beating the beans consists of a handle made of a bamboo or wooden stick, through one end of which a round hole is bored. Another piece of wood about three feet long is inserted in this and tied. The bean pods are spread on the hard ground, and the flail is applied by swinging the handle.（p.106）

李译本：The swiple of the flail is made of wood, and is about three in length. The handle of the flail is made of either wood, or bamboo. These two parts are connected by a cord, through the hole provided in one end of the swiple. To operate the flail, hold the handle with both hands and beat the dry bean plants with both hands and beat the dry bean plants with the swiple.（p.126）

王译本：The flail is constructed by using a bamboo or wooden pole as the handle, by drilling a round hole in one end and tying another crabstick about three *chi* long. Spread the stalks on the ground, beat them with a flail.（p.85）

根据《古代汉语字典》的释义，"枷"是农具名，即连枷。[①] 例 29 中，宋应星描述了作为农产品加工的"打豆枷"以竹或木杆为柄，一端拴上长度约为三尺的木棍，然后手执枷柄击打收割的大豆。这一器具名称也反映出中国古人创造性地发挥智慧进行农业生产和加工。《天工开物》三个英译本均将"枷"翻译为"flail"，即"a tool consisting of a rod that hangs

---

① 钟维克 . 古代汉语字典 . 成都：四川辞书出版社，2016：315.

from a long handle, used especially in the past for threshing grain"①，利用目的语中现有词汇既有利于读者快速获取到信息，又较好地传递了术语的指称意义。再比较任译本 "beat" 和李译本 "swipe" ②，前者的含义有 "to hit repeatedly"③，后者解释为 "to hit or try to hit something, especially with a sideways movement"④。两相比较，李译本的理解更为透彻，为英语读者理解原文术语提供了更确切的语境信息。

例 30：倘风雨不时，<u>耘耔失节</u>，则六穰四秕者容有之。（p.38）

任译本：Owing to unfavorable weather or <u>improper cultivation</u>, however, the proportion may be six-tenths to four-tenths.（p.81）

李译本：A good crop of rice has, on the average, only one dead kernel out of ten full kernels. In a poor crop, produced under <u>improper cultivation</u>, or under unfavorable weather conditions, the dead kernels may be as high as four in every ten.（p.118）

王译本：If the weather is not favorable, or the <u>roots are not heaped in time or the weeds are not pulled out in time</u>, there will be some rice grains of poor quality. There will be six full grains and four blighted grains.（p.61）

例 30 中的 "耘耔" 的表层含义是除草培土。实际上，这一术语出自《诗经·小雅·甫田》："今适南亩，或耘或耔。" 这再次印证了宋应星对农业生产知识的了解离不开书面文献，他唯有引经据典才能使《天工开物》不被读书人视为一部单一记录工艺技术的书籍，这也体现了 "耘耔" 这一农业术语的民族性和文化性。对此，任译本和李译本借助文化替换性翻译策略，通过绝对泛化的翻译方法删去了原语术语的文化内涵，使用

---

① 详见：（1999）[2020-01-08]. https://dictionary.cambridge.org/dictionary/english-chinese-simplified/flail.
② 李译本中编辑环节造成的英文单词拼写失误较常见。"swiple" 明显是拼写错误，根据上下文语境推测应当是 "swipe"。
③ 详见：（1999）[2020-01-08]. https://dictionary.cambridge.org/dictionary/english-chinese-simplified/beat.
④ 详见：（1999）[2020-01-08]. https://dictionary.cambridge.org/dictionary/english-chinese-simplified/swipe.

了非文化的指称意义来代替。而 "improper cultivation" 的阐释较为宏观、抽象。相比之下，王译本 "the roots are not heaped in time or the weeds are not pulled out in time" 最贴近原文术语的概念意义。三个译本对于这一概念的历史、文化维度关注不够，均没有采用其他形式的翻译补偿措施。

第三节　本章小结

宋应星所著的《天工开物》首次对明代以前中国古代农业和手工业生产技术加以系统的总结，因而在中国科技史上被誉为极有价值的著作。毋庸置疑，这些科技成就中汇集了大量的古代农业和手工业术语。为此，本章以《天工开物》的农业部分为研究语料，以其三个代表性的英文全译本（即任译本、李译本和王译本）中的农业术语为个案研究对象，考察了相关农业术语的英译策略和方法。通过文本细读，本研究总结出原文大多数农业术语具有同义性、文化性和民族性的特点。在此基础上，根据原著中农业术语的文化内涵和专业程度，我将其划分为纯农业术语、半农业术语和日常农业术语三种类型。三种术语都具有最基本的信息传递功能，而后两类更肩负着传承中华优秀传统文化的历史使命。

具体而言，任译本总体上倾向于采用文化保留性翻译策略和方法来翻译半农业术语和日常农业术语，力求挖掘文字背后的思想情感和文化元素，而且尽可能地添加注释进行分立补偿；但是其纯农业术语的翻译不如李译本深入。任译本的遣词也相对贴近英语读者的语言使用习惯。究其原因，任以都为专攻历史和明清经济史的人文历史学者，且其目标受众包括了美国大学中对东方文化感兴趣的普通学生读者，所以术语的翻译保留了蕴含中国历史文化的信息，翻译的语义补偿使用比较频繁。尽管任以都借助拥有理工科背景的丈夫孙守全的帮助，但是专攻历史导致了她相对在自然学科领域不见长，因而对纯农业术语的内涵挖掘和解释不足，故有一些学者指出了其中科技术语的翻译问题①。此外，任以都长期求学美国并执教于宾夕法尼亚州立大学，而且其用英文所写的研究文章和译著丰富，这些经历使得她深谙英语语言和文化规范，所以其译本措辞贴近英语表达习惯。

李译本的纯农业术语翻译相对准确，半农业术语和日常农业术语则侧重科技信息传递而淡化了术语的文化性。李乔苹长期从事化学教育和研究，并曾将所著的《中国化学史》译成英文，还率先将李约瑟的著作《中国科学技术史》翻译为汉语。李译本中为部分农业术语添加中文名称，受到了《中国科学技术史》书写方式的影响。自然科学背景无疑有助于他对纯农业术语的理解和翻译，并促使他以更符合西方科技史研究人士期待的方式淡化半农业术语和日常农业术语的中华文化元素。同时，这也导致他"似乎历史方面不见长"②，不利于把握半农业术语和日常农业术语的跨文化交流作用。

就王译本而言，三类术语的翻译以文化保留性翻译策略和方法为主，因为译本为国家发起的翻译活动，即国家翻译实践，译者无形之中以"忠实"原则为导向，在翻译过程中自觉和不自觉地采用了直译法。不但如此，王译本将译者隐匿于译文背后，包括很少添加文本内注释以及任何形式的文本外注释，从而导致了其译本对农业术语的翻译补偿的力度最小。

---

① Chan, A. *T'ien-kung K'ai-wu*: Chinese Technology in the Seventeenth Century. *Monumenta Serica*, 1968（27）：445-447；杨维增.《天工开物》新注研究. 南昌：江西科学技术出版社，1987：396；潘吉星. 宋应星评传. 南京：南京大学出版社，2011：628.
② 潘吉星. 宋应星评传. 南京：南京大学出版社，2011：622.

第五章　中国古代手工业术语英译研究：
以《天工开物》为例

　　手工业是指主要依靠手工劳动，或者仅使用简单工具，从事小规模生产的工业。[①] 学界一般将手工业定性为工业，但它最初却是与农业融为一体的，是一种农业副业性质的家庭式作业形式。农业生产所得的农副产品成了手工业加工的基本原料，农民通过制造某些劳动工具或者简单机械完成手工业加工。手工业生产所得的产品除了满足农民家庭自己的需要之外，还可以用于商品交换或者出售。这就是中国古代手工业发展最初的家庭手工业形式。伴随着商品经济的发展，手工业最终从农业中分离出来，从属于第二产业，并逐步发展出私营手工业和官营手工业两种模式。中国古代手工业的发展大大促进了社会经济的发展，并通过手工业生产的技术革新推动了科学技术的进步。

　　中国自秦汉时期以来，手工业的发展水平在世界上一直处于领先地位，这种领先地位集中体现在以下几个方面：中国的手工业商品畅销于国际市场，长期处于外贸出超的地位；中国的机械水平远胜于当时的许多国家，受到西方学者的赞叹；中国的工场手工业发展较为先进，手工业生产的分工细化程度和生产设备的大型化程度在世界也处于领先地位。[②] 英国科学史家李约瑟曾说："中国在 3—13 世纪保持着西方所望尘

---

① 何盛明 . 财经大辞典 . 北京：中国财政经济出版社，1990.
② 徐晓望 . 论明清时期中国手工业技术的进步 . 东南学术，2009（4）：130-139.

莫及的科学知识水平。"① 这一论断也从侧面印证了李约瑟对于中国科技发展的阶段划分：中国的科技发明主要集中在宋代及宋代之前。② 这与中国科学史研究的传统观点基本一致：中国的手工业生产在中国封建社会的衰落时期，特别是明代之后，处于停滞不前、逐步衰落的状态。③ 与西方工商业的蓬勃发展，尤其是 18 世纪蒸汽机发明带来的工业革命相比，中国明清时期的手工业发展远远落后于西方，进而导致中国的科技创新停滞不前。但世界体系理论的奠基人之一、德国学者冈德·弗兰克（Gunder Frank）却基于史实提出了一种更加客观的看法：在 1800 年之前，中国的经济仍然领先于世界，而手工业技术的发展为经济的领先奠定了重要基础。基于此，中国经济史专家也呼吁中国的历史学研究者应该解放思想，而不能对中国明清时期手工业技术的进步视而不见。④

造成学界尤其是西方学界轻视中国手工业发展的原因之一在于，中国记载手工业发展的科技典籍在西方传播不得当。科技典籍，作为记载中国传统科学技术的重要载体，对于向西方世界宣传、推介中国的传统文化和科技成就具有重要作用。但由于典籍外译的素材长期以文学典籍为主，专业的翻译人才和传播人才欠缺，传播受众的接受度较低等现实问题⑤，中国的科技典籍外译和传播工作一直相对滞后。中国历史上最为显著的四次翻译高潮，前三次都是以将国外的宗教典籍、文化典籍和科技典籍译入中国为主。但中国改革开放之后，尤其是在当前推动中华民族伟大复兴的重要历史时刻，如何向世界讲好"中国故事"，提升民族文化自信就成了新的时代要求，这就进一步敦促翻译工作者将中国灿烂的科技典籍成就推介出去，改变西方对于中国古代科技文明的偏见。

与我们广泛向西方翻译的中国农学典籍和医学典籍相比，记载着中

① Needham, J. *Science and Civilisation in China. Volume 1.* Cambridge, UK: Cambridge University Press, 1954 : 3.
② 徐晓望 . 论明清时期中国手工业技术的进步 . 东南学术，2009（4）：130.
③ 全林 . 科技史简论 . 北京：科学出版社，2002.
④ 徐晓望 . 论明清时期中国手工业技术的进步 . 东南学术，2009（4）：130-139.
⑤ 闫畅，王银泉 . 中国农业典籍英译研究：现状、问题与对策（2009—2018）. 燕山大学学报（哲学社会科学版），2019（3）：49-58.

国古代手工业巨大成就的科技典籍的翻译研究和翻译实践都比较少。典型的有记载中国先秦时期官营手工业制造工艺的《考工记》，记载中国传统制瓷业发展的专门典籍《陶冶图说》及地方志《浮梁县志》，记载中国丝织制造业的地方志《苏州织造局志》，记载中国制盐业发展的《盐井记》，分别探讨中国古代酿酒技术、制墨技术、兵器制造技术的《酒经》《墨谱》和《武备志》等。另外，农学典籍《茶经》也记载了茶叶种植、采摘、炒制、收藏等制茶业的工序技艺，自然科学综合典籍《梦溪笔谈》中的部分内容也记载了中国古代建筑、印刷、冶炼、制盐等方面的技术创新和工具发明。但与这些典籍相比，被称为"中国 17 世纪工艺百科全书"的《天工开物》，更为全面、系统地介绍了中国数千年来传统手工业的科技成就。虽然其对于某一特定工艺部门的专门探讨的深度可能不及上述专门著作更加深入，但就记录中国传统手工业发展的广度而言，只有《天工开物》一书可以称得上"百科全书式"的技术著作。考虑到成书的时间、涉及的行业门类以及手工业相关条目的数量，《天工开物》无疑是向世界展现中国古代手工业科技成就最具代表性的著作之一。

　　具体来说，《天工开物》上、中、下三卷共计 18 章的内容中，除了"乃粒"和"粹精"两章探讨了农业中的谷物种植、加工技术之外，其他章节都涉及中国古代的手工业生产，包括制盐、制糖、油料生产、养蚕丝织、染色、矿石开采、铁器铜器铸造、陶瓷烧制、煤矿开采、造纸、制墨、船舶车辆制造、冷兵器制造、酒曲制造、珠宝开采等形形色色 16 个手工业生产门类。而在这些章节内容的论述之中，作者宋应星基于自己的实地调查，详细记述了各个手工业生产领域的原料产品、生产工具、技术要点以及操作流程，生动、具体地再现了中国古代劳动人民的手工业生产场景，并且详细记载了中国古代众多先进的科学技术成果。因此，研究如何通过翻译和对外传播《天工开物》，对于中国乃至全世界的历史学界正视中国古代，尤其是明清时期的科技发展状况，是非常有必要的。

　　本章将以《天工开物》英译本中的手工业术语为个案研究切入点，分析任译本、李译本和王译本是如何进行古代手工业术语英译的，采用了什么样的翻译策略和方法对外传播中国古代科技文明。在展开分析之前，我们还是先探讨一下其中的手工业术语的特征和类型。

第一节 《天工开物》中手工业术语的特征和分类

一、古代手工业术语的特征

由于中国古代手工业术语根植于中国悠久传统文化以及明代的社会历史背景，有一些自然而然地"被赋予了文化传承功能，发挥着社会意义、历史意义和建构意义"[①]。经过文本细读与分析，我们发现《天工开物》中的手工业术语具有如下三个主要特征。

（1）专业性。宋应星的前半生都投身于封建科举考试，但他羞于封建儒者不了解农业、手工业技艺之耻，毅然投身实学，向广大劳动人民请教，在手工业生产现场的实地调查过程中，详细记述了各生产领域的原料产品、工艺流程、工具器械等信息要点。因此，《天工开物》一书中所记载的手工业术语表现出极强的专业性，为当今学界研究中国古代手工业发展水平提供了很好的参考资料。

（2）文化性。根据本书第四章对于《天工开物》中农业术语的论述，作为将前半生都投身于科举考试的一个读书人，宋应星在撰写过程中十分注重术语所承载的文化要素，这一点在该书的手工业术语中也有所体现。例如，用于畜力车的响铃"报君知"、陶瓷器皿"龙凤缸"、兵器"百子连珠炮"等手工业术语，无一不因其华丽的措辞和丰富的修辞彰显了中国古代的文化传统和审美情趣。

（3）国际性。明代，中国在世界贸易市场上占有巨大份额，各种农业和手工业产品的国际交流频繁。西方来华传教士主导的"西学东渐"，也大大拓展了中国和世界各国不同领域的深入交流。这些交流对中国当时的手工业发展和科技进步产生了深刻的影响。因此，《天工开物》中记载的部分手工业术语也体现出浓厚的国际交流性的特征。比如，糖业术

[①] 郭尚兴.论中国古代科技术语英译的历史与文化认知.上海翻译，2008（4）：60.

语"西洋糖"、兵器术语"西洋炮"和"红夷炮"等，都体现出了中国古代与西方各国在手工业领域的交流互鉴。

二、古代手工业术语的分类

《天工开物》中的手工业术语按用途和种类大致分为手工业产品、原料、工具、器械、工序，共计五种。与此同时，部分手工业术语与中国历史文化传统、民族生活方式密不可分，兼有"概念、符号和语境维度的多重特质"[1]，其分类无法采用现代学科或科技术语分类法。本书依据方梦之的科技词汇归法[2]，结合《天工开物》中的手工业术语的文化内涵和专业程度，将其划分为以下三类。

（1）纯手工业术语。这类术语的指称稳定、单一，其内涵往往等同于字面意义，所指易于为不同文化语境中的读者所理解，也能够快速在英语文化中找到对应的名称，如"金箔""劳铁""火井""野蚕""海盐""石灰""纱罗""朱砂""水晶"等。

（2）半手工业术语。半手工业术语的意义较易从字面获取，但其命名又带有一定的历史背景和文化内涵，或所指对象的地域性强，其构词以"名词或形容词 + 名词"构成的偏正短语为主要形式，如"布衣""盐脉""马蹄金""瓜子金""狗头金""蛤蟆炉"等。

（3）通俗手工业术语。俗语名称和命名具有文学性和审美价值的手工业术语皆属于此类。通俗手工业术语的文化内涵鲜明，书面程度相对最低，所以它们的含义通常不易从字面推断，甚至看似毫不相干，需要结合上下文语境获取文字背后的真实所指，如"大将军""二将军""万人敌""抱同""混江龙""回青""报君知"等。

由此可见，《天工开物》中三类手工业术语的区别在于它们各自所承载历史和文化内涵的多少。纯手工业术语的翻译有助于传播具有普遍性和事实性的手工业科学技术知识，后两类手工业术语则代表了中国古

---

① 郭尚兴. 论中国古代科技术语英译的历史与文化认知. 上海翻译，2008（4）：68.
② 方梦之. 应用翻译研究：原理、策略与技巧（修订版）. 上海：上海外语教育出版社，2019：262.

代手工业发展水平和科技成就，并通过传承中国古代劳动人民的审美情趣、哲学思想和文化气质等社会文化内涵，肩负起"知识传播与文化沟通的双重诉求"①。

第二节 《天工开物》中手工业术语的英译分析

上文提到，《天工开物》全书的 18 个章节中有 16 个涉及中国古代手工业发展成就的内容，为此，本研究首先通过文本细读提取 148 个手工业术语，并基于上一节的探讨进行详细分类（详见表 5-1）。值得一提的是，部分手工业术语在书中出现不止一次，相同手工业术语的翻译策略和方法可能有所不同，乃至互相矛盾，因此本书仅考察该术语首次出现时的英译文。出于篇幅的限制，本章只列举了其中一部分术语进行英译方法的分析。

表 5-1 《天工开物》中的手工业术语的分类和统计

手工业术语类别	具体的手工业术语名称				
纯手工业术语	海盐	盐霜	苇席	卤水	铁钉
	蜃灰	皂角	石膏	颗盐	火井
	糖蔗	篾片	椎	铁箍	铁陀
	石灰	猪胰	野蚕	竹筅	花锦
	挂钩	的杠	穿经	纱罗	衮头
	苎麻	帷帐	胞羔	羔裘	玛瑙
	紫矿	黄金	金箔	礁砂	炉底
	朱砂银	炉甘石	银矿铅	云板	熔罐
	劳铁	烛台	白矾	小皮纸	银朱
	粮船	云车	课船	清流船	琉璃

① 魏向清.从"中华思想文化术语"英译看文化术语翻译的实践理性及其有效性原则.外语研究，2018（3）：68.

续表

手工业术语类别	具体的手工业术语名称				
纯手工业术语	独辕车	弓靶	琴轸	三撑弩	硫磺
	地雷	鸟铳	辣蓼	神曲	宝石
	水晶	—	—	—	—
半手工业术语	树叶盐	光明盐	潮墩	草荡	大晒盐
	牢盆	盐脉	碓嘴形	釜脐	顽糖
	瓦溜	西洋糖	筅篱	享糖	胡麻
	两镬煮取法	鹰嘴铁杓	梁枋	翁坛	棘茧
	挟纩	缫车	星丁头	送丝竿	大关车
	络笃	清胶纱	花楼	衢盘	轻素
	布衣	绉纱	桃综	龙袍	倭缎
	马蹄金	燕脂	瓜子金	狗头金	蛤蟆炉
	火漆钱	锤钲	刀砖	龙凤缸	哥窑
	窑变	柳絮矾	芙蓉膜	薛涛笺	漕舫
	神臂弩	诸葛弩	西洋炮	百子连珠炮	鸦鹘石
	钿花	琉璃碗	—	—	—
通俗手工业术语	胖袄	枭令	车脑	靺羯芽	火矢
	铜炭子	壁虱脂麻	扁担铅	傍牌	淘厘锱
	石山	团枝	瓮鉴	小颗	沙脚
	一窝丝	氁鮔	碴氇	西洋红夷	佛郎机
	大将军	二将军	抱同	千钟粟	回青
	报君知	混江龙	万人敌	车陀	中干

一、纯手工业术语英译例证

表 5-1 显示,《天工开物》中的纯手工业术语共计 61 个,是手工业术语的三种类别中数量最多的一种。这些纯手工业术语广泛涉及手工业成品及其部件的名称、工序工艺名称和工具名称等,较为全面系统地展示了中国古代手工业发展的技术步骤和工艺特色。本节将对部分手工业

术语的英译方法逐一进行分析。

例 1：俟潮一过，明日天晴，半日晒出盐霜。（p.52）

任译本：After the tide recedes, the [brine-wetted] ground is exposed to the sun for half a day, when salt frost will appear on the surface.（p.110）

李译本：Therefore, it is necessary to wait only for the ebb of the tide, when the sea water which soaks the land will soon be dried out by the sunlight of the next morning and, in a half day, leave fine crystals of salt on the land.（p.153）

王译本：Wait until the tide recedes and the weather is sunny. Then a layer of salt frost will appear on the surface after the ground is exposed to the sun for half a day.（p.89）

例 1 出现在《海水盐》这一小节中，展示了中国古代海滨地区的劳动人民用海水制盐的场景。"盐霜"是指海水经过风化之后，凝结出来的像霜一样的结晶物。三个英译本基本都采用了直译法，任译本将其翻译为"salt frost"，是一种字字对应的翻译方法，方便西方读者见名知义。李译本和王译本都进行了适当的信息增补，李译本补译了"crystals"说明"盐霜"的结晶物的性质，而王译本则通过补译"a layer of"来描述盐霜是一层一层出现的这一特征。总体上看，三种译法均准确地挖掘了该术语蕴含的科学信息，在翻译过程中进行了有效的信息传递。

例 2：凡煎卤未即凝结，将皂角椎碎和粟米糠二味，卤沸之时投入其中搅和，盐即顷刻结成。（p.54）

任译本：If the boiled brine is slow to crystallize, a mixture of the ground pods of *Tsao-chiao (Gleditschia chinensis)*, millet grains, and chaff should be added to the boiling liquid, and salt can be obtained shortly afterward.（p.114）

李译本：…if crystallization is not brought about immediately, small pieces of the pods of gleditschia sinensis and millet hull are added and stirred. This will cause instant crystallization, in the course of heating.（p.155）

王译本: If the boiled brine is slow to crystallize, a mixture of the ground pods of Zaojiao (Gleditsia sinensis), millet grains and chaff should be added to the boiling liquid, and salt can be obtained shortly afterwards. (p.89)

"皂角"是一种豆科植物皂角的荚状果实。皂角广泛应用于中国古代的制盐过程中，可以用它来发泡，使盐水中的盐分杂质聚集在皂角内部，促进食盐迅速结晶。这种天然植物被用于中国古代制盐的过程，足见中国古代劳动人民的工艺智慧。三个译本不约而同地选择了直译的翻译方法，将其翻译为"gleditsia"（皂荚树）和"sinensis"（荚果）。不同的是，任译本和王译本提供了该术语的音译译名，分别是威妥玛拼音法的"Tsao-chiao"和汉语拼音法的"Zaojiao"，并将这一直译的术语译名放置在括号注释之中作为文内解释。如此一来，音译译名能够保留该术语的东方韵味，引发西方读者的好奇心和兴趣；加入直译译名的文内解释，又可以有效传递该术语的科学信息，帮助读者理解中国古代手工业的具体工艺。

例 3：二眠以前，腾筐方法皆用尖圆小竹筷提过。(p.91)

任译本: Before the silkworms have had their second moulting, they should be picked up with small, round-pointed chopsticks when they are being changed from one basket to another. (p.38)

李译本: During the process of cleaning the bed before second moulting, the worms, young ones, are picked one by one with small, round-pointed chopsticks and are transferred from one bed to another. (p.54)

王译本: Before the second dormancy, the silkworm beds are cleaned. Pick up the silkworms with small round-pointed bamboo chopsticks when they are being changed from one basket to another. (p.153)

中国是世界上最早养蚕生产绢丝织物的国家，古代劳动人民的养蚕历史可以追溯到黄帝时期，迄今已经有 4000 多年的历史。在不断发展的过程中，中国的养蚕技艺不断进步。蚕是一种变态类的昆虫，以卵、幼虫、蛹和成虫四种形态生长，其间会经历三至四次的就眠蜕皮的阶段。例如，例3中所述的"二眠"，就是指蚕的第二次就眠时期。在蚕就眠蜕皮的过程中，需要确保饲养蚕的竹筐内有清洁卫生的环境，因此工人们要进行"除沙"的工作，清除竹筐内残叶、粪便等污浊之物，并将就眠的蚕转移到另外一个干净的竹筐内。① 二眠之前的除沙工作，需要工人们借助工具"竹筷"完成，因为蚕在这一阶段还没有生长得足够结实，不能够用手直接触摸。对于"竹筷"这一术语的翻译，任译本和李译本都采用了删减法，去除了词素"竹"的概念意义，只译为"chopstick"。但王译本准确译出了"bamboo chopstick"，保留了原文术语所描述的筷子的材质特征。相比较而言，对于这一中国古代养蚕所用工具的翻译，虽然读者可以根据上下文的语境自行判断出"chopstick"应该是木质的竹子，但王译本将其准确译出，更能清楚地介绍中国古代手工业生产的场景。

例4：古者羔裘为大夫之服，今西北缙绅亦贵重之。（p.120）

任译本：[Such] lamb garments were worn exclusively by government ministers in ancient times, and even nowadays the high gentry of the northwestern provinces still greatly value them.（p.67）

李译本：The Pao-Kao and the Ju-Kao robes, free from sheep odor, were worn, in old times, exclusively by high officers of the state. Even in modern times, the gentry, also in the northwestern districts, still likes to wear them.（p.79）

王译本：In ancient times, the skins of baby sheep were used to make clothes for officials. Nowadays even officials in the northwest provinces like them, too.（p.203）

在例4中，"羔裘"意指用羔羊的皮毛所制成的衣物。基于该术语的概念意义，任译本将其直译为"lamb garments"，较为准确、简洁地解释

---

① 宋应星.天工开物.潘吉星，译注.上海：上海古籍出版社，2016：92.

了原文术语的意义。而李译本依托于上下文的具体语境，将第一个语素"羔"音译为上文出现的"Pao-kao"（胞羔）和"Ju-Kao"（乳羔），而将第二个语素"裘"直译为"robe"，重点强调了中国古代的服装特征：人们日常的穿着多为长衫长袍。因此，李译本着重凸显了这一服饰术语的中华文化特色，能够有效地还原中国古代人们的生活面貌和审美情趣。而王译本创造性地将术语"羔裘"所包含的两个语素进行了语义拆分，并根据上下文的语境，在进行语法变换之后，将"羔裘"一词翻译为"the skins of baby sheep"（羔羊皮毛）所做的"clothes"（衣服）。这一翻译方法虽然略显冗长，却是三个译本中最自然、流畅的一种翻译方法，将术语的内涵意义捻揉在整个句子中，从词语的角度上升到句子的角度，有效进行了信息对等传递。

例5：燕脂，古造法以<u>紫矿</u>染绵者为上。（p.134）

任译本：In ancient days the best rouge was made by tinting cotton-wool with litmus [tzu kuang in the text].（p.77）

李译本：The old method of preparing rouge consists in dyeing cotton with <u>ts'ih kwang</u>, a kind of gall.（p.115）

王译本：Among raw materials used to make rouge in ancient times, <u>bengal kino</u> which was used to dye silk is the best.（p.223）

例5中的术语"紫矿"是出现在"彰施"一章中的一种植物染料，一般又名紫胶或者虫胶，是紫胶虫的分泌物，主要呈鲜红色。[①] 对于该术语的翻译，任译本首先提供意义近似的直译译名"litmus"，继而又使用音译译名"tzu kuang"进行信息补充，是多种翻译方法的结合。与任译本的顺序恰巧相反，李译本首先提供音译译名"ts'ih kwang"，然后又在后面提供了意思相近的解释"a kind of gall"。不同于以上两个译本，王译本直接使用英文中意义近似的术语"bengal kino"来进行解释，是一种提升译文可读性的文化代替性翻译策略下的翻译方法。

---

① 宋应星. 天工开物. 潘吉星，译. 上海：上海古籍出版社，2016：35.

例6：凡金箔每金七分，造方寸金一千片，粘铺物面可盖纵横三尺。（p.141）

任译本：A one inch square leaf is made from 0.007 ounce of gold and 1,000 gold leaves will cover an area of three square feet.（p.237）

李译本：Seven tael of gold can be made into 1,000 square ts'un of foil. When coated on the surface of any object, this quantity of foil will cover an area of three square Ch'ih. (viz 3 × 10 × 3 × 10 =900 square ts'un).（p.338）

王译本：Every seven *fen* of gold can be stricken into 1,000 pieces of gold foil of one *squarecun* which can be used to stick onto the surface of an object covering the area of nine *square chi*.（p.231）

对于例6中的术语"金箔"，"gold leaf"与"gold foil"都是接受度比较高的英文译法。因此，从信息对等传达的角度看，任译本和王译本的译法都是比较准确的。比较细微的差别在于"gold leaf"是一种形译的手段，能够生动形象地刻画出"金箔"的薄度，更容易被目的语读者理解和接受。另外，李译本为避免与上文重复赘述，略去了"gold"，可被视为是文化替代性翻译策略下的删除法，也未尝不是一种有益的翻译尝试。

例7：巨磬、云板，法皆仿此。（p.178）

任译本：The above method is also employed in making big chimes and musical boards.（p.163）

李译本：The large musical instruments in the form of thick plate, known as "Ch'ing"（磬）and "Yun Ban"（云板），are made in this manner.（p.228）

王译本：The method of making big chimes and cloud-shaped musical boards is similar to this.（p.283）

例7中的术语"云板"是一种中国古代常见的报时报事用的敲击器具，将金属器具铸造成云的形状，故名"云板"。在翻译该术语的过程中，任译本的翻译方法以描述术语的功用为主，采用英语读者更容易

理解的 "musical board" 作为译文，属于文化替代性策略下的有限泛化译法。具体来说，译者只保留了该术语中第二个语素 "板" 的语义，将其直译为 "board"，而用表示功用的 "musical" 一词代替了第一个语素 "云" 的语义，方便西方读者理解该器具的使用场景和性质。相反，李译本坚持了文化保留性翻译策略，提供了该术语的音译译名 "Yun Ban"，并且给出了原语的汉语术语名称。这种方法，虽然能够有效激发西方读者的阅读兴趣，但却不能起到见名知义的作用，会在一定程度上影响读者的阅读体验。王译本综合这两种翻译方法，既保留性地将该器具 "云" 的形状特征直译为 "cloud-shaped"，又采用替代性的有限泛化译法传达了该器具的性质和功用，指出它是一种 "musical board"。这种创造性的文化保留性策略与替代性策略的有效融合，对于表达术语的指称概念，方便目的语读者的阅读理解，都是大有裨益的。

例 8：若已成废器未锈烂者，名曰劳铁。（p.189）

任译本：If, however, unrusted old iron articles are remelted to be made into new or the original objects, then this is called "used iron". （p.189）

李译本：Worn iron objects, while not yet rusted, are called "labored iron". （p.275）

王译本：Iron that is already used and not rusted yet is called "used iron". （p.301）

例 8 中的术语 "劳铁"，意指 "已经使用过的铁"。基于该术语的基本概念意义，任译本和王译本都将该术语意译为 "used iron"，以描述术语特征为主，这种翻译方法本质上是基于文化替代性翻译策略的一种有限泛化的译法，保留了术语中的一个语素 "铁" 的概念，而对另一个语素 "劳"，则基于科学信息将其替换为 "used"。相反，李译本对该术语中的两个语素都进行了直译，将其译为 "labored iron"，在科学概念的解释上，译文的准确性不及另外两个译本。

例 9：凡将水银再升朱用，故名曰银朱。（p.256）

任译本：Vermilion is obtained through the conversion of mercury [into mercuric sulfide, HgS, with the aid of sulphur], hence it is termed "mercuric red." (p.280)

李译本：Mercury may be used, in turn, to prepare vermilion, under the Chinese name Yin-Chu (银朱). (p.415)

王译本：Some cinnabar is re-refined from mercury, so it is called "mercuric cinnabar" . (p.413)

例 9 出现在"丹青"一章中，记载了中国古代冶炼汞的工艺场景。朱砂是用于炼汞的最主要的矿物原料之一。有一些朱砂是从水银再炼制而成，所以命名为"银朱"。由此可知，该术语所包含的两个语素"银"和"朱"其实构成了偏正式术语，前者说明了该化学物质的来源"水银"（mercury），后者指称了该化学物质的本质属性"朱砂"（cinnabar 或 vermilion）。因此，任译本的译名"mercuric red"和王译本的译名"mercuric cinnabar"都是字字对应的直译方法。其中的区别在于"朱"字的译法，任译本取其"朱红色"之意，而王译本取其"朱砂"之意。从科技语翻译的准确性原则出发，王译本的翻译方法是更加准确的。而李译本采用了音译法，保留了原文术语的发音"Yin-Chu"，译者在上下文语境中强调了这是该化学物质的"汉语名称"。因此，音译法的使用，有效保留了该术语的文化特色，但会给目的语读者带来一定的阅读障碍。

例 10：清流船以载货物、商客。(p.279)

任译本：The "clear-stream" boats are used to transport merchants and their goods. (p.179)

李译本：The clear stream boat can carry both passengers and freight.(p.259)

王译本：The Qingliu boats are used to transport merchants and goods. (p.449)

例 10 中的船舶术语"清流船"是一种客货两用船，因最早出现在福建省西部的清流县而得名。① 对该术语的翻译，三个译本体现出两种主要的倾向：任译本和李译本采用了直译法，字字对应地将其翻译为 "clear stream boat"，而王译本则依据汉语拼音，将其音译为 "Qingliu boat"。考虑到这一术语得名于其发源地，所以我们认为该术语的英译名应该依据音译法，保留其术语名称所蕴含的地理文化内涵。

例 11：凡造<u>神曲</u>所以入药，乃医家别于酒母者。（p.315）

任译本：<u>Medicinal yeast</u> is for medical use by physicians and is different from wine yeast.（p.290）

李译本：<u>Shen-Ch'u</u> is prepared for medical use, and so named, by physicians to distinguish it from the mother of wine (Ch'u).（p.430）

王译本：The aim of making <u>medicinal yeast</u> is to use it as medicine. Doctors refer to it as medicinal yeast in order to differentiate it from wine yeast used for making wine.（p.507）

例 11 中，"神曲" 意为 "药曲"，是一种可以具有消食开胃等功效的中药酒曲。"神曲" 一节是宋应星引用中国医药学典籍《本草纲目》中的部分内容所撰写的。由此可见，宋应星具有开放、包容的科学精神，且高度重视实用技术。针对该术语的翻译，李译本采用了音译法，依据威妥玛注音法将 "神曲" 译为 "Shen-Ch'u"。在上下文的语境中，读者也非常容易辨明这是一种 "药用"（prepared for medical use）的酒曲。但相比之下，任译本和王译本的译法更值得推荐。这两个译本均采用了意译法，描述了该术语的药用功效，并选用目的语读者更易理解的词，将其翻译为 "medicinal yeast"。这本质上是文化替代性翻译策略下的有限泛化的翻译方法，译者认为该术语中包含的文化专有项 "神" 一词，对于西方读者而言过于模糊，并且在科技典籍翻译的过程中，不利于科学概念的准确对外传播。在这种情况下，为了提高术语翻译的准确性，并照顾到译文的可读性，译者选用了虽不能准确还原原文术语的文化特性，

---

① 宋应星 . 天工开物 . 潘吉星，译 . 上海：上海古籍出版社，2016：279.

但更能表明术语概念信息、西方读者也更为熟稔的词，这也不失为一种有益的文化翻译方法。

二、半手工业术语英译例证

根据表 5.1 的统计，《天工开物》中的半手工业术语共计 57 个，并且广泛涉及手工业成品及其部件的名称、工序工艺名称和工具名称等。我们以部分半手工业术语为例进行英译分析。

例 12：凡盐产最不一，海、池、井、土、崖、砂石，略分六种，而东夷树叶（盐）、西戎光明（盐）不与焉。（p.51）

任译本：There is no uniformity in salt sources. They are generally classified as six different kinds: sea, lake, well, earth, rock, and gravel salt. This does not include the "tree-leaf" salt of the Eastern barbarians and the "bright" salt of the Western barbarians. （p.109）

李译本：The production of salt is quite varied. Salt can be classified into six kinds, according to the source from which it is produced-sea salt, pond salt, well salt, earth salt, rock salt and sand salt. Leaf salt, a substitute for salt used by the aborigines in Taiwan, and Kuangming salt, a large crystallized rock-salt, used by the people beyond West China, are not included in this classification. （p.151）

王译本：The sources of salt vary greatly. Generally speaking, there are six sources—sea salt, lake salt, well salt, earth salt, rock salt and gravel salt. The "tree-leaf" salt in northeastern China and the "bright" salt consumed by ethnic minorities in Northwestern China are not included. （p.87）

"盐"在目的语文本中存在"等价术语"，即汉语中的"盐"在英文中存在内涵和外延都完全重合的对等词"salt"。《天工开物》一书中所提及的盐种类繁多，例 12 中的"树叶盐"和"光明盐"的翻译，任译本和王译本都采用直译法，将这两个术语分别翻译为"tree-leaf salt"和"bright salt"，既有效传达了原文术语的词义，又容易被目的语读者所理解和接受。与任译本和王译本相比，李译本则采用了较为复杂的翻译方法：将"树叶盐"直译为"leaf salt"，将"光明盐"音译为"Kuangming salt"，然后又通过文外解释，添加对这两种盐的具体性质或者特征的说明。具体来说，"树叶盐"是中国台湾使用的一种盐的替代品，而非准确意义上的盐。顾名思义，"光明盐"是一种透明晶体状盐类。这一翻译方法对原文术语的概念内涵解释得较为清晰，同时也考虑到了译文表达原文术语指称意义的充分性，对其性质和形状进行了准确解释，是一种有效的翻译补偿方法。总之，对这两种手工业成品名称的翻译，三个译本的译者都选择了文化保留性翻译策略，准确挖掘出了原文术语的内涵意义和科学信息。

例 13：海滨地高者名潮墩，下者为草荡，地皆产盐。（p.51）

任译本：Sea water contains salt. High ground on the sea shore is called a tidal mound and low ground, marshes. They both produce salt.（p.110）

李译本：Higher places along the sea shore are called "Tide Mounds"（潮墩）and lower places "Grassy Waste Lands"（草荡）. Salt is produced in both places.（p.152）

王译本：The high ground beside the sea is called a tidal mound and the low ground is called a marsh, and in both places salt is produced.（p.89）

海水本身就具有盐分这种咸质。海滨地势高的地方叫作潮墩，地势低的地方叫作草荡，这些地方都能出产盐。"潮墩"是古人为防止涨潮来不及回到安全的陆地，供滨海劳作的盐民渔民暂时避让海潮之地，因此潮墩又被称为"救命墩"。"草荡"是清代淮南盐区按灶丁给予种植煎盐所需苇草的荡地。例 13 中，任译本和王译本都采用了直译的方法，将这两个半手工业术语中的中心词分别译为"mound"和"marsh"。其中，"mound"意为"a large pile of earth, stones, etc. like a small hill"①（土堆，沙石堆；小丘），而"marsh"意为"ground near a lake, a river, or the

---

① （1999）[2020-01-08]. https://dictionary.cambridge.org/dictionary/english-chinese-simplified/mound.

sea that often floods and is always wet"①（沼泽；湿地），都准确地对原文术语的科学信息进行了传达和指称。同时，任译本和王译本也都注意到汉语文言文擅长用单字来表达词汇意义、一个词可以对应英语两个词的语言特征，在翻译过程中对"潮墩"进行了构词方面的扩展，将其直译为"tidal mound"。需要注意的是，其中的"tidal"是译者根据英语的语言特点进行词性转变的结果。在这个术语的翻译上，李译本同另外两个译本采用的翻译方法基本相同。但是在翻译术语"草荡"时，李译本则没有像另外两个译本一样，将"草"的语义融入"marsh"中，而是字字对应地将其直译为"Grassy Waste Lands"。相比较而言，李译本显得相对冗长，而任译本和王译本都能够通过上下文的语境，流畅自然地向目的语读者清楚解释这两个术语的指称概念，翻译方法更为可取。

例 14：最上一层厚五寸许，洁白异常，名曰西洋糖（西洋糖绝白美，故名）。（p.68）

任译本：The uppermost layer, about five ts'un thick, is extremely white, and is called "Western sugar" (because sugar from Western countries is most white and excellent). （p.128）

李译本：The top layer, about 5 ts'un thick, which is very white, is known as foreign sugar（洋糖）. （p.188）

王译本：The top layer of it is five cun thick and purely white, which is called "Western sugar" (because Western sugar is very white). （p.119）

例 14 出自"甘嗜"一节，详细叙述了中国古代制造白糖和冰糖的工艺方法。中国是世界上最早制糖的国家之一。但在元代之前，中国所制的糖，主要是黑糖，或称红糖。与印度半岛主要国家所产的白糖相比，中国所产的黑糖在外观和含糖量上都略逊一筹，所以长期以来，国际市场上的糖制品主要产自印度半岛。直到元末时期，得益于黄泥脱色制白糖法的发明，中国福建地区首次出现了批量生产的白糖，并于明代在东

---

① 详见：（1999）[2020-01-08]. https://dictionary.cambridge.org/dictionary/english-chinese-simplified/marsh.

南沿海流行开来，这才得以扭转局面。明代，白糖已经成为中国排名第三的大宗出口商品。[①] 因此，《天工开物》中所记载的这一术语"西洋糖"，就是指称最初产于西洋、后又在中国创新的白糖。而将中国所产的质量上乘、细腻洁白的白糖命名为"西洋糖"的命名方式也从侧面印证了这段中国手工制糖业从落后状态发展到世界领先地位的历史。三个译本对该术语的翻译均采用了直译法，而任译本和王译本的使用的"western"一词显然要比"foreign"更能明确地表明"西洋"的地理概念，是比较准确的翻译方法，优于李译本。

例 15：凡取油，榨法而外，有两镬煮取法，以治蓖麻与苏麻。（p.79）

任译本：Castor oil and Perillaocymoides oil are prepared by the boiling process.（p.217）

李译本：There is the double-pan-boiling method（两镬煮取法），for treating the seeds of castor and perilla.（p.311）

王译本：…boiling the castor-oil plants andPerillaocymoidesoil with two cauldrons is also a widely used method of extracting oil.（p.131）

例 14 中的"两镬煮取法"是指"用两个锅煮取的方法制取蓖麻油和苏麻油"。任译本采取了概略化的翻译补偿手段，只保留了该术语"煮"的概念意义，虽然从某种程度上清楚地解释了该术语的本质属性，但对于该术语概念的描述过于泛化，漏掉了原文术语的部分信息，与原文出入较大，译文不够准确。李译本则按照字面意思，将该术语直译为"double-pan-boiling method"。王译本将制作方法糅合在句子中，摆脱原语的词汇束缚，意思表达得贴切、得体。由此可见，古代科技术语的翻译，应该与当代术语的翻译一样，在准确规范地翻译出术语的专业概念的前提下，译者也应该严格遵循翻译的充分性和可接受性原则。进行灵活适当的词汇、句法层面的翻译调整不失为一种好的翻译方法。

例 16：摘叶用瓮坛盛，不欲风吹枯悴。（p.91）

---

① 徐晓望. 论明清时期中国手工业技术的进步. 东南学术，2009（4）：130-139.

任译本：Freshly picked leaves are put in earthen jars so as to prevent wilting.（p.38）

李译本：Store the freshly-picked mulberry leaves in the earthenware jars, so that no air current may wither them.（p.54）

王译本：Preserve mulberry leaves in earthen jars, lest they will be dried by the wind.（p.153）

针对例 16 中的术语"瓮坛"的翻译，三个译本的翻译方法比较一致，都在对术语成分进行语义分析的基础上，对不同成分分别采取描述性的直译法和绝对泛化法进行区别性的处理。从该术语所指称物品的材质角度分析，"瓮"意指陶制的容器。因此，三个译本都使用了"earthen"一词来描述该术语的材质。"earthen"意为"made of earth or of baked clay"①（泥土制的；陶制的）；"earthenware"意为"made of quite rough clay, often shaped with the hands"②（硬陶的；陶制的）。进一步检索两个词在当代美国当代英语语料库（Corpus of Contemporary American English，COCA）中的频次，"earthen"出现了 738 次，而"earthenware"出现了 504 次。如此看来，"earthen jars"的翻译更加贴近英语读者的语言使用情况，其译文的可读性和可接受度也得到了保证。

例 17：提绪入手，引入竹针眼，先绕星丁头（以竹棍做成，如香筒样），然后由送丝竿勾挂，以登大关车。（p.100）

任译本：... they are next placed over the guide rolls (made of bamboo cylinders, resembling incense-stick containers) and guide rings,then fixed to the thread-passing rod, and thence to be wound by the winch.（p.49）

李译本：Then the reeler places the thread on a rotating silk guide which is made and carved out of a bamboo tube, resembling the joss-sticks container,

---

① 详见：（1999）[2020-01-08]. https://dictionary.cambridge.org/dictionary/english-chinese-simplified/earthen.

② 详见：（1999）[2020-01-08]. https://dictionary.cambridge.org/dictionary/english-chinese-simplified/earthenware.

and, finally, he pulls the thread, through a silk guide hook of a traverse rod and winds it on a large reel.（p.63）

王译本：They are then placed over the pulley (made of bamboo cylinders) and fixed to the thread-passing rod and thence to be wound by the winch.（p.169）

例 17 的三个手工业术语"星丁头""送丝竿"和"大关车"描述了丝织的具体工艺工序：工人将丝头提在手中，穿过竹针眼，先绕过星丁头（用竹棍做成，如香筒的形状），然后挂在送丝竿上，再连接到大关车上。图 5-1 形象地展示了这一丝织工序的场景。"星丁头"是一种起导丝作用的滑轮。三个译本都采用了文化替代性翻译策略，对该术语进行了有限泛化的意译处理。其中，任译本将其译为"roll"，意为"筒形物；卷轴"，而王译本将其译为"pulley"，意为"a piece of equipment for moving heavy objects up or down, consisting of a small wheel over which a rope or chain attached to the object can be easily raised or lowered"[1]（滑车，滑轮）。根据上下文语境分析该术语的主要功能，任译本所用的"roll"指静态的卷状物，而李译本和王译本则体现了动态的"滑轮"之意。其中，李译本的描述最为准确，不仅说明了这一物体的特征，还强调该物的工作对象是"丝"；王译本则采取了有限泛化的翻译方法，直接利用英文中的对等词"pulley"进行翻译，方便西方读者从比较熟悉的文化专有词中有效获取科学信息。这一做法确保了译文的可读性和可接受度，但对于保留原语文化特质并没有太大裨益。

"送丝竿"相当于现代缫车的络交杆，主要功能是使丝线均匀排列，任译本和王译本采取描述性翻译[2]，直接说明了"送丝竿"的功能，简洁明了。较之李译本，任译本和王译本的语义阐释和语际翻译较好地兼顾了原语文化信息及其译文的可接受性。而对第三个术语"大关车"，任

---

① 详见：（1999）[2020-01-09]. https://dictionary.cambridge.org/dictionary/english-chinese-simplified/pulley.

② 蔡毅，段京华. 苏联翻译理论. 武汉：湖北教育出版社，2000：69-70.

译本和王译本均采取了有限泛化的翻译方法，用目的语读者熟悉的词汇"winch"对其进行翻译。"winch"意为"a machine that lifts heavy objects by turning a chain or rope around a tube-shaped device"[1]（绞车；卷扬机）。该英文释义与"大关车"的功能是相似的，达到了信息的功能对等。而李译本则采取了概念对等的直译法，有利于受众快速获取信息。但是，这种翻译方法却会让独具中国特色的术语名称"失真"。由此可见，译文的可接受性和原文的文化传真度有时不可兼得。

图 5-1　《天工开物》译注本中的治丝图[2]

---

① 详见：(1999) [2020-01-09]. https://dictionary.cambridge.org/dictionary/english-chinese-simplified/winch?q=winch+.

② 宋应星. 天工开物. 潘吉星, 译注. 上海：上海古籍出版社, 2016：101.

例 18：凡花机通身度长一丈六尺，隆起花楼。（p.107）

任译本：The drawloom frame [Figure 2.13] has a total length of sixteen ch'ih. At the upper part of the frame a hua-lou or "figure tower" is located. （p.55）

李译本：The total length of a draw loom is sixteen ch'ih in length. On the loom rises up a tower, or gantrees. （p.67）

王译本：The draw-loom frame is one *zhang* and six *chi* in total length. The upper part is called Hualou or "figure tower". （p.181）

例 18 中的术语"花楼"是具有中国文化特色的丝织业的一个术语，专门指称"控制提花机上经线起落的机件"①。作为中国古代传统丝织业中独有的一种手工业器械零部件的术语，"花楼"一词翻译为英语时，既不能在目的语中找到完全对应的对等词，也不能对其进行不等价的翻译替代，因此它是一种文化缺省引起的词汇空缺。

李译本对该术语进行了直译，将其译为"tower""gantree"。提花机全长约一丈六尺，其中高高耸起的是花楼（如图 5-2 所示）。此处的"花楼"并非建筑中的"楼"，因此，不可以武断地进行翻译。单纯将"花楼"译为"tower"过于笼统，"tower"意为"a tall, narrow structure, often square or circular, that either forms part of a building or stands alone"②（塔；建筑物的塔形部分；塔楼，高楼）。因此，从"tower"的词义来看，此处单纯用"tower"来翻译是不合适的。"gantrees"本来就有"提花机"的意思，而"花楼"只是"提花机"的一部分，因此用"gantree"来指称"花楼"也是不准确的。

任译本和王译本将音译法和直译法合并使用，采用整合补偿的翻译策略，既保留了原文的文化内涵，又提高了译文的可接受性，也更有利于提高中国传统文化对外传播的效果。王译本在提供了原著提花机的配

① 宋应星 . 天工开物 . 潘吉星，译注 . 上海：上海古籍出版社，2016：108.

② 详见：（1999）[2020-01-09]. https://dictionary.cambridge.org/dictionary/english-chinese-simplified/tower?q=tower++.

图前提下，还添加了文外解释，用视觉元素来辅助语言信息的传递，是一种多模态的翻译手段①的运用。在这种情况下，图文符号同时出现，文图并茂地向读者展示"花楼"这一术语的具体指称概念，对于提高中国科技典籍的可读性大有裨益②，有利于目的语读者更好地理解中国古代手工业生产的内涵。

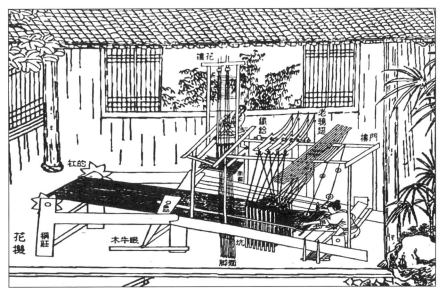

图 5-2 《天工开物》王译本中的提花机图③

例 19：冷定取出，另入分金炉（一名**虾蟆炉**）内。（p.148）

任译本：After cooling, the alloy is refined in a separation furnace, also known as a "frog" furnace.（p.241）

李译本：When quite cool, it is taken out (of the furnace), and placed in a special "metal-separating" furnace, sometimes also called a "toad" furnace.

---

① Liu, Fung-Ming Christy. On Collaboration: Adaptive and Multimodal Translation in Bilingual Inflight Magazines. *Meta*, 2011(1): 200-215.

② 王海燕，刘欣，刘迎春. 多模态翻译视角下中国古代科技文明的国际传播. 燕山大学学报（哲学社会科学版），2019（2）: 49-55.

③ Song Y. X. *Tian Gong Kai Wu*. Wang Yijing, Wang Haiyan & Liu Yingchun(trans.). Guangzhou: Guangdong Education Publishing House, 2011: 184.

The interior of this furnace, which is provided with a door for observing the regulation of the fire, is packed around with pine charcoal. (p.344)

王译本: The molten lumps are allowed to cool before they are taken out of the oven. They are then put into the separator (nicknamed toad oven). (p.239)

例 19 中的术语"虾蟆炉"出现在记载矿石开采、冶炼技术的"五金"一章中，是"分金炉"的别称。三个译本均对其进行了的直译处理，但用词却有细微的差别。首先，对于"虾蟆"一词的翻译，任译本译为"frog"，而李译本和王译本则译为"toad"。根据词义辨析，我们认为"toad"较为准确，因为其英语释义为"a small animal like a frog but with a drier and less smooth skin, that lives on land but breeds in water"①，更接近汉语中"虾蟆"的形象，而"frog"则应该对应汉语中的"蛙"。而对于"炉"的翻译，任译本和李译本将其译为"furnace"，其英语释义为"a space surrounded on all sides by walls and a roof for heating metal or glass to very high temperatures"②。王译本的"oven"，其英文释义为"the part of a cooker/stove shaped like a box with a door on the front, in which food is cooked or heated"。显然，"furnace"一词更为准确，更符合这一语境。

例 20：凡纸质用楮树（一名榖树）皮与桑穰、芙蓉膜等诸物者为皮纸。（p.242）

任译本: Of the different kinds of paper, bark paper is made from the bark of the paper-mulberry tree [Broussonetia papyrifera] (also called "grain tree"), silk-mulberry fibre, or hibiscus [Hibiscus mutabilis] skin. (p.223)

李译本: All paper can be divided into two principal classes, according to the materials used in their manufacture. (1) Bark paper, which is made from the bark cellulose of certain trees. (p.322)

王译本: There are different types of paper. Bark paper is made from the bark of the paper-mulberry trees (called "grain trees"), silk-mulberry fibre,

---

① 详见：[2020-01-09]. https://www.oxfordlearnersdictionaries.com/us/definition/english/toad_1?q=toad.

② 详见：[2020-01-09]. https://www.oxfordlearnersdictionaries.com/us/definition/english/furnace.

or cotton rose hibiscus.（p.389）

例 20 中的术语"芙蓉膜"是指锦葵科植物芙蓉的韧皮。①造纸术是中国古代劳动人民的重要发明，主要原料是植物的纤维。该例中的"芙蓉膜"就是一种造纸的原料。该术语可以分为"芙蓉"和"膜"两部分，分别指明该原料的来源和特质。对于"芙蓉"的翻译，任译本和王译本译法基本相同，使用了"hibiscus"一词，较为准确地译出原文术语的概念意义。不同的是，王译本在"hibiscus"这一植物专有名称之前又补充了"cotton rose"一词，更能方便目的语群的专业读者之外的普通读者阅读理解。而对于"膜"的翻译，三个译本各有不同，任译本将其译为"skin"，李译本为"bark cellulose"，而王译本为"bark"。综合考量之下，我们认为李译本的翻译更为准确，因为将造纸原料细化到了"cellulose"（树膜）的概念，精准地再现了中国古代造纸技艺的发展水平。

例 21：又有诸葛弩，其上刻直槽，相承函十矢。（p.300）

任译本：Another weapon, called *Chu-ko* crossbow, distinguishes itself by having a straight trough on the front end of the stock for holding ten arrows.（p.267）

李译本：Furthermore, there is a kind of cross-bow named after *Chuko*（诸葛弩）. In this device, a straight magazine, containing ten bolts, one over the other, is placed above the trunk.（p.388）

王译本：Another weapon called *Zhuge* crossbow has a straight slot at the front end for holding ten arrows.（p.481）

例 21 中的"诸葛弩"是带有明显中国文化特色的兵器术语。中国科技典籍翻译本质上就是一种跨文化的文化交流活动，这就决定了文化在翻译过程中的重要作用。译者只有将文化要素进行真实、对等地传递和表达，才能有效对外传播中国科技典籍中所记载的具体文化现象。该术语涉及中国在三国时期的文化名人诸葛亮，因诸葛亮发明制作而得名。

---

① 宋应星. 天工开物. 潘吉星，译注. 上海：上海古籍出版社，2016：242.

诸葛弩是一种连弩，可以一次性连续发射十支弩箭，火力强劲。用发明者姓名命名的方式，既方便后人了解其发明、使用的历史，同时也蕴含着中国古代人民对于诸葛亮的崇敬之情。因此，三个译本都进行了音译兼直译的方法，对"诸葛弩"的发明者，术语专名部分的"诸葛"进行音译，而对表示术语性质的通名部分的"弩"进行直译。需要注意的两点是：第一，对于"诸葛"的音译名，由于三个译本成书的历史时期不同，任译本和李译本均使用威妥玛拼音法"*Chuko*"，而王译本使用了汉语拼音法"*Zhuge*"。第二，与李译本的译法"cross-bow named after *Chuko*"相比，任译本和王译本的翻译方法更加简洁，不会影响目的语读者的阅读体验，是更加可取的翻译方法。

例 22：属青绿种类者，为瑟瑟珠、珇母绿、<u>鸦鹘石</u>、空青之类。（p.331）

任译本：Within the category of blue-green gems there are pi-pi chu [sapphire], tsu-mu lii [emerald], ya-hu shih [possibly oriental bluish topaz], k'ung ch'ing [malachite], and the like.（p.299）

李译本：Stones of the blue and green variety include the "turquoise"（瑟瑟珠）. the "emerald"（祖母珠）, the <u>"aquamarine"（鹤鹑石）</u>, the "sapphire"（空青）or chiastolite and the like.（p.443）

王译本：Gem stones such as sapphire, emerald, <u>titanic sapphire</u> and malachite are blue green.（p.531）

"珠玉"一章中出现了多个宝石术语名称，以此处的"鸦鹘石"为例，探讨三个译本的不同翻译方法。首先，任译本兼用音译法和文内解释的翻译方法，还原了原文术语的发音"ya-hu shih"，并且给出译者对于该术语所指事物的推断解释"possibly oriental bluish topaz"，力求在激发西方读者对于东方特有事物的阅读兴趣的前提下，确保原文术语科学信息的有效传递。但这种译法稍显冗长，会对目的语读者的阅读体验造成一定程度的影响。李译本和王译本则选择意译法，没有字字对应地直译原文术语，而是向目的语读者展示了该术语指称事物的具体概念。但是，这两个译本的译名明显不同。原文术语"鸦鹘石"是一种含有钛成分的蓝宝石，其主要构成成分是AI_2O_3，与上文提到的"瑟瑟珠"成分大致相同。① 因此，这两种宝石本质上都是"sapphire"。但考虑到术语"鸦鹘石"添加了"鸦鹘"的描述性指称意义，而这是中国古代对于一种猛禽的旧称，所以王译本较为理想，创造性地在表示术语性质的"sapphire"一词之前添加了"titanic"一词，形象地还原了原文术语对于这一类宝石的区别性描述。这种基于文化替代性翻译策略的译法，既准确表达了原文术语的指称概念，又生动描述了术语所指事物的形象特征，有利于目的语读者更好地理解原文术语所承载的文化信息。

例 23：凡玉器琢余碎，取入钿花用。（p.339）

任译本：The odd pieces of jade resulting from cutting, carving, and polishing can be used to make inlay ware.（p.304）

李译本：Fragments cut, when making articles of jade, are used for inlaid ornaments.（p.447）

王译本：Jade fragments left from cuttings can be used to make inlays.（p.481）

例 23 中的术语"钿花"，是中国古代一种用于漆器、金属器、木器的装饰工艺，用金银、玉贝等材料制成花朵图案，再镶嵌到器物之上作为装饰品。② 所以三个译本都使用了核心术语"inlay"来翻译"镶嵌"这一基本概念，皆为非常准确的译法，方便目的语读者准确把握原文术语的科学信息。而根据上下文的句型结构，三个译本都灵活地进行了语法方面的调整，使译文更加流畅、自然，有利于提升读者的阅读体验。

三、通俗手工业术语英译例证

根据表 5-1，《天工开物》中的通俗手工业术语仅有 30 个，是三个类别中术语数量最少的一种。但该类别的手工业术语往往涉及中国古代

---

① 宋应星 . 天工开物 . 潘吉星，译注 . 上海：上海古籍出版社，2016：332.
② 宋应星 . 天工开物 . 潘吉星，译注 . 上海：上海古籍出版社，2016：339.

手工业生产的鲜明特色，带有中国传统文化的丰富内涵，所以在翻译过程中，往往会给译者造成较大的困难。下面我们选取部分通俗手工业术语的英译进行个案分析。

例 24：杀一蝙蝠悬于蜂前，则不敢食，俗谓之"枭令"。（p.72）

任译本：But if a bat is killed [by the beekeeper] and hung in front of the hives, no other bat will dare eat the bees again. This is commonly known as "warning through execution". （p.130）

李译本：If one bat is killed and its body hung over and in front of the beehives, other bats will then not dare to eat the bees. This is colloquially called "scare-show". （p.191）

王译本：Hanging one dead bat in front of the barrel will scare away all the other bats, which is called "executing one as a warning to a hundred" in the old saying. （p.123）

例 24 出自记载中国古代制糖业工艺的"甘嗜"一章，描述了中国古代养蜂的劳动者通过"杀一儆百"的方式，避免蝙蝠侵害蜜蜂的场景。因此，在《天工开物》的译注本中，潘吉星对术语"枭令"给出了"杀一儆百"的解释。[1]其中的汉字"枭"，除了指称一种恶鸟的本意之外，还可以用来记述人们将这种恶鸟捕捉后悬头于高处以示众人的场景。因此，在翻译这一术语的过程中，三个译本都很好地保留了该术语所蕴含的特有文化内涵，将其核心概念"warn"或者"scare"译出，并根据句型进行了相应的语法调整。整体而论，三种译文都比较流畅、自然。但从译者对"枭令"的"杀一儆百"这一内涵的完整诠释角度来看，王译本应该是优于任译本和李译本的。

例 25：唯尚方用者名一窝丝，或流传后代，不可知也。（p.74）

任译本：There is a variety called "nest of silken threads" which is used [exclusively] by the Imperial household. It is possible that the method

① 宋应星.天工开物.潘吉星，译注.上海：上海古籍出版社，2016：72.

of preparing this particular sweetmeat will be passed down to the future generations. （p.130）

李译本: However, those consumed in the palaces are called "one bundle of silk", which, probably, were handed down from the past generations. （p.189）

王译本: There is a variety called "nest of silken threads" which is used exclusively by the Imperial household. No one knows whether the method of preparing this particular sweetmeat has been passed down to the later generations or not. （p.125）

例 25 中的术语"一窝丝"意指"从饴糖制成的拔丝糖，酥松而可口"①。对于"丝"的译法，三个译本大致相同，将其直译为"silk"或者"silken threads"，传神地还原了这种拔丝糖像银丝一样的形象，展示了中国古代制糖工人们高超的制糖工艺。而对于"窝"的翻译，三个译本选择了两种不同的翻译方法。任译本和王译本依据文化保留性翻译策略，将"窝"直译为"nest"，还原了原文术语通过形象表达出来的概念意义。而李译本则依据文化替代性翻译策略，将"窝"翻译为"bundle"（束，捆），而这种翻译方法更加贴近英语读者的语言习惯和文化认知，因此也更有助于目的语读者充分感悟这一术语名称所指称的具体事物的形象。

例 26: 燃灯则柏仁内水油为上，芸苔次之，亚麻子（陕西所种，俗名壁虱脂麻，气恶不堪食）次之。（p.77）

任译本: The best lamp oil is that made from the kernels of the vegetable tallow-tree seeds, followed by rape-seed oil, linseed oil (planted in Shensi province, this plant is colloquially called "louse sesame"; the oil has a bad odor and is inedible). （p.216）

李译本: For lighting lamps, water-like oil-stillingia oil（柏仁内水油），

---

① 宋应星. 天工开物. 潘吉星，译注. 上海：上海古籍出版社，2016：74.

prepared from the nut-kernel of the Chinese vegetable- tallow tree, is superior. Rape-seed oil, linseed oil（亚麻籽油，the plant is cultivated in Shensi Province, which is popularly known as the <u>wall-bug sesame</u> and has a bad odor and is not edible).（p.310）

王译本：For lighting purposes, lamp oil made from the kernels of the vegetable tallow-tree seeds is of the top grade, followed by rape-seed oil, linseed oil (which is planted in Shaanxi Province and locally called "<u>louse se-same</u>", and it has a bad odor and is inedible).（p.129）

例 26 出现在记载中国古代用于榨油的植物油料的"膏液"一章中。由"亚麻子"榨出的油料，俗名又称"壁虱脂麻"，气味极差，不能食用，但是可以用来点燃油灯。因此，该例中的术语"壁虱脂麻"作为对于"亚麻子"的别名补充说明，其语义自然不是作者重点强调的内容。三个译本都注意到了这一点，秉承科技术语翻译的简洁性原则，对该术语进行了直译。值得注意的是，三个译本中只有李译本如实翻译出了"壁虱"中的"壁"字，将这两个汉字逐字对应地译为"wall-bug"，而任译本和王译本则选择性地保留了中心词"虱"，译为"louse"，而放弃了原文术语中的词素"壁"。这是因为科技典籍翻译不同于文学作品的翻译，译者更应该关注的是科学知识的对等传递。任译本和王译本主要依据文化替代性翻译策略，翻译时进行了适当的删除，在整个语境中这一翻译方法不会影响到科学知识的有效传达。

例 27：火热功到，铅沉下为底子（其底已成陀僧样，别入炉炼，又成扁担铅）。（p.148）

任译本：With sufficient heat, the lead will sink to the bottom (the litharge formed on the bottom of the furnace can be reconverted into <u>metallic lead</u> by treating it in another furnace).（p.241)

李译本：When the temperature rises high enough, the lead melts and sinks to the bottom as a deposit. This deposit resembles litharge in appearance, and may be converted into <u>bar lead</u> by smelting in a separate furnace.（p.344）

王译本：…until the temperature is right for the lead to sink (the litharge lead formed on the bottom of the furnace can be reconverted into lead by treating it in another furnace).（p.239）

例 27 出现在记载中国古代矿石冶炼技艺的"五金"一章中，描述了铅的冶炼场景：火候到了一定温度之后，冶炼出来的铅便会下沉到熔炉的底部，并形成"扁担铅"[①]。在三个英译本中，只有李译本字字对应地译出了"扁担"与"铅"两个词素，将该术语译为"bar lead"。而任译本和王译本都选择性地删除了"扁担"的语义，只译出了"(metallic) lead"。究其原因，与例 26 相同，当不影响语义表达和读者理解原文时，科技典籍译者的翻译重心应该放在科学知识的有效传递上。因此，对于西方读者来讲晦涩难懂的文化信息，翻译时可以做出适当的删除处理。

例 28：路逢隘道，则牛颈系巨铃，名曰"报君知"，犹之骡车群马尽系铃声也。（p.286）

任译本：Where the roads are narrow the oxen are equipped with large bells that hang from their necks. These are called "herald bells", and serve the same purpose as the bells placed on the teams of the mule carts.（p.185）

李译本：A large bell is hung on the neck of the ox, for use on narrow roads. The bell is known as "let you know"（报君知）. Just as in the case of a mule or horse cart, all horses move to the ringing sound of the bells.（p.264）

王译本：Where the road becomes narrow, the ox will shake the bell hanging from his neck to alert the cart driver, hence the bell is called "herald bell", which serves the same purpose as the bell hung from horse or mule neck.（p.463）

例 28 中的术语"报君知"是中国古代的一种手工业产品，指系在拉车牲畜颈部用于提供声音信号的铃铛，类似于现代交通工具中的"喇叭"。这一术语指称的手工业产品虽然非常常见，但它的命名方式却极

---

① 宋应星. 天工开物. 潘吉星，译注. 上海：上海古籍出版社，2016：149.

具文化表现力，用华丽的辞藻和修辞，彰显了中国古代劳动人民在日常生活和劳作中的审美情趣。如果脱离开上下文的语境，即使是中国读者也很难理解这一术语所指称的事物和概念。鉴于此，任译本和王译本用"herald"一词直译出原文术语的字面意义之后，又对该术语的概念性质进行了增译说明："报君知"本质上是一种"bell"（鸣铃）。因此，这两个译本中的"herald bell(s)"，兼用了直译法和文内解释法，巧妙地运用文化保留性翻译策略下的翻译方法还原了原文术语的指称意义和文化特征。译者通过术语的翻译，实现了原文文化术语的明晰达意和文化传承的双重目的。相反，李译本仅采用直译法向目的语读者传达这个术语的字面意义"let you know"，而对术语背后的信息和文化均没有深入挖掘。

例 29：凡外郡小邑，乘城却敌，有炮力不具者，即有空悬火炮而痴重难使者，则<u>万人敌</u>近制随宜可用。（p.310）

任译本：The <u>"killer-of-myriads" or wan-jen-ti</u> is a toxic incendiary bomb for fighting enemies from the top of a garrison wall. It is conveniently use [in the present dynasty] to defend the remotely located small cities, in which the cannons are either weak in firing power or too heavy and clumsy to be effective weapons.（p.276）

李译本：In the outer prefectures and/or small districts, the cities are not always provided with guns, to repulse the enemy. Even if they are nominally so equipped, the gun may prove too cumbersome and difficult to manipulate. The <u>challenging myriad</u> has been recently developed, to fill this need.（p.395）

王译本：The <u>revolving bombs</u> are used in frontier areas to guard the towns from being attacked by enemies where either there are no cannons to use or they are too heavy to use. In such cases, the revolving bombs are employed because they can be used under any geographical conditions.（p.499）

例 29 中的手工业术语"万人敌"，三个译本采用了完全不同的翻译方法。任译本和李译本均主要采用直译法，将"万人"翻译为"myriad"，并用"kill"和"challenge"来解释"敌"。另外，任译本还另外给出了音译的"wan-jen-ti"，保留了这个东方术语对西方读者的异域文化吸引力。总之，这两个译本都依据文化保留性翻译策略进行翻译，还原了原文术语的文化特色，以激发目的语读者的阅读兴趣。相反，王译本选择了文化替代性翻译策略下的绝对泛化译法，将"万人敌"意译为"revolving bomb"。这种翻译方法的根源在于"万人敌"这一术语的概念意义。在《天工开物》的译注本中，潘吉星对于这一兵器给出了确切的注释说明："可八方旋转的炸弹，其作用原理类似烟火中的'地老鼠'，因此是地滚式炸弹。"[①] 因此，从这个术语的概念内涵出发，王译本意译的"revolving bomb"比较准确地还原了该兵器术语的科学信息和技术特征，从目的语读者的阅读需求出发，用贴近原文术语概念意义的翻译方法为读者提供了较为准确的指称意义。

第三节 本章小结

明朝时期，中国的科学技术发展水平领先于世界，其中，手工业的发展为中国的科技进步和经济繁荣奠定了重要的基础。但纵观东西方科学史研究的相关成果，大多数学者对中国明朝时期的手工业发展水平持比较传统的观点，他们认为处于封建王朝瓦解阶段的明朝，也见证了中国手工业技术发展的停滞和衰败。然而，通过系统总结晚明宋应星所著《天工开物》中的手工业术语，我们发现，明朝时期中国手工业发展所代表的科技水平仍然处于世界领先的地位，这是毋庸置疑的。

通过文本细读，本章总结出中国古代手工业术语具有专业性、文化性和国际性的特点。在此基础上，根据原书中手工业术语的文化内涵和专业程度，本章将其划分纯手工业术语、半手工业术语和通俗手工业术语三种类型。这些术语均具有通过信息传递来记载和传播中国古代科技成就的功能，后两类术语更具有传承中华悠久文化的历史使命。

本章以《天工开物》中手工业生产中的部分术语的英译本为个案考

---

① 宋应星.天工开物.潘吉星，译注.上海：上海古籍出版社，2016：310.

察对象，探究了手工业术语的英译策略和方法。研究发现，三个英译本主要采用了文化保留性翻译策略和方法来翻译《天工开物》中的手工业术语。对于依据人名、地名而命名的术语和蕴含中华文化特色的术语，三位译者都特别注重保留术语的文化色彩和文化内涵，突出强调了中国古代手工业术语所独有的民族文化表现力。例如，船舶术语"清流船"和兵器术语"诸葛弩"因发源地和创制者而得名，王译本保留了术语的地名和人名发音，音译其专名部分 "Qingliu boat" 和 "*Zhuge* crossbow"，较为完整地保留了原文术语的文化特色，有利于引起西方读者对古老东方文化的兴趣。基于科技术语概念意义的准确性和专业性，同时考虑到译文在西方读者中的可接受性，在翻译《天工开物》中的手工业术语的过程中，三个译本还采用了文化替代性翻译策略，灵活多样地使用了不同的翻译方法。我们认为，三个英译本的译者适度选择文化替代性翻译策略和方法应该是基于以下四点考虑。

（1）确保术语译名的准确性。中国古代科技术语翻译的首要目标是对外传播中国古代科学技术知识。鉴于此，在翻译某些手工业术语的过程中，译者往往依据文化替代性的翻译策略，有针对性地意译术语的概念意义，放弃字字对应地将原文术语直译出来。

（2）凸显术语译名的科学性。科技典籍翻译不同于文学翻译，翻译的重点是科学知识的对等传递。因此，在翻译某些手工业术语的过程中，三位译者往往对某些影响科学知识跨文化传递的语素进行适当删减。针对科技典籍这种信息型文本，翻译应该更加重视陈述科学事实，传播科学技术知识。译者翻译科技术语时对相应的文化信息进行省略处理，其目的就是确保译名的科学性。

（3）力求术语译名的简洁性。为了确保译文整体的简洁性，三位译者在翻译某些手工业术语过程中都大胆采纳了文化替代性翻译策略下的删除译法，对术语中的某些语素进行适当减译，但这并不影响术语概念的准确翻译。

（4）提升术语译名的可接受性。为了使术语译名更加符合西方读者的文化认知，提升译文的文化可接受性，三位译者采用了泛化译法和归化译法，将汉语术语中彰显东方文化特色的词汇替换为英语读者耳熟能详、信手拈来的英语文化词汇。例如，酿酒术语"神曲"是一种可以药用的酒曲，因此译者采用有限泛化的翻译方法，在保留"曲"概念意义"yeast"的基础之上，将承载中华信仰文化的"神"翻译为"medicinal"，准确传递了该术语的科学概念。

此外，在翻译《天工开物》中手工业术语的过程中，除了大量采用文化保留性策略和替代性翻译策略之外，三位译者还依据一些术语的实际情况，并用这两种翻译策略进行术语的准确翻译。例如，王译本创造性地将文化保留性和替代性翻译策略有机结合，将中国古代报时报事用的敲击器具"云板"翻译为"cloud-shaped musical boar"，既保留了该器具"云"的形状特征，又通过泛化译法译出了该器具的性质和功用；两种翻译方法的巧妙并用，对于表达术语的指称概念以及读者的阅读理解，都是大有裨益的。

综上所述，宋应星所著的《天工开物》作为一部百科全书式的古代科技典籍，包含了手工业成品、工具、器械、工序等众多手工业术语，对研究中国明清时期的科学技术发展水平具有重要的意义。作为"东学西传"的主要传播途径之一，《天工开物》三个极具代表性的英文全译本在对外传播中国古代手工业技术方面做出了有益实践。三位译者有效地运用了文化保留性翻译策略和文化替代性翻译策略，并适时选择两种策略的有机融合，以灵活多样的翻译方法翻译《天工开物》，对外传播中国古代的科技成就，推动了中华优秀传统文化"走出去"。

第六章　中国古代建筑术语英译研究：以《营造法式》为例

　　中国古代建筑是中华民族的文化瑰宝，与伊斯兰建筑、欧洲建筑一起构成世界三大建筑体系。中国许多古代建筑，如故宫、明清皇家陵寝皆为世界文化遗产，受到全世界的瞩目。中国古代建筑是一种高度"有机"的结构，"孕育并发祥于遥远的史前时期；'发育'于汉代（约在公元开始的时候）；成熟并逞其豪劲于唐代（7—8世纪）；臻于完美醇和于宋代（11—12世纪）；然后于明代初叶（15世纪）开始显出衰老羁直之象"①。在漫长的岁月中，中国古代建筑始终保持着技艺上的传承，孕育了灿烂的古代建筑文化。

　　在中国古代建筑史中，《营造法式》是现存建筑学著作中时间最早、内容最全面的作品，被学界誉为"中国古代建筑宝典"。该书出版于宋崇宁二年（1103），作者为宋代著名建筑学家李诫，全书共34卷，其中正文357篇，共3555条。《营造法式》注重建筑技术的研究和传承，并对各类工艺技术做出了详细解释，其内容涵盖大小木作、石作、砖作、雕木作、彩画作等，尤其是对于木斗、木栱、柱、梁等构件的构造方式、尺寸大小、艺术加工等都有明确的规定及说明。宋代建筑发展的重要突破是将装饰融于建筑，《营造法式》则对相关条纹、图样的记录非常详细，充分展现了宋代建筑艺术形象及雕刻装饰加工工艺。《营造法式》充分体现了建筑制图学、模数、力学及系统工程层面建筑的思想，

---

① 梁思成.图像中国建筑史.梁从诫，译.北京：中国建筑工业出版社，2001：17.

为中国宋代建筑理论与工艺的最高成就。"作为承前启后时期集时代之大成的建筑著作,《营造法式》被誉为中古时期全球内容最完备的建筑学著作之一,具有极高的史学价值和建筑价值。"[①] 1981 年,刊登在《科学美国人》(*Scientific American*)杂志的论文《12 世纪时的中国建筑规范》("Chinese Building Standards in the 12th Century")系统介绍了中国宋代官式木构技术,从此《营造法式》正式进入国际权威科学杂志的视野。目前,有许多国外学者从事中国古代建筑木构技术研究,较为著名的有日本学者田中淡(Tanaka Tan),美国学者夏南希(Nancy Shatzman Steinhardt),丹麦汉学家、学者顾迩素(Else Glahn)和丹麦著名建筑师伍重(Jorn Utzon)。

梁思成是中国近代古建筑史研究奠基人之一,是学贯中西的建筑大师,为近代中国建筑学发展建立了不可磨灭的功勋。他领导"营造学社"于 1931—1937 年在华北地区实地考察,于 1938—1946 年在四川和云南实地考察一些重要古建筑,于 20 世纪 40 年代后期完成了《图像中国建筑史》英文原著。1972 年,梁思成去世后,其老友费慰梅〔Wilma Fairbank,费正清(John K. Fairbank)的夫人〕基于该英文原著文字稿和图版,经过完善编辑成书;其子梁从诫则将该著作翻译成中文,中国古建筑知名学者吴良镛应费慰梅之邀作序。该书的汉英对照版于 1984 年在美国由麻省理工学院出版社出版,引起了美国建筑界的轰动,也掀起了研究中国古代建筑的热潮。吴良镛在其序言中高度评价该部著作,认为它可使读者对中国古建筑的伟大宝库有一个直观的概览;并通过比较的方法,了解其"有机"结构体系及其形制的演变,以及建筑物各种组成部分的发展。2001 年,汉英对照版《图像中国建筑史》作为《梁思成全集(第八卷)》由中国建筑工业出版社在国内出版。[②] 在本书中,我们沿用 1984 年美国版本的书名《图像中国建筑史》。"梁思成该部著作的出

① 郑峰. 中国最早建筑学典籍的价值与启示. 中国图书评论, 2019 (11): 114.
② 梁思成. 图像中国建筑史. 梁从诫, 译. 北京: 中国建筑工业出版社, 2001. 该书由费慰梅编, 孙增蕃校。

版，实为弘扬中国传统文化的有效路径。"①

美国夏威夷大学冯继仁教授 2012 年出版了其英文版著作《中国建筑与隐喻:〈营造法式〉中的宋代文化》。该书观点新颖，对《营造法式》的诞生背景、法式内容与宋代政治制度、法式与工匠（文人）的关系、法式中术语的文化寓意、法式对宋代建筑的影响等方面进行了深入的解读。

中国古代建筑术语是古建筑学科的文化积淀与学术结晶，是了解古代建筑及古建筑文化的关键所在。在中外文化交流日益频繁的今天，加强中国古代建筑术语的英译研究，对于推动中国悠久灿烂的古代建筑文化"走出去"具有重要的学术价值和当代意义。鉴于此，本章以中国古代建筑典籍《营造法式》及其相关的研究成果《图像中国建筑史》（汉英对照版）和英文版《中国建筑与隐喻:〈营造法式〉中的宋代文化》为例，对中国古代建筑术语的英译进行分析。

第一节　古代建筑术语的特征与分类

"术语是在特定学科领域用来表示概念的称谓的集合"②，术语可以是词，也可以是词组，"用来正确标记生产、技术、科学、艺术、社会生活等各个专门领域中的事物、现象特性关系和过程"③。建筑术语属于科技术语的一个分支，"科技术语具有严密性、简明性、单义性、系统性、名词性及灵活性等六大特点"④。

一、古代建筑术语的特征

中国古代建筑术语专业性强、理解难度大，同时还具有科技术语的共性特征和古代建筑文化的个性特征。概括起来，中国古代建筑术语具有如下三个主要特征。

---

① 储玲玲.梁思成《图像中国建筑史》创作背景初探.开封教育学院学报，2018（2）: 8.
② 韦孟芬.英语科技术语的词汇特征及翻译.中国科技翻译，2014（1）: 5.
③ 韦孟芬.英语科技术语的词汇特征及翻译.中国科技翻译，2014（1）: 5.
④ 李亚舒，黄忠廉.科学翻译学.北京: 中国对外翻译出版公司，2004 : 78.

（一）文化性

中国古代建筑术语是随着古代建筑的发展而不断沉积、流传下来的，扎根于中华民族文化的土壤，受到中华民族文化与文学底蕴的滋养，具有厚重的中国文化内涵。例如，"斗栱"是中国建筑特有的一种结构，在横梁和立柱之间挑出，具有传递荷载、抗压抗震、标志建筑物等级的作用；它使建筑物出檐更加深远，在美学和结构上拥有独特的风格，象征着中华民族的古典建筑精神。"螭吻"又叫"鱼龙"，是鱼和龙的结合体，古代传说龙生九子，"螭吻"便是其中之一，属水性。龙是中华民族发祥和文化开端的象征，具有无所畏惧、所向披靡的精神，因此，人们认为在建筑物饿脊端、角脊上装饰"螭吻"能够起到镇邪避火的作用。

（二）系统性

中国古代建筑术语的系统性，首先是指特定的建筑构件由不同的部件共同构成，它们互相依存、彼此相关组成一个体系，并在整个系统中发挥各自的作用。例如，"斗栱"包含"斗"和"栱"；"斗"又分为栌斗、交互斗、齐心斗、散斗等；"栱"包含华栱、泥道栱、瓜子栱、令栱、慢栱等。它们在"斗栱"体系中处于不同的位置，共同组成"斗栱"，发挥其传递荷载等功用。其次，系统性是指具有相同作用的构件虽然彼此独立，但共同组成一个系统，如承担水平荷载的梁、枋、槫等同属水平构件系统。根据不同位置，梁分为"平梁""四椽栿""六椽栿"等；枋分为"撩檐枋""罗汉枋""柱头枋""井口枋"等。槫分为"脊槫""平槫"等。最后，系统性是指以某个中心词为核心，与之相关的词共同组成一个体系，如以"柱"为核心，"柱头""櫍""柱础""盆唇""覆盆"等共同组成"柱"的体系术语。

（三）多名同义性

多名同义性是指同一术语在不同的历史时期、不同的地域拥有不同的称谓。中国古代建筑术语是随着古代建筑的演化而形成的，既有创新，又有传承，不同历史时期同一建筑构件的称谓不尽相同。例如，安装在顶层华栱或昂上，并与令栱垂直相交的构件，在北宋建筑类著作《营造法式》中称"耍头"，后来在清工部的《工程做法》中被称作"蚂蚱头"。[①] 宋朝"补间铺作"在清代被称为"柱间斗栱"；宋《营造法式》中的"侏儒柱"，在汉赋中被称为上楹，在清式构架中被称为瓜柱。由于中国地域广阔，不同地区的同一构件有时也会有不同称谓。"美人靠"是徽州民宅楼上天井四周设置的靠椅的雅称，分为上下两个部分，下半部为座位，上半部为弧形靠背，顶部为扶手。"美人靠"在某些地方又被称为"飞来椅""吴王椅"。

二、古代建筑术语的分类

《图像中国建筑史》和《中国建筑与隐喻：〈营造法式〉中的宋代文化》所记载的中国古代建筑术语极其纷繁复杂，这些建筑术语涵盖了北宋时期建筑技术的各个方面。依据中国古代建筑典籍《营造法式》和上述两部专门研究中国古代建筑的著作所记载的中国古代建筑术语的阐释和翻译，我们将中国古代建筑术语划分为五大类：建筑样式术语、房屋部件术语、建筑组件术语、工艺技术术语和其他术语。表6-1和表6-2分别为两部著作中的古代建筑术语的分类和统计。

表6-1 《图像中国建筑史》中的古代建筑术语的分类和统计

建筑术语类别	具体的建筑术语名称
建筑样式	宫、阙、楼、亭子、台榭、寺、塔、台、坛、城、庵、桥、庙、观、阁、刹、金刚宝座塔、地宫、方程明楼、无梁殿、文风塔
房屋部件	斗、栱、昂、枋、廊、柱、椽、梁、檩、殿、檐、斗栱、栌斗、附角栌斗、散斗、齐心斗、交互斗、斗口、华栱、令栱、慢栱、瓜子栱、泥道栱、骑栿栱、人字栱、单栱、重栱、蚂蚱头、耍头、华头子、叉手、替木、琴面昂、劈竹昂、昂嘴、托脚、飞椽、檐椽、遮椽板、菱角牙子、撩檐枋、罗汉枋、普拍枋、柱头枋、井口枋、襻枋头、侏儒柱、蜀柱、柱头、槫、柱础、盆唇、覆盆、础、月梁、平梁、

---

① 李国豪等. 中国土木建筑百科辞典·建筑. 北京：中国建筑工业出版社，1999：314.

续表

建筑术语类别	具体的建筑术语名称
房屋部件	四椽栿、明栿、草栿、檐栿、阑额、歇山、悬山、庑殿、硬山、攒尖、皿板、壁藏、乌头门、须弥座、束腰
工艺技术	折屋、举折
建筑组件	平坐、藻井、天花、鸱尾、山门、牌楼、经幢
其他	材、分、栔、间、步、跳、足材、举高、风水、计心、偷心、三福云

表6-2 《中国建筑与隐喻:〈营造法式〉中的宋代文化》中的古代建筑术语的分类和统计

建筑术语类别	具体的建筑术语名称
建筑样式	宫、阙、楼、亭、台榭、城、第、邸、廬、屠蘇、庵、閣、篨
房屋部件	殿、堂、墙、栱、柱、枓、梁、檩、椽、檐、枡、门、窗、飞昂、上昂、下昂、英昂、爵头、耍头、卷头、猢狲头、华头子、华心枓、铺作、侏儒柱、蜀柱、斜柱、樜柱、柱础、陽馬、栋、两际、搏风、乌头门、平棊、厦两头、四阿、闐、閨、閤、闥、枕、棨、枡、堂皇、梁栿、角梁替木、列栱、鸳鸯交首栱、脊槫、華栱、秒栱、令栱、慢栱、泥道栱、瓜子栱、丁華抹頦栱、閒槊、普拍枋、搏水、搏風、方桁、叉手、承椽方、平棊、平槫、平闇、承塵
工艺技术	定平、取正、举折、四方定位、日影取正、水地定平、角柱生起
建筑组件	平坐、华表、斗八藻井、钩阑、拒马叉子、屏风、露篱、鸱尾、阶、井、藻井、陛、墀、铺首、栏杆、单钩阑、重台钩阑
其他	材、瓦、涂、彩画、砖、土圭、表槷、單材、華廢、當溝

　　岳峰、陈香美从文化承载角度将中国古代建筑术语分为四类:(1)目的语中有对等词而不能承载中国文化的术语;(2)目的语中无对等词能承载中国文化的术语;(3)有对等词且有能承载中国文化的术语;(4)无对等词又不能承载中国文化的术语。[①] 在以下古代建筑术语英译个案分析过程中,译文是否较好地承载了中国古建筑文化内涵将是我们考察的一个重要方面。

[①] 岳峰,陈香美.论中国古建筑术语的英译:文化传承与译介取向.东方翻译,2013(6):62.

第二节　中国古代建筑术语的英译分析

根据上一节的分类，本节将选取中国古代建筑典籍中的建筑样式术语、房屋部件术语、建筑组件术语、工艺技术术语等四大类术语中最具有代表性的宫、阙、台榭、斗栱、斗、栌斗、齐心斗、栱、华栱、昂、飞昂、柱、柱础、侏儒柱、梁、月梁、悬山、定平、取正、举折、藻井和鸱尾等核心术语作为研究对象，开展中国古代建筑术语英译个案分析。

文化学派的翻译学者、西班牙翻译家艾克西拉提出了"文化专有项"的概念，并归纳总结出文化专有项的 11 种翻译方法，并按照译文对原文文化的保留程度，将这 11 种翻译方法划定为两大翻译策略：文化保留性翻译策略和文化替代性翻译策略。中国古代建筑术语蕴含着丰富的中国传统文化内涵，故中国古代建筑术语应该属于中国建筑典籍中的文化专有项。本节将以本研究建构的中国古代科技术语英译分析的理论框架为依据，分析中国古代建筑术语英译所采用的翻译策略和方法。

我们将采用描述性分析和个案分析相结合的研究方法，对选取的古代建筑术语的具体翻译策略和方法进行描述，从而推导出译者翻译古代建筑术语的一般性规律。同时，我们将运用对比研究方法，对一些术语的翻译方法进行横向对比，以考察不同译者对同一术语所采用的翻译方法的异同。此外，按照英译的古代建筑术语在上述两部著作中出现的先后顺序，我们对一些术语的翻译方法的变化进行适度的纵向对比研究，以揭示在不同语境下译者翻译同一术语所进行的翻译策略动态调整。

需要说明的一点是，为了便于识解，本节所讨论的中国古代建筑术语通常采用简体字；但在引用和分析一些译例过程中，我们仍保留了原文中的繁体字。在案例分析中，我们对选取的术语译例及译文添加了下画线以便快速识别。为了对古代建筑术语的英译策略和方法进行透彻的翻译分析，我们除了选取《图像中国建筑史》《中国建筑与隐喻：〈营造法式〉中的宋代文化》中的古代建筑术语的英译文，还适度地选取了译者对中国古代建筑术语相关研究的中文解释以及其他来源的相关解释。

本节所引用的《图像中国建筑史》中的英译文，我们简称为"梁译本"；《中国建筑与隐喻：〈营造法式〉中的宋代文化》中的英译文，我们简称为"冯译本"。

一、建筑样式术语英译例证

如上文所述，中国古建筑文化术语中包含宫、阙、楼、亭、台榭、塔、阁等建筑式样术语。下文将以建筑样式术语中的"宫""阙"和"台榭"为例进行英译分析。

（一）宫

"宫"为中国古代建筑类别之一。当代中国古建筑学者吴吉明将《〈营造法式〉注释与解读》中"宫"内涵梳理如下。《尔雅》："宫谓之室，室谓之宫。（皆所以通古今之异语，明同实而两名）室有东、西厢曰庙（夹室前堂）；无东西厢有室曰寝（但有大室）；西南隅谓之奥（室中隐奥处），西北隅谓之屋漏（《诗》曰：尚不愧于屋漏，其义未详）。东北隅谓之宧（宧，见《礼》，亦未详），东南隅谓之窔（《礼》曰：归室聚窔，窔亦隐闇）。《白虎通义》：黄帝作宫。《风俗通义》：自古宫室一也。汉来尊者以为号，下乃避之也。"[1]"宫"在古代与"室"相同，汉代以后指地位尊贵人，尤指帝王的居所。

例 1：宫内另一组值得注意的建筑是重建于 1545 年 [明嘉庆二十四年] 的太庙，即祭祀皇族祖先的庙宇。[2]（p.117）

梁译本：An interesting group in the <u>palaces</u> is the Imperial Ancestral Temple, or T'ai Miao，rebuilt principally in 1545.（p.234）

冯译本：The first two definitions read "<u>宫</u>謂之室、室謂之<u>宫</u>"（*Gong* is called *Shi* and *Shi* is called *gong*），which explains that both *gong* 宫 and

---

① 吴吉明.《营造法式》注释与解读. 北京：化学工业出版社，2018：2-3.
② 本章所选取的《图像中国建筑史》一书的原文和译文（梁译本）均参见：梁思成. 图像中国建筑史. 梁从诫，译. 北京：中国建筑工业出版社，2001. 译例的原文和译文后仅标注页码，原文和译文下画线均为本书作者所加，不再赘述。

shi 室 appeared in pre-Qin classics as general terms for houses, residences, or chambers (including palaces where kings or emperors resided). In other parts of this glossary where *gong* is used to define other architectural members, *gong* is likely used to denote a compound of buildings (residences or palaces), such as "宮中之門謂之闈、其小者謂之闈" (A gate [leading to the houses] inside a *gong* is called *wei*; a smaller *wei* is called *gui*) and "宮中衖謂之壼" (Lanes [between the small gates and houses] inside a *gong* are called *kun*). In any case, that the *"Shigong"* explains *gong* in early classics as a general term for residences would have helped contemporary readers properly understand that the architecture represented by this term could be different from that associated with contemporary meanings—it might not necessarily represent residences of kings. The term *gong*, along with the compound *gongshi* 宮室, changed their meanings by denoting mostly imperial palaces after the Qin-Han period, as the early-Tang scholar Lu Deming 陸德明 (556–627) clarified: "案古者貴賤同稱宮、秦漢以來惟王者所居稱宮焉" (Note: In ancient times, [houses for] both nobles and the lowly were called *gong*; it is since the Qin-Han [period] that only those where emperors reside are called *gong*). (pp.38−39)

　　根据上下文，例 1 中的 "宫" 为 "宫殿" 之义。"palace" 的英文释义 "a large house that is the official home of a king, queen, or other person of high social rank"，与《营造法式》中 "宫" 的指称意义一致。梁译本选择目的语中的对等词 "palace"，采用直译法翻译 "宫"。此外，在该书末的 "Glossary of Technical Terms"（技术术语一览）中，采用音译法、重复中文指称和文外解释的方法将 "宫" 译为："kung 宫 palace"。[1]

　　冯译本对 "宫" 的解释性文字首先指明，"宫" 和 "室" 实为同一所指，"宫" 在该处采用重复中文指称 "宫"。冯译本通过音译法进行文外解释 "*Gong is called Shi and Shi is called gong*"。然后说明先秦时期 "宫"

---

[1]　梁思成. 图像中国建筑史. 梁从诫，译. 北京：中国建筑工业出版社，2001：257.

和"室"是包括帝王住所的统称，并举例说明。"宫"在该处同时采用音译法和重复中文指称法，即"*gong* 宫"，并同时采用文内解释、文外解释"as general terms for houses, residences, or chambers (including palaces where kings or emperors resided)"对"宫"的含义做进一步的阐释。该处的译文采用文外解释法保留了汉语的原文例证，"宫"在文外解释中音译为"*gong*"。接下来，阐述古代的"宫"作为房屋的统称，其内涵是与"宫"的当代意义不一致的。最后，冯译本还指出术语"宫"在秦汉之后主要指帝王的宫殿，并以陆德明的诗为证。该处"宫"采用了音译法，文中引用了陆德明诗句原文，因而例证中保留了"宫"的中文指称意义，"宫"在文外解释中则音译为"*gong*"。

梁译本和冯译本皆根据具体语境来确定"宫"的具体指称意义，然后进行英文译写。① "宫"在不同的历史时期，其指称意义有"房屋的统称"和"宫殿"两个不同的含义。梁译本中"宫"的指称意义明确，即"宫殿"之意，属于有英语对等词但无中国文化承载的术语，采用了与原文指称意义对等的"palace"一词，并在书末的"技术术语一览"中通过音译法、重复中文指称和文外解释进行更为全面的阐述。冯译本中"宫"的指称意义包括"房屋的统称"和"宫殿"，其翻译方法与术语在书中出现的先后顺序有关。"宫"首次单独出现时指代的是"房屋的统称"，属于无英语对应语但有中国文化承载的术语，冯译本同时采用了音译法、重复中文指称、文内解释、文外解释等多种翻译方法，以便目的语读者准确理解其内涵。在上文的基础上，下文中的"宫"若直接采用音译法，则不再进行解释说明。指代帝王宫殿的"宫"，冯译本仍采用音译法，并通过文外解释来说明秦汉之后"宫"主要指帝王的宫殿。冯译本既保留了"宫"的完整信息，又明确了其不同的概念意义。

（二）阙

例 2：独立的碑状纪念物——阙（图 12），多数成双，位于通向宫殿、

---

① 如上文所述，本书视英文译写为一种特殊的翻译形式。

庙宇或陵墓的大道入口处的两侧。（p.39）

梁译本：Freestanding pylonlike monuments, called ch'ueh (fig.12), usually in pairs, flanking the entrance to the avenue leading to a palace, temple, or tomb.（p.217）

冯译本：The entries are arranged in the following order: *gong* 宫 (palace), *que* 阙 (watchtower), *tai* 臺 (high terrace), *dian* 殿 (hall), *fang* 坊 (residential district in the palace city), *men* 門 (gate), *lou* 樓 (tower), *lu* 櫓 (overhanging watchtower on city walls, often uncovered), *guan* 觀 (watchtower), *tang* 堂 (residential hall), *cheng* 城 (city), *guan* 館 (guesthouse), *zhaishe* 宅舍 (residence), *ting* 庭 (yard), *tan* 壇 (altar), *shi* 室 (chamber), *zhai* 齋 (study), *lu* 廬 (hut), and *daolu* 道路 (road, in the sense of its relationship to architectural construction).（pp.52-53）

梁译本中的"阙"采用了音译法，行文中对其进行解释，同时以图示法（见图 6-1）进行直观呈现。图 6-1 展现了不同地区数种汉石阙以及石阙平面图和立面图，同时标注了中英文说明，其中"阙"的翻译采用音译法，译为"*ch'ueh*"。在该书末的"技术术语一览"中，"阙"的文外解释为"Ch'ueh 阙 paired gate piers (commonly of Han date)"①。

冯译本对"阙"的翻译同时采用了音译法、中文指称和文外解释"watchtower"，既保留了原语文化的异域色彩，又阐明了"阙"的概念内涵。"阙"是中国文化特有的，具有中国文化内涵的古代建筑文化术语，在英语中无对等词。梁译本以音译为主，同时采用文外解释，并辅以图示。冯译本同时采用音译、中文指称和文外解释法。通过综合运用上述翻译方法，两位译者都成功地向目的语读者准确传播了中国古代建筑文化。

---

① 梁思成.图像中国建筑史.梁从诚，译.北京：中国建筑工业出版社，2001：256.

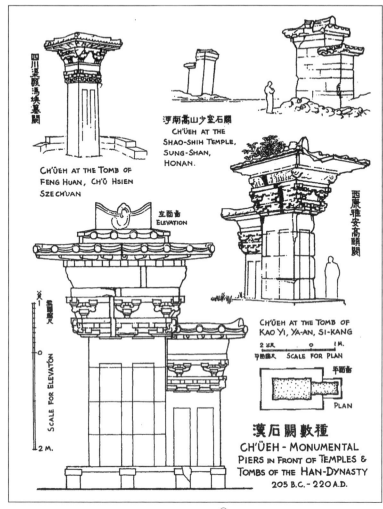

图 6-1　阙①

（三）台榭

　　"用于眺望和游览的高而平的建筑物称为台，台上的木构房屋称为榭。"②关于台榭，中国古建筑研究学者吴吉明阐释如下："台和榭以及台榭是有区别的，台指的是高于地面、供人登高望远的露台式建

① 梁思成．图像中国建筑史．梁从诫，译．北京：中国建筑工业出版社，2001：41.
② 王效青．中国古建筑术语辞典．太原：山西人民出版社，1996：124.

筑，古时候主要用来操练点兵或者观赏戏剧，它是单独存在的。而榭一般指水榭，是一种依水架起的观景平台，……供人游憩、眺望、观赏风景用。……台榭则是将台和榭合在一起的建筑，台仍然如上所述，指的是高于地面的台式建筑，但它的上面还建有木构房屋，这些房屋就称为榭，两者合在一起就是台榭。春秋至汉代，台榭是宫室、宗庙中常用的一种建筑形式；而汉代以后，台榭式的建筑基本上不再建造，但仍在城台、墩台上建屋；唐以后则出现了上面所说的水榭，水榭和台榭是完全不同的建筑。"[①] 可见，在中国的不同历史时期，"台榭"的指称意义是不同的。汉代以前，"台榭"是两者合为一体的建筑物；而汉代以后的"台"与"榭"分别为不同的建筑物，其功能也发生了变化。

例3：早在殷代，已常有为了娱乐目的而驻台的做法。除史籍中有大量关于筑台的记载外，在华北地区，至今仍有许多古台遗迹。其中较著名的，有今河北易县附近战国时燕下都（公元前3世纪末）遗址的十几座台。（p.41）

梁译本：The *t'ai*, or terrace, was commonly used for recreation as early as the Shang dynasty. Besides many records of such constructions in ancient chronicles, a great number of ruins of early terraces still exist in northern China. Notable among them are the more than a dozen *t'ai*, at the site of the capital of the kingdom of Yen (second half of the third century B.C.), near I Hsien, Hopei Province. （p.253）

冯译本：Therefore, it not only defines *miao* 廟 (shrine), *qin* 寢 (bedchamber; soul-sleeping chamber), *xie* 榭 (pavilion, or kiosk on a high terrace), *tai* 臺 (terrace), and *lou* 樓 (tower), which are cited in the terminological section of the YZFS, but it also explains *jia* 家 (inside of a house), *shi* 塒 (fowl pen), *fang* 防 (small, curved screen used in archery meets to protect against arrows), *liang*

---

① 吴吉明.《营造法式》注释与解读. 北京：化学工业出版社，2018：12.

梁 (bridge), and *ji* 徛 (stone bridge, or stepping stones placed in the water for crossing a river). （p.39）

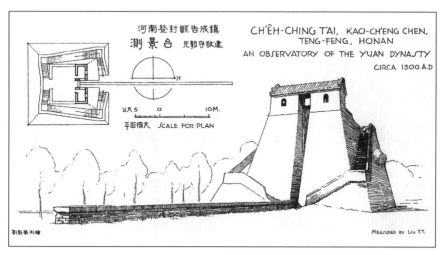

图 6-2　河南登封告成镇测景台 [①]

　　在梁译本中，"台"首次出现时，采用了音译法、文内解释。"terrace"的释义为"a flat raised area"（台地），与"台"的指称意义对应。"台"再次出现时，采用绝对泛化方法翻译为"such construction"。"在明确表达意思的前提下，英语宜尽量采用替代、省略或变换等方式来避免无意图的重复。这样不仅能使行文简洁、有力，而且比较符合英语民族的语言心理习惯。" [②] 在例 3 中，"台"第三、第四次出现时分别采用直译法和音译法，译为"*terrace*"和"*t'ai*"，因为"台"首次出现时采用音译法和文内解释，译文读者已经对该术语的内涵有所了解，不会造成理解障碍，同时可以避免行文重复。此外，梁译本还绘制了观星台（见图6-2），以图示法对"台"进行中英文标注，采用音译法和直译法将其译为"CHÊ-CHING T'AI"和"OBSERVATORY"。在该书末的"技术术语一览"中，"台"的翻译方法是音译、重复中文指称和文外解释："T'ai 台

---

① 梁思成. 图像中国建筑史. 梁从诫，译. 北京：中国建筑工业出版社，2001：185.
② 连淑能. 英汉对比研究. 北京：高等教育出版社，1993：176.

platform or terrace"①。在例 3 中，梁译本翻译了"台"，而没有翻译"榭"，这是因为梁译本所翻译的是元代的一个测景台，而汉代以后的台和榭不再是合为一体的建筑了。

冯译本的"台"和"榭"的翻译都采用音译法、重复中文指称和文外解释，将"台"音译为"tai"，重复中文指称"台"，再文外解释为"terrace"；将"榭"音译为"xie"，重复中文指称"榭"，辅以文外解释"pavilion, or kiosk on a high terrace"（亭子，高台上的亭子）。此外，在书后的附录 6 中，采用音译、重复中文指称和文外解释的方法，将"台榭"译为"*taixie* 臺榭 (high terrace and pavilion on terrace)"，较为全面地阐释了"台榭"的内涵，即"台榭"是"台"与"榭"合在一起的建筑物。特别需要指出的是，梁译本的"台榭"与冯译本的"台榭"不是同一概念，前者译出的是汉代以后的"台"的内涵，而后者译出的是汉代以前的"台榭"的概念内涵。

二、房屋部件术语英译例证

为了直观地呈现中国古代建筑文化术语，梁思成在《图像中国建筑史》中绘制了"中国建筑之'柱式'斗栱、檐柱、柱础"图，并进行了中英文标注（见图 6-3）。下文将对该图中部分术语的英译方法进行分析。

（一）斗栱及斗栱体系

"斗栱"，亦作"斗拱""枓栱"或"枓拱"。战国时期，斗栱已出现在采桑猎壶上的建筑花纹图案中，到了汉代已被普遍使用并成为中国传统木架建筑最显著的特征；《营造法式》中称为"铺作"，清工部《工程做法》中称"斗科"，通称为斗栱。《中国古建筑术语辞典》将斗栱解释为"清式大木作构造名称。中国古代建筑所特有的形制，安装在建筑物的檐下或梁架间。由一些斗形构件和一些栱形构件及枋木组成，它的功能与作用有五个方面：具有承上启下、传导荷载的功能；用于屋檐下保护

① 梁思成 . 图像中国建筑史 . 梁从诫，译 . 北京：中国建筑工业出版社，2001：258.

柱础、台明、墙身等免受雨水侵蚀；增强建筑物的抗震性；经过加工和色彩美化后很富有装饰性；在封建社会还是封建等级制度在建筑上的标志"①。

例4：一组斗栱［宋代称为一"朵"，清代称为一"攒"］是由若干个斗（方木）和栱（横材）组合而成的。其功能是将上面的水平构件的重量传递到下面的垂直构件上去。斗栱可置于柱头上，也可置于两柱之间的阑额上或角柱上。根据其位置它们分别被称为"柱头铺作""补间铺作"或"转角铺作"［"铺作"即斗栱的总称］。（p.28）

梁译本：Bracket (*Tou-kung*)（p.23）

A set of *tou-kung,* or brackets, is an assemblage of a number of *tou* (blocks) and *kung* (arms). The function of the set is to transfer the load from the horizontal member above to the vertical member below. A set may be placed either on the column, or on the architrave between two columns, or on the corner column. Accordingly, a set of *tou-kung* may be called a "column set", "intermediate set" or "corner set" depending on the position it occupies.（p.212）

梁译本在图6-3右侧以图示法标注出"斗栱"的位置，重复中文指称"斗栱"，然后进行音译。译文读者可能会对首次出现在标题中的"斗栱"感到陌生，因而梁译本运用英语中的功能对等词，以归化译法将其译为"*bracket*"，并辅以音译法的文外解释"*tou-kung*"。"斗栱"再次出现时，梁译本同时采用音译法和文内解释"*tou-kung*, or brackets"，加强两个译名之间的联系。"斗栱"第3次出现时，强调的是一组斗栱，因此翻译为"a set"，避免了行文重复。"斗栱"第4次出现时，则直接采用了音译法。

---

① 王效青. 中国古建筑术语辞典. 太原：山西人民出版社，1996：76.

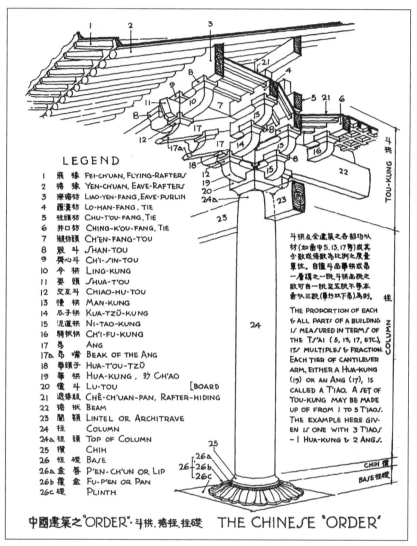

图 6-3　中国建筑之"柱式"（斗栱、檐柱、柱础）[1]

　　梁译本中"斗栱"的翻译采用了图示法、音译法、归化译法、文内解释和文外解释。根据不同的上下文语境，先出现的"斗栱"同时采用两种翻译方法，而下文中再次出现时，"斗栱"通常进行音译。斗栱是中国古典建筑的主要房屋部件之一，在梁译本书末的"技术术语一览"中

---

① 梁思成. 图像中国建筑史. 梁从诚，译. 北京: 中国建筑工业出版社，2001: 23.

被翻译为 "tou-kung 斗栱 bracket set"①，这仅解释了"斗栱"的支撑作用，对其抗震、延长建筑使用寿命的功能、装饰功能以及体现时代特征和标志封建等级制度等文化内涵未予进一步阐述。显然，这是其译文的不足之处。

（二）斗及斗系列

"斗"是斗栱的重要组成部分，是"斗栱下部承载的方斗形构件。形如量米之斗，故称。汉代文献中称"栌"，宋代的《营造法式》中称"斗"或"栌斗"，明、清时改称大斗或坐斗。其他分布在上层栱、昂间的较小方斗形构件，依部位与功能的不同，则有交互斗、齐心斗、散斗之分。②

1. 斗

例5：一组<u>斗栱</u>［宋代称为一"朵"，清代称为一"攒"］是由若干个<u>斗</u>（方木）和栱（横材）组合而成的。……组成<u>斗栱</u>的构件又分为<u>斗</u>、栱和昂三大类。根据位置和功能的差异，共有四种<u>斗</u>和五种栱。（p.28）

梁译本：A set of *tou-kung,* or brackets,is an assemblage of a number of *tou* (blocks) and *kung*(arms)… The members that make up a set may be divided into three main categories: *tou, kung, and ang.* There are four kinds of *tou* and five kinds of *kung,* determined by their functions and positions.③（p.212）

在例5中，"斗"的翻译采用了音译法，同时辅以文外解释。鉴于上文已对"斗"进行了文外解释，下文中两次出现的"斗"，均音译为"*tou*"。此外，该书末的"技术术语一览"还对"斗"进行了文外解释："tou 斗 bearing block"④。

综上所述，梁译本的房屋部件术语"斗"的翻译主要采用了音译和文外解释的方法；首次出现"斗"时进行音译和文外解释，下文中再次出

① 梁思成.图像中国建筑史.梁从诫，译.北京：中国建筑工业出版社，2001：258.
② 李国豪等.中国土木建筑百科辞典·建筑.北京：中国建筑工业出版社，1999：78.
③ 梁思成.图像中国建筑史.梁从诫，译.北京：中国建筑工业出版社，2001：212.
④ 梁思成.图像中国建筑史.梁从诫，译.北京：中国建筑工业出版社，2001：258.

现时则直接音译为 "*tou*"。

2. 栌斗

例 6：然而从结构方面说、最重要的还是栌斗（即主要的斗）和华栱。（p.28）

梁译本：But structurally the most important members of a set are the *lu-tou,* or major bearing block, and the *hua-kung*, or arms extending out from it to form cantilevers to both front and rear, at right angles to the facade of the building.[①]（p.212）

冯译本：The second-century character dictionary *Shuowen jiezi* includes explanations of some architectural terms, one of which is *lu* 櫨, the capital block in bracketing: "櫨、柱上柎也"（*Lu* [cap block] is a *fu* on top of a column)... The YZFS quotes this *Shuowen jiezi* gloss as one of the traditional texts on dou 枓 (blocks)in its terminology section and clearly terms a cap block *ludou* 櫨枓 (*lu* block, cap block)… As the capital block, *lu* is the bottommost element of a bracket set: in other words, it is the element supporting a whole set.[②]（pp.158-159）

冯译本：It must have been because the physical and functional features of the *lu* block resemble the base of a flower to such a great extent that the second-century explanation of *lu* as fu on top of a column made perfect sense to Xu Kai. Since the *lu* block was perceived as the base of a flower, the bracket set sitting on the *lu* block was certainly perceived as a flower in its entirety. Perhaps this imagery of the capital block as the base of a flower extends even to the column supporting it: since the "ovary" is said to be "on the ends of branches"（枝端華房之蒂）, and architecturally the *lu* block is an "ovary" located "on top of a column"（柱上柎）, the column under the capi-

---

① 梁思成. 图像中国建筑史. 梁从诫，译注. 北京：中国建筑工业出版社，2001：212.

② Feng, J. *Chinese Architecture and Metaphor: Song Culture in the Yingzao Fashi Building Manual*. Hong Kong: Hong Kong University Press, 2012: 158-159.

tal block might be likened to the flower stalk supporting the whole bracketing "flower". （pp.159-160）

"栌斗"是宋式斗栱组合中斗形构件的一种，汉代称"栌"，亦称"薄栌""节""楶""㭼"等，清代称"坐斗""大斗"，是一组斗栱中最下部的承托构件。[①]"栌斗"的翻译同时采用了音译法和文内解释，以明确术语的内涵和功能。梁译本首先清晰地绘出了栌斗（序号20）的位置，以及它与其他组成部件的关系（见图6-3），将"栌斗"以图示法直观地呈现给译文读者，然后并用中文指称"栌斗"和音译"*lu-tou*"进行标注。鉴于对"栌斗"已进行文内解释，梁译本下文中的"栌斗"直接音译为"*lu-tou*"。此外，在该书末的"技术术语一览"中，还添加了"栌斗"的文外解释："lu-tou 栌斗 the principal bearing block, lowest in a bracket set"[②]。

冯译本首先追溯了"栌斗"的来源。"栌"的翻译同时采用音译法、重复中文指称、文内解释和文外解释；基于"栌"和"柎"的关系，通过文外解释对"栌斗"的内涵进行阐述。紧接着，并用文内解释"a cap block"、音译"*ludou*"、重复中文指称"櫨枓"以及文外解释"*lu* block, cap block"等四种翻译方法，全面诠释该术语的概念内涵。由于例6的上文已采用多种翻译方法翻译"栌斗"，目的语读者已经了解该术语的内涵，再次出现"栌斗"时，冯译本直接将其音译为"*lu*"。

此外，冯译本还从隐喻的视角探讨了《营造法式》中建筑术语的社会和文化内涵，认为技术方法和术语来源于宋朝技艺实践。特定的职业和文化环境、与建筑职业有关的社会习俗，以及广为流传的建筑概念都会影响术语的创造和传播。实际上，《营造法式》蕴含着丰富而独特的社会文化内涵。[③]冯继仁以隐喻的思维将"斗栱"比拟为花朵，将斗栱的支点"栌"比喻为花房之蒂。

---

① 王效青．中国古建筑术语辞典．太原：山西人民出版社，1996：266.
② 梁思成．图像中国建筑史．梁从诫，译注．北京：中国建筑工业出版社，2001：257.
③ Feng, J. *Chinese Architecture and Metaphor: Song Culture in the Yingzao Fashi Building Manual*. Hong Kong: Hong Kong University Press, 2012: 138.

冯译本将栌枓与花房之蒂、斗栱与花、柱子与花茎之间的相似性描写出来（见图 6-4）。冯译本 4 次采用音译加语言（非文化）翻译法（即直译法）将"栌斗"译为"*lu* block"，1 次音译为"*lu*"，2 次采用（非文化）翻译法译为"the capital block"。在图 6-4 中，"栌櫨枓"同时采用音译法、重复中文指称、文外解释，翻译为"*ludou* 櫨枓 (cap-block)"。文中还通过使用同义词"*lu* block""*lu*"和"the capital block"来避免行文中的重复。

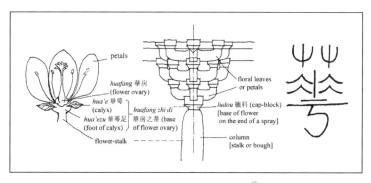

图 6-4 斗栱与花比拟草图①

梁译本和冯译本皆以向海外译介中国古典建筑文化为目的，翻译"栌斗"时主要采用了文化保留性翻译策略下的各种翻译方法。"栌斗"初次出现时，分别采用音译法、重复中文指称、文内解释和文外解释等多种翻译方法，确保译文读者准确理解该术语的概念意义。下文再出现时，则主要采用音译法，有时为了避免行文重复而使用同义词。此外，两个译本都采用了图示法，图文并茂地向译文读者直观呈现原文术语的意义。另外，冯译本还从隐喻视角出发，将"栌斗"比拟为"花蒂"，并在绘图中加以体现，不失为一种非常有效的中国古建筑文化的对外译介方法。

3. 齐心斗、华心斗

齐心斗（见图 6-5）为"宋式大木作斗栱构件名称，宋代亦称华心斗，简称'心斗'。在斗栱组合中用于栱心之上（顺身开口，双耳）或平

① Feng, J. *Chinese Architecture and Metaphor: Song Culture in the Yingzao Fashi Building Manual*. Hong Kong: Hong Kong University Press, 2012: 160.

座出头木之下（十字开口，四耳）。元代以前，栱心或令栱正心与耍头相交处上部，皆施有齐心斗。元代有时不用齐心斗，而将耍头增高直接承托上部构件。明以后齐心斗逐渐消失，清代建筑上已基本绝迹"[1]。

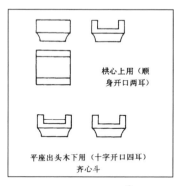

棋心上用（顺身开口两耳）

平座出头木下用（十字开口四耳）
齐心斗

图 6-5　齐心斗 [2]

例 7：

梁译本：CH'I-SIN-TOU（p.23）

冯译本：The most informative term in this aspect is *qixindou* 齊心科 (block even with center), which alternatively is termed *huaxindou* 華心科 (flower-heart block). … In these situations, the positions of the *qixindou* are by no means the centers of any protruding arms. … In addition, in the YZFS illustrations of the color-painting system, bracket sets are clearly depicted as having a *qixindou* at the center of cross arms (figure 4.19).Thus, the *huaxin*, or "flower heart" of the *huaxindou* is not defined as the center of a *huagong* (flower arm) only; instead, it also, and more often, refers to the centers of all cross arms (figure 4.20).（pp.154−156）

梁译本清晰地标出了齐心斗（序号 9）的位置（见图 6-3），以及它与其他构成部件的相互关系，同时标注其中文指称"齐心斗"和音译名称"CH'I-SIN-TOU"，以保留中国古典建筑文化元素。

①　王效青 . 中国古建筑术语辞典 . 太原：山西人民出版社，1996：160.
②　王效青 . 中国古建筑术语辞典 . 太原：山西人民出版社，1996：160.

冯译本从隐喻视角挖掘了齐心斗的社会文化内涵，将齐心斗（华心斗）比拟为"花心"；"齐心斗"同时采用音译"*qixindou*"、重复中文指称"齐心斗"、文外解释"block even with center"的翻译方法。然后，运用定语从句解释"齐心斗"也称作"华心斗"，而且"华心斗"的翻译同样并用音译法、重复中文指称和文外解释。由于上文已对"齐心斗"和"华心斗"的内涵进行了全面阐述，因而再次出现时，直接采用音译法。冯译本还对"华心斗"的位置进行了图示，并提供了音译名"*huaxindou*"以及中文指称"華心枓"（见图 6-6）。

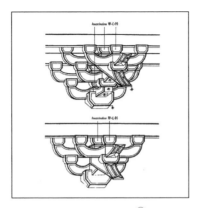

图 6-6 华心斗 [1]

为了向国外读者译介中国古典建筑文化，梁译本和冯译本主要采用了文化保留性翻译策略和方法。梁译本翻译"齐心斗"采用图示法、重复中文指称和音译法。冯译本的"齐心斗"首先并用音译法、重复中文指称和文外解释，再次出现时采用音译法。冯译本还结合当时的社会文化语境，以隐喻思维指出"齐心斗"即为"华心斗"，并运用图示法直观地呈现出"华心斗"的位置和外观形状。

---

① Feng, J. *Chinese Architecture and Metaphor: Song Culture in the Yingzao Fashi Building Manual*. Hong Kong: Hong Kong University Press, 2012: 156.

（三）栱及栱系列

1. 栱

例 8：虽然其底部只是柱头上的一块大方木，但从其中却向四面伸出十字形的横木 [栱]。……组成斗栱的构件又分为斗、栱和昂三大类。根据位置和功能的差异，共有四种斗和五种栱。（pp.25-26，p.28）

梁译本：Though its base is simply a large square block on the top of the column, there are set into that block <u>crossed arms</u> (*kung*) spreading in four directions. … The members that make up a set may be divided into three main categories: *tou*, *kung, and ang.* There are four kinds of *tou* and five kinds of *kung,* determined by their functions and positions.（p.210, p.212）

冯译本：*Gong* 栱 is explained merely as a large timber and is not glossed together with other bracketing elements *(bian* or *ji* and *er* or *jie).* There is no indication in the *Erya* that *a <u>gong</u>,* or *a bian* or *ji,* was structurally connected with a block (*er* or *jie*).（p.45）

栱是斗栱的重要组成部分，"为矩形条状水平放置之受弯受剪构件，用以承载建筑出跳荷载或缩短梁、枋等的净跨，是中国传统建筑中斗栱结构体系重要组成构件之一"。栱的形制和名称在北宋时已经统一。[①] 在例 8 中，梁译本首先采用语言（非文化）翻译法将"栱"译为"crossed arms"，并在括号中文外解释为"*kung*"。与例 8 相反，在例 4 中，梁译本首先将"栱"音译为"*kung*"，加括号将其文外解释为"arms"。正是由于上文已对"栱"进行文外解释，因而再次出现时就直接音译为"*kung*"。此外，在该书末的"技术术语一览"中，译者还对"kung 栱"进行了文外解释"bracket arm: bow-shaped timber, set in a bearing block. It supports a smaller block at each upraised end and often in the center"[②]。这一文外解释是对栱的形状、位置及功能所作的比较详尽的补充性说明，大大提高了该术语译文的充分性和可接受性。

---

① 李国豪等 . 中国土木建筑百科辞典·建筑 . 北京：中国建筑工业出版社，1999：117.
② 梁思成 . 图像中国建筑史 . 梁从诫，译 . 北京：中国建筑工业出版社，2001：257.

在冯译本中，"栱"首次出现时并用音译法和重复中文指称，将其翻译为"*Gong* 栱"。"栱"再次出现便直接音译为"*gong*"。尽管目的语读者通过上下文可以理解"栱"的内涵，但冯译本译文的充分性和可接受性略显不足。此外，如果脱离上下文语境，"栱"音译为"*gong*"，也容易与建筑式样术语"宫"的音译名"*gong*"混淆。因此，"栱"首次出现时除了采用音译法、重复中文指称，如果通过加括号将其文外解释为"bracket arm"，可以大大提高译文的准确性，译文的接受效果也会更好。

2. 华栱

例 9：这种前伸的横木 [华栱] 以大方木块为支点一层层向上和向外延伸，即称为"出跳"，以支撑向外挑出的屋檐的重量。……然而从结构方面说，最重要的还是栌斗（即主要的斗）和华栱。……华栱也可以上下重叠使用，层层向外或向内挑出。（p.26，p.28）

梁译本：The jutting arms (*hua-kung)* rise in tiers or "jumps" and extend outward in steps from the large-block fulcrum to support the weight of the overhanging eaves. … But structurally the most important members of a set are the *lu-tou,* or major bearing block, and the *hua-kung*, or <u>arms extending out from it to form cantilevers to both front and rear</u>, at right angles to the facade of the building. … The *hua-kung* may be used in successive tiers, each extending front and rear a certain distance beyond the tier below.[①]（pp.210-211, pp.212-213）

冯译本：In the particular bracketing nomenclature used in the *YZFS*, two of the terms for bracket arms that protrude from a column or from the wall plane are <u>*huagong* 華栱 (flower arms)</u> and *miaogong* 杪栱 (twig arms). … In the earliest Chinese dictionaries, the *Erya* and *Shuowen jiezi,* the character *hua* 華 as in *huagong* has two basic meanings: "flower" or "to burst into flower". … As the term *huagong* compares protruding arms to "flowers" or to "to blossom," so too *miaogong* is a figurative term for protruding arms. When protruding arms

---

① 梁思成 . 图像中国建筑史 . 梁从诫，译 . 北京：中国建筑工业出版社，2001：210，212.

sitting on top of a column or on the upper section of walls jut out layer upon layer from a column or the wall plane, they may look like branches extending from a tree and stretching forward one after another. Extending farther and farther, they become taller and taller (figure 4.12).（p.140, p.142, p.149）

华栱为"宋式斗栱构件名称。亦称杪栱、卷头、跳头，清式建筑中称'翘'。是置于栌斗口内与泥道栱相交，内外传跳的纵向栱材。宋《营造法式》规定，华栱为足材栱，下开口，栱头四瓣卷刹（若内跳跳长减小时可用三瓣）。华栱有单跳或多跳，每出一跳谓之一抄"[①]。

梁译本注重介绍"华栱"的位置和功用，首先采用描述性对等译法将"华栱"译为"The jutting arms"，并以音译法文外解释为"hua-kung"；第二次出现时，采用音译"hua-kung"及文内解释"arms extending out from it to form cantilevers to both front and rear"。再次出现直接音译为"hua-kung"。同时，以图示法标出华栱（序号19）的位置及与其他构成部件的相互关系，并写出中文指称"华栱"、音译名"HUA-KUNG"，以及"华栱"的另一名称的中文指称"抄"及其音译名"CH'AO"（见图6-3）。[②] 梁译本还在书末"技术术语一览"以音译、重复中文指称和文外解释这一复式译法提供"华栱"的译名："Hua-kung 华栱 bracket extending forward and back from the lu-tou, at right angles to the wall plane"[③]。

冯译本首先采用音译法将"华栱"译为"huagong"，重复中文指称"华栱"，并添加文外解释"flower arms"；还通过查证指出"华栱"中的"华"即为"花、开花"之意，进而探究"华栱"与"花枝"的相似性，将华栱中的"华"音译为"hua"，并重复中文指称"华"，同时对其进行文内解释"flower" or "to burst into flower"。下文中再次出现时，直接音译为"huagong"。此外，冯译本还采用图示法直观地展示出华栱与花枝的相似性，在左图中标注出华栱的音译名"huagong"及中文指称"华栱"，

① 王效青.中国古建筑术语辞典.太原：山西人民出版社，1996：152.
② 梁思成.图像中国建筑史.梁从诫，译.北京：中国建筑工业出版社，2001：28.
③ 梁思成.图像中国建筑史.梁从诫，译.北京：中国建筑工业出版社，2001：257.

在右图中标注出枝的音译 "*zhi*"，并重复中文指称 "枝"（见图 6-7）。

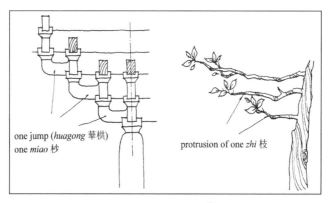

one jump (*huagong* 華栱)
one *miao* 杪

protrusion of one *zhi* 枝

图 6-7　华栱与枝 [1]

（四）昂及昂系列

昂是中国古代建筑中的一种木质构件，位置倾斜，昂的作用是利用内部屋顶结构的重量平衡出挑部分屋顶的重量。《中国土木建筑百科词典》对昂的具体位置、分类、作用等做了如下说明：斗栱的前后中轴线上，其作用与栱相似的斜置构件。中国古代建筑斗栱中重要构件之一。断面为一材。有下昂和上昂之分。下昂是顺着屋面坡度，自内向外，自上而下斜置的昂。其功能是使挑檐的重量与屋面及槫、梁的重量相平衡，用于外檐；上昂是昂头向上外挑，昂尾斜向下收，昂身不过柱中心线的昂。结构上起斜撑作用，可减少斗栱出跳。多用于内檐、外檐斗栱里跳或平座斗栱的外跳中。[2]《中国古建筑术语辞典》提供了明清时期昂的具体形式示意图（见图 6-8）。

---

[1]　Feng, J. *Chinese Architecture and Metaphor: Song Culture in the Yingzao Fashi Building Manual*. Hong Kong: Hong Kong University Press, 2012: 150.

[2]　李国豪等. 中国土木建筑辞典·建筑. 北京：中国建筑工业出版社，1999：6.

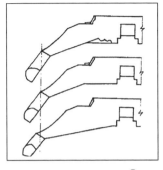

图 6-8　昂（明清）①

1. 昂

例 10：组成斗栱的构件又分为斗、栱和昂三大类。……有时华栱之上还有一个斜向构件，与地平约成 30 度交角，称为昂。……巨大的斗栱共有四层伸出的臂［"出挑"］—两层华栱，两层昂［"双抄双下昂"］，斗栱高度约等于柱高的一半，其中每一构件都有其功能，从而使整幢建筑显得非常的庄重，这是后来建筑所未见的。（p.28，p.59）

梁译本：The members that make up a set may be divided into three main categories: *tou, kung, and ang.* … Sometimes a slanting member, at approximately a 30-degree angle to the ground, is placed above the *hua-kung*; it is called the *ang.* … The enormous *tou-kung* of four tires of cantilevers-two tires of *hua-kung* and two tires of *ang*—measuring about half the height of the columns, with every piece of timber in the ensemble doing its share as a structural member, give the building an overwhelming dignity that is not found in later structures. (p.212)

昂首次出现时，梁译本以图示法直观地标出了"昂"（序号 17）的位置和形状，标注其中文指称"昂"，并音译为"ANG"（见图 6-3）。再次出现时，以定义的方式对昂进行文内解释，然后音译为"*ang*"。基于上文的图示法、重复中文指称和定义式的文内解释，梁译本在下文中

---

① 王效青. 中国古建筑术语辞典. 太原：山西人民出版社，1996：229.

沿用音译名 "*ang*"。此外，在该书末的 "技术术语一览" 中，译者还对 "昂" 全面阐述如下："ang 昂 , a long slanted lever arm balanced on the *lutou*. Its "tail" bears the load of a purlin and is counterbalanced by the eave load at the lower end, in T'ang and Sung construction"①。

2. 飞昂

飞昂为宋式斗栱组合构件名称。"据宋《营造法式》：'飞昂：其名有五。一曰櫼，二曰飞昂，三曰英昂，四曰斜角，五曰下昂。'今通称为'昂'。"②《中国古建筑术语辞典》提供了飞昂的示意图（见图 6-9）。

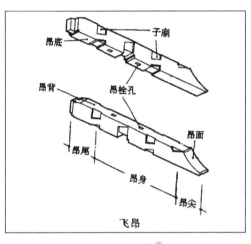

图 6-9　飞昂 ③

例 11：

冯译本：It includes a phrase that reads "*fei'ang niaoyong*" 飛昂鳥踊 (<u>flying cantilevers</u> flitting like birds), in which cantilevers—a bracketing element—are likened to flying birds. Li Shan 李善 (d.689), a Tang (618–907) commentator on this rhapsody, glosses this metaphoric imagery in a more prosaic way: "<u>飛昂</u>之形、類鳥之飛" (The appearance of a flying cantilever

---

① 梁思成 . 图像中国建筑史 . 梁从诫，译 . 北京：中国建筑工业出版社，2001：256.
② 王效青 . 中国古建筑术语辞典 . 太原：山西人民出版社，1996：37.
③ 王效青 . 中国古建筑术语辞典 . 太原：山西人民出版社，1996：37.

resembles a flying bird). It is not absolutely clear whether Han and Tang builders indeed characterized a cantilever in the same way as the rhapsody composer and the literary commentator did. However, there is no doubt that the perception of a cantilever as a flying bird was rooted in the minds of Han and Tang literati. Such metaphoric imagery in pre-Tang literature was accepted during the Song dynasty. The *YZFS* not only lists this literature as traditional architectural sources on the cantilever but also includes the term "flying cantilever" (*fei'ang* 飛昂) as one of the standard terms of this striking bracketing element.（pp.24-25）

例 11 中，"飞昂"第一次出现在"飞昂鸟踊"的诗句中。冯译本首先将其音译为"*fei'ang niaoyong*"，重复中文指称"飛昂鳥踊"，辅以直译法的文外解释"flying cantilevers flitting like birds"，并用三种译法直观、形象地呈现了"飞昂"似鸟儿展翅飞翔的形态。"cantilever"的释义为"（桥梁或其他架构的）悬臂，悬桁，伸臂"，恰好与"昂"的功能相似，因而其文外解释"flying cantilever flitting like birds"，清晰地描绘了飞昂的"气势与功能"。"飞昂"第二次出现于"飛昂之形、類鳥之飛"中，冯译本同时采用重复中文指称和文外解释法。唐代之前文学中的隐喻意象在宋代已深入人心；宋朝的《营造法式》不仅将文学视作传统建筑的渊源，而且将"飞昂"作为重要建筑组件的标准术语之一。基于上文较为详尽的阐述，第三次出现时，冯译本直接采用"飞昂"的直译法"flying cantilever"，辅以音译加重复中文指称的文外解释"*fei'ang* 飛昂"。

冯译本从隐喻的视角深入挖掘中国古建筑文化内涵，运用文化保留性翻译策略下的翻译方法，较好地诠释了"飞昂"的概念，保留了该术语的中国古典建筑文化特色。

（五）柱及柱系列

"柱"为建筑中主要承受轴向压力的纵长形构件。一般竖立，用以支承梁、枋、屋架。常用木材、石材、砖等制成。①《营造法式》原著对"柱"阐释如下:"《诗》:'有觉其楹。'《说文》:'楹,柱也。'《释名》:'柱,住也。楹,亭也;亭亭然孤立,旁无所依也。'齐鲁读曰轻:'轻,胜也。孤立独处,能胜任上重也。'"

1. 柱、柱础

例 12:

梁译本:柱 COLUMN 柱础 BASE(p.23)

"column"一词的英文释义为"an upright pillar, typically cylindrical, supporting an arch, entablature, or other structure or standing alone as a monument"(直立的支撑物,圆柱形的,支撑拱门、檐部或其他结构,或者是独立的纪念碑),其概念内涵恰好阐述了"柱"的功能。梁译本并用图示法标注出"柱"(序号 24)的位置,标注其中文指称"柱"和直译的译名"column"(见图 6-3),直观、形象地将中国古建筑构件名称"柱"呈现给目的语读者。

柱及柱系列中的另一个重要术语是"柱础"。"宋式石作构件名称,亦称础,清称柱顶石。是柱下承托柱脚的石块。柱础下部一般作方形,埋于阶基之内或室内地面以下,上部露明部分通常雕刻成素覆盆、铺地莲花、宝装莲花、仰覆莲花等各种形式。柱础上面正中一般凿有凹孔,与柱下管脚榫相卯合,可起固定柱身的作用。"②梁译本同样采用图示法标注出"柱础"(序号 24)的位置及其中文指称"柱础"、直译的译名"base"(见图 6-3),准确、形象地译介给目的语读者。西方建筑中,也有类似"柱础"的建筑构件,只是形状不同而已(见图 6-10)。梁译本运用文化保留性策略下的翻译方法完整地诠释了"柱"和"柱础"的文化内涵,较好地保留了原文术语的中国古典建筑文化特色。

---

① 李国豪等. 中国土木建筑百科辞典·建筑. 北京:中国建筑工业出版社, 1999:435.
② 王效青. 中国古建筑术语辞典. 太原:山西人民出版社, 1996:268.

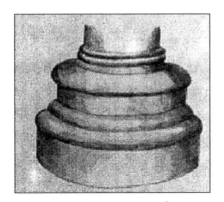

图6-10　西式柱底座①

2. 侏儒柱

例 13：

梁译本：侏儒柱 King post（p.25）

冯译本：The word *shu* 蜀, from the accurate term *shuzhu* 蜀柱 recorded in the *YZFS*, describes the fairly small size or low height of this element, just as its alternative term, <u>*zhuruzhu*</u> 侏儒柱 (*dwarf posts*), in the *YZFS* suggests. （p.192）

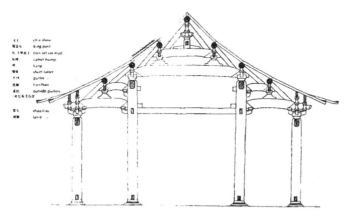

图6-11　梁柱（含侏儒柱，即左上角第二行所标中英文）②

① 王其均.西方建筑图解词典.北京：机械工业出版社，2006：134.
② 梁思成.图像中国建筑史.梁从诫，译.北京：中国建筑工业出版社，2001：25.

作为中国古代建筑的大木作的构件，"侏儒柱"的名称有"上楹""棁""楻""蜀柱"和"浮柱"。清式建筑中则称之为"脊瓜柱"。侏儒柱"本是平梁之上用于承托脊槫荷重的矮柱，现亦泛指梁架中梁栿之间的矮支柱"①。

梁译本运用图示法，在图 6-11 中重复中文名称，标注其音译名"king post"，同时在图中展示了"侏儒柱"的具体位置。"king post"的英文释义为"an upright post in the centre of a roof truss, extending from the tie beam to the apex of the truss"（即位于叉手中心的直柱，从系梁延伸到叉手的顶端），是"侏儒柱"功能对等的英文译名；该词条已被英国国家语料库（BNC）收录。在书末的"技术术语一览"中，梁译本还通过音译法、重复中文名称和文外注释，将"侏儒柱"阐述为：Chu-ju-chu 侏儒柱 small king post: literally "dwarf post"，同时还提供了"侏儒柱"的别称"蜀柱"的译名"king post"。②《营造法式》原著使用隐喻，用"侏儒"修饰"柱"，足以说明该柱之短小。同样地，译文 *dwarf post* 中以"dwarf"修饰"post"，译名准确、生动、形象，取得了与原文相同的读者反应效果。

冯译本首先同时采用音译法和重复中文指称的方法翻译出"侏儒柱"的别称"蜀柱"（ *shuzhu* 蜀柱）；紧接着在下文中并用音译法、重复中文指称和文外注释三种方法将"侏儒柱"翻译为" *zhuruzhu* 侏儒柱 (*dwarf posts*)"。可见，冯译本也很好地保留了"侏儒柱"的东方古建筑文化特色。

（六）梁及梁系列

梁，也称大梁、横梁，指架在大墙上或柱子上支撑房顶的横木，"是木构建筑中承受屋顶重量的主要水平构件。一般上一层梁较下一层梁短，这样层层相叠构成屋架，最下一层梁往往置于柱头上或与斗栱相

---

① 王效青．中国古建筑术语辞典．太原：山西人民出版社，1996：238.
② 梁思成．图像中国建筑史．梁从诫，译．北京：中国建筑工业出版社，2001：256-257.

组合，这样就形成了一个完整的构架"①。

1. 梁

例 14：梁的尺寸和形状引起功能和位置的不同而异。天花下面梁栿称为明栿，即外露的"梁"，他们或为直梁，或为稍呈成弓形的月梁，即"新月形的梁"。（p.28）

梁译本：The size and shape of a <u>beam</u> varies according to its function and position. The <u>beams</u> below a ceiling are called *ming-fu*, or "exposed <u>beams</u>." They are either straight or slightly arched. The latter is called *yueh-li-ang,* or "crescent moon <u>beam</u>".（p.213）

冯译本：The following definitions, which explicate several terms for structural elements of timber architecture, are very important in this architectural glossary, each of which is quoted in the *YZFS*:

> 亲庽謂之梁、其上楹謂之棁。開謂之槉。栭謂之桼。棟謂之桴。桷謂之榱。桷直而遂謂之閲、直不受檐謂之交。檐謂之橆。

The great <u>beam</u> of a building (*mangliu*) is called *liang*; the post on the beam is called *zhuo* [dwarf post]; the small square timber on the capital of a column (*bian*) is called *ji*; the square timber block on the capital of a column (*er*) is called jie; purlins (*dong*) are called *fu*; square rafters (*jue*) are called *cui*. The square rafters [long enough] to reach the eave directly are called *yue*; [the square rafters] not directly reaching the eave are called *jiao*; eaves are [also] called *di*.

In explaining the major components of a wood-framed structure, these definitions reflect the level at which the beam structure of pre-Qin architecture was developed and the complexity of how structural elements were combined (or connected to one another) as a functional entity. It is revealed, for instance, that short posts *(zhuo* 棁) were installed on the great transverse <u>beam</u> (*li-ang* 梁 or *mangliu* 亲庽*)* to support the upper structural elements—purlins

---

① 王效青 . 中国古建筑术语辞典 . 太原：山西人民出版社，1996 : 371.

(*dong* 棟 or *fu* 桴), which run longitudinally and support rafters and other roofing materials. The rafters (*jue* 桷 or *cui* 榱) included two kinds, *yue* 閱 and *jiao* 交 , depending on whether they reach the eaves or not. Although the definitions of *yue* and *jiao* are not very clear here, it can be deduced that *yue* represents eave rafters, which are supported by the eave purlin and another purlin higher than it; *jiao* represents those rafters that are never supported by eave purlins, that is, those rafters in the upper part of the roof structure. （pp.40-41）

梁译本采用直译法，将"梁"直译为目的语中的对等词"beam"，而"beam"的英文释义"a long, sturdy piece of squared timber or metal used to support the roof or floor of a building"与原文术语"梁"形成功能对等关系。在该书末的"技术术语一览"中，"梁"的文外解释也是原文术语的功能对等词"beam"。①

冯译本在"梁"首次出现时，以绝对泛化的方法，用英文中与"梁"的意义对应的等价术语"beam"来解释"梁"的别称"宋廇"。同时，将"宋廇"的音译名 *mangliu* 作为"beam"的文外解释。"梁"第二次出现时，首先直译为"beam"，然后并用音译法和重复中文指称，同时对"梁"及其别称"宋廇"文外解释为 *liang* 梁 or *mangliu* 宋廇。此外，说明"桡"和"梁"在建筑结构上的关系，是为了让译文读者进一步理解"梁"的含义。

2. 月梁

例 15：大殿内部显得十分典雅端庄。月梁横跨内柱间，两端各由四跳华栱支承，将其荷载传递到内柱上。殿内所有梁（明栿）的各面都呈曲线，与大殿庄严的外观恰成对照。月梁的两侧微凸，上下则略呈弓形，使人产生一种强劲有力的观感，而这是直梁所不具备的。（p.59）

梁译本：The interior manifests grace and elegance. Spanning the hypostyle

---

① 梁思成 . 图像中国建筑史 . 梁从诫，译 . 北京：中国建筑工业出版社，2001：257.

columns are "crescent- moon beams," supported at either end by four tiers of *hua-kung* that transmit their load to the columns. In contrast to the severity of the exterior, every surface of the beam is curved. The sides are pulvinated, and the top and bottom are gently arched, giving an illusion of strength that would otherwise be lacking in a simple straight horizontal member. (p.223)

月梁是宋式建筑的大木作构件名称。"其特征是梁的两端向下弯，梁面弧起，梁下起䫜，形如月牙，宋代称为'月梁''虹梁'。"[①] 梁译本将"月梁"译为"crescent-moon beams"，而非直译为"moon beams"。"crescent-moon"意为"新月"，两头尖、中间宽，与"月梁"的形状相符。"月梁"第二次出现时，梁译本采用绝对泛化的方法，以"梁"的总称"beam"一词来代替具体的"月梁 crescent-moon beams"，以避免行文中的重复。在书中的"宋营造法式大木作制度图样要略"[②]中梁的部分，梁译本还绘制了"直梁"和"月梁"图，并配以中英文说明（见图6-12）。此外，该书末的"技术术语一览"还通过音译法、重复中文指称将其译为"yüeh-liang 月梁"，并辅以文外解释"slightly arched beam: literally, crescent-moon beam"[③]。梁译本对"月梁"的翻译做到了准确、充分、形象，译文具有很好的可接受性。

① 王效青. 中国古建筑术语辞典. 太原：山西人民出版社，1996：68-69.
② 梁思成. 图像中国建筑史. 梁从诚，译. 北京：中国建筑工业出版社，2001：30.
③ 梁思成. 图像中国建筑史. 梁从诚，译. 北京：中国建筑工业出版社，2001：223.

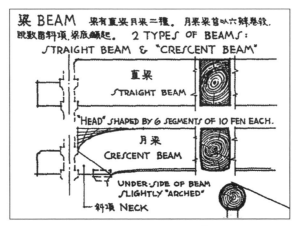

图 6-12 直梁、月梁 ①

（七）屋顶系列

从中国古代建筑的整体外观上看，屋顶是其中最富特色的部分，是传统建筑造型艺术中非常重要的构成因素，不同的历史时期呈现出不同的形态。中国古代建筑屋顶主要分为以下几种形式：庑殿顶、歇山顶、悬山顶、硬山顶、攒尖顶。其中庑殿顶、歇山顶、攒尖顶又分为单檐（一个屋檐）和重檐（两个或两个以上屋檐）两种。其等级大小依次为：重檐庑殿顶、重檐歇山顶、重檐攒尖顶、单檐庑殿顶、单檐歇山顶、单檐攒尖顶、悬山顶、硬山顶。

例 16：悬山

梁译本：悬山 overhanging gable roof（p.24）

"overhanging" 的 英 文 释 义 为 "anging or extending outwards over something"，意即 "在某物的上方悬挂或向外伸出"。《大英百科全书》将 "gable roof" 释义为 "A roof with two slopes that form an A or triangle is called a gable, or pitched, roof. This type of roof was used as early as the temples of ancient Greece and has been a staple of domestic architecture in

---

① 梁思成.图像中国建筑史.梁从诫，译.北京：中国建筑工业出版社，2001：30.

northern Europe and the Americas for many centuries"（由两个斜坡组成 A
字形或三角形的屋顶被称为"a gable, or pitched, roof"；该类型的屋顶早
在古希腊时就应用于庙宇建造，也是许多世纪以来欧洲和美洲家庭建
筑主要屋顶类型之一）。在图 6-13 中，梁译本给出"悬山"的绘图（序
号 1），在图下方标注出中文指称"悬山"及其英译文"overhanging gable
roof"。此外，在书末的"技术术语一览"中，以音译法、重复中文指称
的方法将"悬山"译为"hsuan-shan 悬山"，再辅以文外解释"overhanging
gable roof"。梁译本翻译"悬山"时，以英语中的"gable roof"为中心词，
用"overhanging"一词修饰中心词"gable roof"，根据中国古建筑"悬山"
的特点，采用自创译法将其译为"overhanging gable roof"，既很好地保
留了目的语读者所熟悉的"悬山"的形象，又生动地表达出"悬山"桁檩
挑出两侧山墙或山柱形成出梢部分的古建筑文化内涵，是不错的翻译
选择。

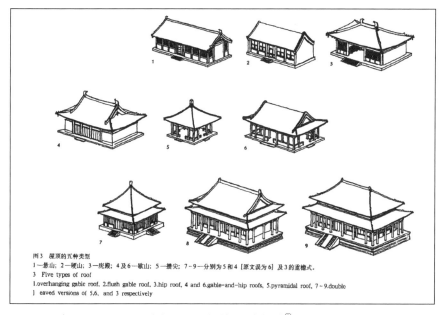

图3　屋顶的五种类型
1—悬山；2—硬山；3—庑殿；4与6—歇山；5—攒尖；7～9—分别为5和4［原文误为6］及3的重檐式。
3　Five types of roof
1.overhanging gable roof. 2.flush gable roof. 3.hip roof, 4 and 6.gable-and-hip roofs, 5.pyramidal roof, 7～9.double
] eaved versions of 5,6, and 3 respectively

图 6-13　屋顶的五种类型 ①

①　梁思成 . 图像中国建筑史 . 梁从诚，译 . 北京：中国建筑工业出版社，2001：24.

三、工艺技术术语的英译例证

1. 定平、取正

"定平"是古代建筑营造过程中测量水平的技术，是"使建筑保持水平的措施（见图 6-14）。在建筑物的方位确定后，通常于四角立标尺，然后以水定平。周代文献中已有记载，如《庄子》：'水静则平中准，大匠取法焉。'《尚书·大传》：'非水无以准万里之平。'宋《营造法式》中亦有专述。此制以后沿用至清。"①《营造法式》原著对其有如下阐释："《周官·考工记》：'匠人建国，水地以垂（悬）。'（于四角立植而垂，以水望其高下，高下既定，乃为位而地平。）《管子》：'夫准，坏险以为平。'"②

"取正"是"宋式建筑营造术语。指用望筒、水池景表等仪器，通过观测北辰星和阳光测定建筑物方位的方法"③（见图 6-15）。《营造法式》原著有如下记载："《诗》：'定之方中。' 又有：'揆方之以日。'"（定，营室也；方中，昏正四方也；揆，度也。度日出日入以知东西；"南"视定"北"准极，以正南北。）④

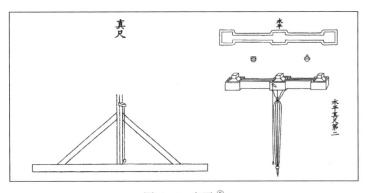

图 6-14　定平⑤

① 李国豪等. 中国土木建筑百科辞典·建筑. 北京：中国建筑工业出版社，1999：75
② 李诫.《营造法式》注释与解读. 吴吉明，译注. 北京：化学工业出版社，2018：18.
③ 王效青. 中国古建筑术语辞典. 太原：山西人民出版社，1996：218.
④ 李诫.《营造法式》注释与解读. 吴吉明，译注. 北京：化学工业出版社，2018：19.
⑤ Feng, J. *Chinese Architecture and Metaphor: Song Culture in the Yingzao Fashi Building Manual*. Hong Kong: Hong Kong University Press, 2012: 30. 原书中的图注为：FIGURE 1.4 YZFS illustration of leveling technology (juan 29: 3b–4a): (left) rectifying ruler (zhenchi); (right) water-holding instrument (shuiping)。

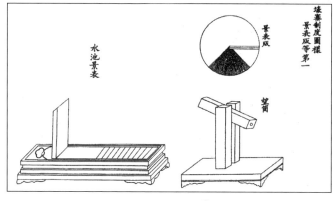

图 6-15　取正 [1]

例 17：

冯译本：In thirty-four chapters, the YZFS records traditional and contemporary building principles and technologies, summarizing them into thirteen systems, including preliminary planning (orientation, leveling, and foundations), stonework (platforms and carving), structural construction (major carpentry), nonstructural features (minor carpentry), wood carving, wood turning, sawing, bamboo working, tile work, clay work, polychrome-painting techniques, brickwork, and production of tiles and bricks (kilning). ... The water-holding level instrument and the method of determining the cardinal directions by observing the sun's shadow in the *Kaogongji* are the prototypes of those more advanced, comprehensive leveling and shadow-observing instruments that were developed in later times. The *YZFS* records and illustrates a set of those advanced instruments used in contemporary building practice, such as the *shuiping, zhenchi* 真尺 (rectifying ruler), *yingbiaoban* 景（影）表版 (a round board with a gnomon in the center to gauge the shadow of the sun),

---

① Feng, J. *Chinese Architecture and Metaphor: Song Culture in the Yingzao Fashi Building Manual*. Hong Kong: Hong Kong University Press, 2012: 30. 原书中的图注为：FIGURE 1.3. YZFS illustrations of orientation technology (juan 29: 2b–3a): (left) shadow-gauging water-holding board (shuichi yingbiao); (right) tube (wangtong) for observing the North Star and shadow-gauging board (yingbiaoban)。

wangtong 望筒 ([North Star] observing tube), and *shuichi yingbiao* 水池景 (影) 表 (shadow-gauging water-holding board to rectify for the directions),in the entries on *quzheng* 取正 (determining the directions) and *dingping* 定平 (determination of level). Yet Li Jie clearly states that the building methods of determining the directions and level in his treatise were compiled "strictly" or "cautiously" (谨) on the basis of the *Kaogongji* (in addition to other pre-Qin classics). ... At the very beginning of the book are three essays that discuss these most important building technologies, namely: *sifang dingwei* 四方定 位 (orientation to the four directions), *riying quzheng* 日 影 取 正 (correctly determining the directions with the aid of shadows), and *shuidi dingping* 水地 定平 (finding level with the aid of the water-holding level instrument). ⋯ One of these traditional, yet practical, methods is the *shuidi (dingping)* 水地 (定 平) technology of leveling, in which craftsmen use the water-level instrument to obtain level at a construction site. ... Another is the technology of orientation, *quzheng* 取正 (correctly determining the directions), in which the instruments *tugui* or *dugui* 土圭 (tool for measuring the length of a shadow) and *biaonie* 表槷 (gnomon) are used to observe shadows. Another significant technology relates to determining the cardinal directions by observing the North Star.[1] (p.29, p.89)

开篇介绍《营造法式》时，冯译本首先采用英语对等词将"定平"直译为"leveling"。第二次采用描述性的功能对等译法翻译为"the water-holding level instrument"，第三次并用音译法（*dingping*）、重复中文指称（定平）、文外解释（determination of level）进行翻译。第四次出现于该术语的别称"水地定平"时，并用音译法、重复中文指称译为"*shuidi dingping* 水地定平"，然后以描述性功能对等译法文外解释为"finding level with the aid of the water-holding level instrument"。 在"the building

---

① Feng, J. *Chinese Architecture and Metaphor:Song Culture in the Yingzao Fashi Building Manual*. Hong Kong: Hong Kong University Press, 2012: 29, 30.

methods of determining the directions and level" 一句中，第五次出现采用了描述性的功能对等译法，将"定平"解释为"一种建筑方法"。第六次出现在解释"定平"这一传统、实用的测量水平技术的句子中，冯译本综合运用了音译法 *"shuidi"*、文外解释 *"dingping"*、重复中文指称"水地（定平）"以及运用功能对等词语 "technology of levelling"。此外，在该书末的附录 6 中，"定平"的翻译同时采用音译法、重复中文指称和文外解释，译为 *"dingping* 定平（determining level）"。需要指出的是，在"定平"的不同译法中，冯译本首次采用英语中对等词的直译法 "levelling" 是最恰当的，符合术语翻译的准确规范、简洁的原则。客观地讲，对"定平"的描述性的功能对等译法 "the water-holding level instrument" "determination of level" 和 "finding level with the aid of the water-holding level instrument" 都不是可取的译文。附录 6 中的相对简洁的译法 "determining level" 是可接受的较好的译法。

冯译本首先以描述性的功能对等译法将"取正"翻译为 "the method of determining the cardinal directions by observing the sun's shadow"。下文中紧接着以描述性对等法，介绍《营造法式》所记载的"取正"是如何测定建筑物的方位的（即"用望筒、水池景表等仪器，通过观测北辰星和阳光测定建筑物方位）。第二次出现时，并用了音译法 *"quzheng"*、重复中文指称"取正"、辅以文外解释 "determining the directions" 来进一步解释"取正"的内涵即为"确定方位"。"取正"在下文第三次出现时，以描述性的功能对等译法解释为"一种建筑方法"（the building methods of determining the directions and level）。再次出现时，采用音译法、重复中文指称、文外解释译为 *"sifang dingwei* 四方定位 (orientation to the four directions)" 和 *"riying quzheng* 日影取正 (correctly determining the directions with the aid of shadows)"；采用描述性的功能对等译法译为 "the technology of orientation"；并用音译法、重复中文指称和文外解释译为 *"quzheng* 取正 (correctly determining the directions)…"，以及采用描述性的功能对等译法译为 "Another significant technology relates to determining the cardinal directions by observing the North Star"。这些不同的译法都是

对"取正"的内涵进行解释。此外，该书末的附录 6 采用音译、重复中文指称、文外解释的方法将其译为"*quzheng* 取正 (determining directions and correct position)"，而文外解释中还增加了"correct position"。[1] 但需要指出的是，冯译本虽然通过综合运用以上各种方法翻译"取正"，较好地保留原语术语的文化内涵，也便于目的语读者理解原文术语，但其不足之处在于，译文存在译名不统一的问题，也不符合术语翻译的简洁性原则。我们认为，"取正"译为"*quzheng* 取正 (determining the directions)"是最为妥当的译法。

2. 举折

"举折"是宋式建筑大木作术语，指确定屋顶步架高度和屋面曲线的方法。采用举折的方法使屋顶产生曲面，有利于雨水的排泄和室内采光，使建筑物巨大的屋顶产生轻盈活泼的风格，成为中国古代建筑突出的特征之一。

《图像中国建筑史》中对"举折"解释如下：屋顶横断面的曲线是由举［即脊槫（檩）的升高］和折（即椽线的下降）所造成的。其坡度决定于屋脊的升高程度，可以从一般小房子的 1:2 到大殿堂的 2:3 不等。升高的高度称为举高。屋顶的曲线是这样形成的：从脊槫到橑檐枋背之间画一直线，脊槫以下第一槫的位置应按举高的十分之一低于此线；从这槫到橑檐枋背再画一直线，第二槫的位置应按举高的二十分之一低于此线；以此类推，每槫降低的高度递减一半。将这些点用直线连接起来，就形成了屋顶的曲线。这一方法被称为折屋，意思是将屋顶折弯。宋代称为"举折"的做法，在清代称为"举架"即"举起屋架"之意。[2]

例 18：

梁译本：The Curved Roof (*chu-che*)

The profile of the roof plane is determined by means of a *chu*, or "raising"

---

[1] Feng, J. *Chinese Architecture and Metaphor: Song Culture in the Yingzao Fashi Building Manual*. Hong Kong: Hong Kong University Press, 2012: 227.

[2] 梁思成. 图像中国建筑史. 梁从诫，译. 北京：中国建筑工业出版社，2001: 29, 33.

of the ridge purlin, and a *che*, or "depression" of the rafter line. The pitch is determined by the " raise" of the ridge，which may make a slope varying from 1:2 for a small house to 2:3 for a large hall, with gradation in between. The height of the raise is called the *chu-kao*. The curve of the rafter line is obtained by "depressing" or lowering the position of the first purlin below the ridge, by one-tenth of the height of *chu-kao,* off a straight line from the ridge to the cave purlin. Another straight line is then drawn from this newly plotted point to the cave purlin, and the next purlin below is "depressed" by one- twentieth of the *chu-kao*. The process is repeated, and each time the "depression" is reduced by half. The points thus obtained are joined by a series of straight lines and the roof line is plotted. The process is called *che-wu*, or "bending the roof." ... What is called in the Sung Dynasty *chu-che* （"raise-depress"）is known in the Ch'ing Dynasty as *chu-chia,* or "raising the frame."（p.213, p.216）

冯译本：The *YZFS* record the *juzhe* 举折 ([first] raise [the total height] and [then] break [for individual heights of purlins]) method: the rise of the total roof height is determined by the total width of bays on the side plus the depth of the protrusion of bracketing from the eave columns. It also stipulates a detailed method for setting the roof pitch that varies with the type of structure under construction and with the type of roofing material.（pp.36-37）

　　梁译本采用音译法将"举折"译为"*chu-che*"，在行文中将"举折"分为"举"和"折"进行阐述，以更好地解释该术语的内涵。"举"和"折"都采用音译"*chu*""*che*"和文内解释"'raising' of the ridge purlin"和"'depression' of the rafter line"。对"举折"内涵进行解释之后，在"宋营造法式大木作制度图样要略"中以图示法对"举折"进行了绘图，并配以中英文说明（见图6-16）。

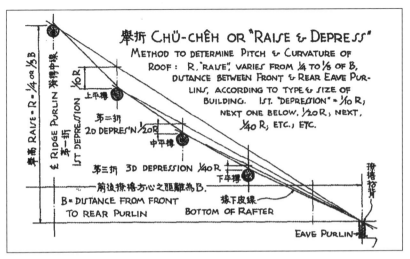

图 6-16　举折 [1]

如图 6-16 所示，梁译本重复中文指称"举折"，通过音译"CHÜ-CHÊH"和直译"RAISE & DEPRESS"进行标注，并对确定屋顶高度和曲度的方法进行了简要说明。

在阐述宋代的"举折"在清代称为"举架"时，采用音译法和文外解释法译为"*chu-che* (raise-depress)"。上文已对"举折"的具体涵义和施工方法做了详细解释，故下文的文外解释只采用简短的直译法译为"raise-depress"。此外，该书末的"技术术语一览"又将"举折"文外解释为：*chǔ-che* 举折 Sung term: method of determining the pitch and curvature of a roof; literally, "raise/depress"。[2] 总体而论，梁译本采用多种翻译方法阐述"举折"，译文较好地阐述了原文术语的文化内涵，但"举折"的翻译出现了译名不统一、文外解释略长的问题。我们认为，在正文中首先采用现代汉语拼音音译为"*juzhe*"，重复中文指称"举折"，再辅以文外注释"raising of ridge purlin and depression of rafter line"应是更理想的译法。

冯译本采用音译法、重复中文指称和文外解释三种不同方法翻译"举折"这一中国古建筑文化术语，并在此基础上以描述性语言详细阐释

---

① 梁思成．图像中国建筑史．梁从诫，译．北京：中国建筑工业出版社，2001：30.
② 梁思成．图像中国建筑史．梁从诫，译．北京：中国建筑工业出版社，2001：256.

"举折"的文化内涵。此外，在书末的附录 6 中，又以音译法、重复中文指称和文外解释的方法对"举折"进一步阐释如下：*juzhe* 舉折 (raise and break[method for roof curvature)。[1]

"举折"是英文中没有对等语的中国古代建筑文化术语。梁译本中"举折"首次出现时采用音译法、文内解释来详细阐述具体涵义和施工方法，然后以图示法进行图文并茂的说明。基于上文的解释，"举折"再次出现时，同时采用音译辅以简短的文外解释的方法。书末"技术术语一览"对"举折"再次进行文外解释。冯译本同时采用音译法、重复中文指称和文外解释的方法。但与梁译本有所不同的是，翻译"举折"中的"折"时，冯译本采用了"break"一词。总体上看，梁译本和冯译本都较好地保留了"举折"的中国古代建筑文化的独特性。

四、建筑组件术语的英译例证

1. 藻井

不同朝代，"藻井"形式也不同。"宋、辽、金时期通采用斗八藻井，宋《营造法式》详细规定了斗八藻井和小斗八藻井建筑之制。明清时期的藻井一般采用三层式，下层为方井，通常安斗栱；中层为八角井，通过抹角坊、套方叠置，使井口由方形变成八角形；上层为圆井。藻井上遍施彩画、雕镂，装饰华丽，是室内天花的重要装饰部分，多见于宫殿、坛庙、寺院等建筑中，安置于神佛或帝王宝座顶上，不得用于一般建筑的顶棚。"[2]

《图像中国建筑史》对"藻井"描述如下：在现存的宋代建筑中，其建造年代与《营造法式》最接近的是一座很小的殿——河南嵩山少林寺的初祖庵。……山西应县净土寺大殿，建于 1124 年（金天会二年），距《营造法式》的刊行时间比初祖庵还要近一年。尽管有政治上和地理上的阻隔，这座建筑的整体比例却相当严格地遵守了宋代的规定。其藻井采

① Feng, J. *Chinese Architecture and Metaphor: Song Culture in the Yingzao Fashi Building Manual*. Hong Kong: Hong Kong University Press, 2012: 228.

② 李国豪等. 中国土木建筑百科辞典·建筑. 北京：中国建筑工业出版社，1999：415.

取了《营造法式》中天宫楼阁的做法，是一件了不起的小木作装修技术杰作。①

例 19：

梁译本：In spite of the political and geographical distance, the general proportion of this building adheres quite closely to the Sung rules. Its ceiling, treated with the *t'ien-kung lou-ke*, or "heavenly palaces" motif, as given in the *Ying-tsao fa-shih*, is a magnificent piece of cabinetworker's art.（p.230）

冯译本：Meanwhile, certain types of architecture and elements are permitted only for buildings for relatively high-ranking officials. For example, coffers (*zaojing* 藻井), a striking interior decorative element, are allowed only for princes and dukes and, from the context, thus for those whose ranks are above the first and the second. ... Unlike previous reference works that had treated only architectural types, the *Taiping yulan* also dealt with specific structural elements and architectural decorations, such as *zhuo* 棁 (short post on beams), *jie* 栔 (block), *ji* 枅 (bracket), *zaojing* 藻井 (coffer), *zhichu* 質礎 (footing), *pushou* 铺首 (door knocker), and *chiwei* 鸱尾 (owl-headed fish tail [tile decoration]).（p.56, p.80）

梁译本采用绝对泛化方法，将"藻井"直接翻译为英文中的"ceiling"一词，再以描述性语言对"藻井"的做法和装饰功能做了解释，以便于目的语读者理解，进而以图示法直观、生动地展示了"藻井"的造型和装饰效果（见图 6-17）。此外，在书末的"技术术语一览"中还并用音译法、重复中文指称和文外解释方法将"藻井"阐释为"tsao-ching 藻井 caisson ceiling"。②

---

① 梁思成.图像中国建筑史.梁从诚，译.北京：中国建筑工业出版社，2001：100.
② 梁思成.图像中国建筑史.梁从诚，译.北京：中国建筑工业出版社，2001：258.

（a）① 　　　　　　　　　（b）②

图 6-17　藻井

　　冯译本并用归化译法、音译法和带有中文指称的文外解释，将"藻井"翻译为"coffers (*zaojing* 藻井)"，并阐述了"藻井"这一建筑装饰仅限于王公、贵族，即一品和二品以上的官员使用。检索《大英百科全书》可以发现，"coffers"的英文释义为"in architecture, a square or polygonal ornamental sunken panel used in a series as decoration for a ceiling or vault. The sunken panels were sometimes also called caissons, or lacunaria, and a coffered ceiling might be referred to as lacunar"（用于屋顶或栱顶系列装饰中的方形或多角形装饰凹陷镶板，有时也称为"caissons"或"lacunaria"）。英文中的"coffers"与"藻井"的造型和功能相似，都具有装饰功能，可见，这是冯译本首先采用归化译法的重要依据。

　　鉴于上文已经以归化译法传达了"藻井"的内涵，冯译本在下文中便采用音译法、重复中文指称和文外解释的方法进行翻译，凸显"藻井"的音译名称和中文指称，而其英文归化译法只作为文外解释。此外，在书后的附录 6 中，冯译本采用音译法、重复中文指称和文外解释的方法将"斗八藻井"译为"*doubazaojing* 鬥八藻井 (coffer with octagon motif)"。中国不同朝代"藻井"形式不同，宋、辽、金时期通常采用斗八藻井。显然，冯译本所译的"斗八藻井"应该就是宋代的"藻井"的真实内涵。

① 　陆文静 . 中国建筑术语英译的生态翻译研究——以《江南民居》为个案 . 武汉：武汉理工大学，2017：42.
② 　梁思成 . 图像中国建筑史 . 梁从诚，译 . 北京：中国建筑工业出版社，2001：102.

2. 鸱尾

"宋氏瓦作构件名称，位于宫殿正脊两端。正脊两端使用鸱尾的记载，最早见于西汉武帝时。反映于壁画及雕刻的则出自北魏至隋唐的石窟和陵墓。陕西乾县唐太宗昭陵、献殿遗址内发现的鸱尾，是现知最早的遗物。"[①]《中国古建筑术语辞典》中的鸱尾的具体形制如图 6-18 所示。

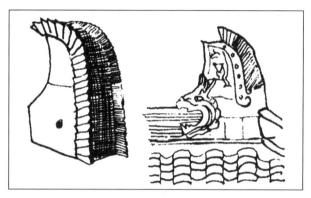

图 6-18 《中国古建筑术语辞典》中的鸱尾示意图[②]

例 20：

梁译本：鸱尾 CH'IH-WEI（p.22）

在《图像中国建筑史》的"中国木构建筑主要部分名称图"中，梁译本以图示法标明"鸱尾"的位置，同时写出"鸱尾"的中文指称和音译名称"CH'IH-WEI"，见图 6-19（基于"中国木构建筑主要部分名称图"的鸱尾截图）。

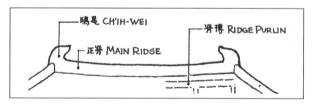

图 6-19 《图像中国建筑史》中的鸱尾截图[③]

① 王效青. 中国古建筑术语辞典. 太原：山西人民出版社，1996：329-330.
② 王效青. 中国古建筑术语辞典. 太原：山西人民出版社，1996：330.
③ 梁思成. 图像中国建筑史. 梁从诫，译. 北京：中国建筑工业出版社，2001：22.

冯译本: Unlike previous reference works that had treated only architectural types, the *Taiping yulan* also dealt with specific structural elements and architectural decorations, such as *zhuo* 棁 (short post on beams), *jie* 㮇 (block), *ji* 枅 (bracket), *zaojing* 藻井 (coffer), *zhichu* 質礎 (footing), *pushou* 鋪首 (door knocker), and *chiwei* 鴟尾 (owl-headed fish tail [tile decoration]). (p.80)

冯译本翻译多种建筑装饰名称时，皆采用了音译法、重复中文指称和文外解释的方法，例 20 就是其中之一。"鸱尾"的译文为"*chiwei* 鸱尾 [owl-headed fish tail (tile decoration)]"，采用的文外解释"owl-headed fish tail[tile decoration]"对"鸱尾"外形及其功用进行了描述。

"鸱尾"这一中国古代建筑文化术语在英语中没有对等词。虽然语序有异，但梁译本和冯译本都采用了音译法、重复中文指称的翻译方法。所不同的是，梁译本辅以图示法直观地标记出"鸱尾"所在的位置，而冯译本采用文外解释描述"鸱尾"的外形和功用。总体而论，通过采用以上复式译法，梁译本和冯译本都较好地保留了"鸱尾"的中国古建筑文化特色，清晰的译文也让目的语读者易于理解该术语的指称意义。

第三节 本章小结

本章以《图像中国建筑史》和《中国建筑与隐喻：〈营造法式〉中的宋代文化》为研究对象，将中国古代建筑术语分为建筑样式术语、房屋部件术语、建筑组件术语、工艺技术术语和其他术语五个大类。基于以上分类，我们运用本课题所建构的中国古代科技术语英译的理论分析框架，采用描述性分析和个案分析相结合的研究方法，对上述前四类中国古代建筑术语的英译策略与方法进行了个案研究。研究发现，梁译本和冯译本采用的翻译方法如下：

（1）采用直译法翻译目的语中拥有对等术语的原文术语。部分中国古代建筑术语能够找到表达原文术语概念指称的对等术语，虽然此类术语没有完全承载中国古代建筑文化内涵，例如，"柱""梁"分别直译为

"column" 和 "beam"。

（2）采用文化保留性翻译策略和方法翻译能够承载中国古代建筑文化特色和内涵，而目的语无对等术语的原文术语。中国古代建筑术语随着古代建筑的发展而不断沉积流传下来，植根于中华民族传统文化的土壤，具有厚重的中国文化内涵。王沪宁曾指出："文化是一个国家软实力的重要组成部分，但是软实力的力量来自其扩散性，只有当一种文化广泛传播时，软实力才会产生越来越强大的力量。"[1] 就其本质而言，翻译是基于语言转换的跨文化交流活动，该类术语的翻译能够在一定程度上助力中国古代建筑文化的国际传播。

梁译本与冯译本依据文化保留性翻译策略，以音译法为主，辅以重复中文指称、文内解释、文外解释、使用同义词、图示法等翻译方法，原汁原味地保留了该类建筑术语的文化特色和内涵。该类术语首次在文中出现时，通常同时采用音译、重复中文指称、文内解释、文外解释中的两种或两种以上的翻译方法。在译文读者对该术语有了一定的了解之后，该类术语在下文中出现通常采用音译法。通过采用以"音译"为主、其他翻译方法为辅的文化保留性翻译策略和方法，术语译文突出了中国古代建筑术语的文化特色，促进了中国古代建筑文化的国际传播，服务中国文化软实力建设。

（3）采用文化替代性翻译策略，或者文化替代性翻译策略辅以文化保留性翻译策略，来翻译能够承载中国古代建筑文化特色和内涵，而且目的语中拥有对等术语的原文建筑术语。原文中的建筑构件方面的术语，反映出来的建筑做工和样式带有独特性的中国文化元素，与目的语建筑文化中的建筑构件不同。例如，梁思成采用文化替代性翻译策略下的绝对泛化的方法翻译"藻井"，辅以文化保留性翻译策略下的文外解释，并利用图示法向目的语读者展示"藻井"。冯译本采用文化替代性翻译策略下的归化译法，辅以文化保留性翻译策略下的音译法、重复中文指称和文外解释等方法。

---

[1]　王沪宁. 作为国家实力的文化：软权力. 复旦学报（社会科学版），1993（3）: 96.

（4）采用自创译法翻译不能承载中国古代建筑文化特色和内涵，而且目的语中有没有对等术语的原文建筑术语。对于中国古代建筑文化内涵不明显，在西方建筑文化中不存在的中国古代建筑术语，梁译本与冯译本主要采用了以下几种自创译法：通过隐喻思维方式进行创译，保留原文隐喻或根据原文语境创造隐喻。隐喻是一种重要认知方法，是人类通过已知通向未知的桥梁。科学的发展往往是抽象而深奥的，所以科学家有时不得不借助于隐喻表达新事物，隐喻在科技术语翻译中也变成一个非常重要的表达术语概念的手段。"科学术语翻译中有时也需要一些形象思维，就是利用比喻的方法进行翻译。通常在科学术语翻译中主要使用隐喻法。"[①] 例如，冯译本从隐喻视角深入挖掘"飞昂"如飞鸟的内涵，将"飞昂"译为"flying ang"，营造出建筑物的恢宏气势和动感。又如，梁译本根据中国古代建筑术语展示出的建筑外观进行创译，翻译"悬山"时，结合不同屋顶的特点进行了部分创造性翻译，"悬山"由于其桁（檩）挑出山墙之外，故创造性地将"悬山"译为"overhanging gable roof"。

（5）基于中国古代建筑文化的特点，采用多模态的图示法翻译古代建筑术语。多模态理论认为，言语模态与声音、图像等多种非言语模态共同参与意义的建构。"科技典籍翻译中，插图的运用对于目的语读者理解原文文本发挥着重要的作用，图像使术语的解析更直观，其认知效果有时胜过大段文字说明。"[②] 因此，翻译中国古代建筑术语时恰当地采用图示法，要比单纯的文字解释说明更易于为目的语读者理解。例如，梁译本中大量的古代建筑术语是通过图纸、照片、中英文标注进行翻译的。冯译本也采用了图示法翻译中国古代建筑术语。

（6）翻译古代建筑系列术语时，坚持了系统性和统一性。"对于一些密切相关的术语，在翻译时一定要注意系统性。"[③] 例如，冯译本

---

① 张彦. 科学术语翻译概论. 杭州：浙江大学出版社，2008：65.
② 许明武，罗鹏. 古代手工业术语英译探——以《考工记》为例. 中国翻译，2019（3）：165.
③ 张彦. 科学术语翻译概论. 杭州：浙江大学出版社，2008：91.

采用音译法将"斗栱"译为"*dougong*",然后同样以音译法将"斗""栌斗""齐心斗"等术语中的"斗"统一翻译为"*dou*",与"斗栱"中的"*dou*"保持术语译名的一致性。

（7）在语篇层面,古代建筑术语的翻译有时采用替代、省略或变换等方式避免重复。英语除非有意强调或出于修辞的需要,一般来说,总的倾向是尽量避免重复。英语通常采用替代、省略或变换等方式来避免无意图的重复,使行文简洁、有力,符合英语民族的语言表达习惯。在语篇层面,同一古代建筑术语多次出现,采用代词替代、同义词、上义词替换和省略等方式避免重复。

梁思成作为中国著名的建筑大师,所著《图像中国建筑史》是向西方读者介绍中国古代建筑的经典著作,该书的主要特点为运用图像来清晰地阐释中国古代建筑结构体系及其形制的演变,以及建筑物各种组成部分的发展。冯继仁所著《中国建筑与隐喻:〈营造法式〉中的宋代文化》以宋朝文化和隐喻视角,探讨《营造法式》内容与宋代政治制度的关系、法式中术语的文化寓意。我们希望通过研究这两部著作中的中国古代建筑术语的翻译策略和方法,推动中国古代建筑文化"走出去",为提高中国文化软实力提供有益的借鉴。应该指出的是,值得进行案例分析的中国古建筑文化术语还有很多,限于篇幅,本书仅选择部分最具代表性的译例进行了案例分析。

第七章　中国古代航海术语英译研究：以《瀛涯胜览》为例

具有重大历史意义的中国明代航海家郑和七下西洋的伟大壮举，使郑和成为直至今天仍具有重大国际影响力的中国历史文化名人。郑和下西洋揭开了世界大航海时代的序幕，向全世界传达了中华民族热爱和平、睦邻友好、自强不息的和平外交理念，畅通的东西方海上交通网络也由此形成，一个以合作共赢为核心的新的国际体系亦由此构建。

郑和下西洋研究是 20 世纪兴起的"中国新史学"的一个重要分支，是中外关系史的一个重要组成部分。[①] 研究郑和下西洋最重要的原始文献可以概括为"三书一图"，即《瀛涯胜览》《星槎胜览》《西洋番国志》和《郑和航海图》。在这西洋史地学三书中，马欢所著《瀛涯胜览》的记载最为集中、全面和丰富。《瀛涯胜览》早在明代就成了西洋史地方面的名著要籍，是下西洋诸书中最为珍贵和重要的著作之一，留下了许多独有的历史记载，对其后的西洋史地书、中西交通史书有着重大而深远的影响。[②] 此外，在一定程度上，一些国家的古史也有赖于此书才得以重建，此书的史料价值可见一斑。[③] 表 7-1 展示了该书正文共 19 章所列的20 个主要国家及其现所属国家和地区。

---

① 万明 . 郑和下西洋研究百年回眸 . 中国史研究动态，2005（8）: 9.
② 张箭 . 马欢的族属与《瀛涯胜览》的地位 . 西南民族大学学报（人文社科版），2005（6）: 144，147，149.
③ 万方 . 中外古代交通史籍——瀛涯胜览 . 书屋，2017（8）: 1.

表 7-1 《瀛涯胜览》涉及的古国名及所对应的现在国家

古国名	现所属国家/地区	现所属地区	古国名	现所属国家/地区	现所属地区
占城	越南	东南亚	裸形	印度	南亚
爪哇	印度尼西亚	东南亚	小葛兰	印度	南亚
旧港	印度尼西亚	东南亚	柯枝	印度	南亚
暹罗	泰国	东南亚	古里	印度	南亚
满剌加	马六甲海峡	东南亚	溜山	马尔代夫	南亚
哑鲁	印度尼西亚	东南亚	祖法儿	阿曼	西亚
苏门答剌	印度尼西亚	东南亚	阿丹	也门	西亚
黎代	印度尼西亚	东南亚	榜葛剌	孟加拉国	南亚
南浡里	印度尼西亚	东南亚	忽鲁谟厮	霍尔木兹海峡	西亚
锡兰	斯里兰卡	南亚	天方	沙特	西亚

如表 7-1 所示，《瀛涯胜览》涉及东南亚、南亚和西亚的众多国家，详细记载了明代通事马欢随郑和船队到访的 20 个亚洲国家的地理、政治、农业、手工业、风俗、宗教等情况，成为中国航海历史与文化研究，以及海内外郑和研究的重要史料。

鉴于《瀛涯胜览》极高的史料价值，国内外学者也对它展示出高涨的研究热情。对于《瀛涯胜览》的研究，最早开始于国内外学者对于其版本的介绍与整理。据中国社会科学院历史研究所研究员万明整理研究所得，作为郑和下西洋原始文献的《瀛涯胜览》，因流传甚广，史料价值极高，故现存版本繁杂：明清共有 17 种版本，包括 7 种钞本和 10 种刻本；民国时期迄今，又出现了多种影印本、翻刻本和校注本。①

在国内，早在明代，黄省曾所著《西洋朝贡典录》中关于郑和下西洋的大多数资料，都来自黄省曾对《瀛涯胜览》的内容整理。1929 年，向达在其《关于三宝太监下西洋的几种资料》一文中，详细介绍了《瀛涯胜览》的不同版本考证，向达也成了较早进行《瀛涯胜览》版本研究的先

---

① 万明. 明代马欢《瀛涯胜览》版本考. 文史，2018（2）：205-244.

驱。1935 年，中国交通史研究知名学者冯承钧出版了《瀛涯胜览校注》一书，成为迄今为止最为通行的《瀛涯胜览》校注版本。

在国外，早在 1874 年，英国外交官梅辉立（W. F. Mayers）就在《中国评论》上发表了《十五世纪中国人在印度洋的探险》一文，其中的大部分资料都来源于《瀛涯胜览》一书。1876 年，荷兰学者葛路耐（W. P. Groeneveldt）在《南洋群岛文献录》中摘译了《瀛涯胜览》的部分章节，其中就有中国关于南洋地区的文献记载。1895 年，英国学者乔治·菲利普斯（George Phillips）对此书进行章节译注，成为此书最早面向西方的推介；该章节译注版本不仅记录了郑和下西洋途经地区的自然与人文情况，还记录了郑和的船队、航线、途经的地点以及与当地政权的交往，为研究"海上丝绸之路"提供了宝贵的事实依据。1915 年，美国外交官柔克义（W. W. Rockhill）所写的《十四世纪东方群岛与印度洋沿岸的贸易关系》对《瀛涯胜览》做了题解，并发表在《通报》（T'oung Pao）上，这也是目前我们所掌握的另一节译本。在此英文节译本中，柔克义增添了脚注，同时也保留了一些文化负载词的中文原文。1939 年，印度史学家 K. A. 尼拉坎塔·萨斯特丽（K. A. Nilakanta Sastri）在 Foreign Notices of South India-From Megasthenes to Ma Huan 一书中也对《瀛涯胜览》的节译做了收录，此节译本选取了锡兰国、柯枝国、古里国和溜山国四章。与此前的节译本不同的是，这个节译本综合了荷兰汉学家戴闻达、柔克义和菲利普斯的译法，并标注了几位译者持不同意见之处。

1933 年，法国学者保罗·伯希和（Paul Pelliot）收集整理了《瀛涯胜览》当时可见的各种版本，并发表文章向西方学界展示了各种版本之间的复杂关系。1969 年和 1970 年，日本学者小川博、英国学者米尔斯分别在日本和英国出版了马欢的《瀛涯胜览》的日文译本和英文译本。而米尔斯的英译本也被中国学者认定是《瀛涯胜览》一书最重要的外文译本，因为它"集中体现了西方与中国学者的研究成果"[①]。1967 年 4 月，英国学者米尔斯开始将《瀛涯胜览》译成英文，并于 1970 年交由英国哈

---

① 万明 . 明代马欢《瀛涯胜览》版本考 . 文史，2018（2）: 209.

克卢特学会（Hakluyt Society）出版。成立于 1846 年的英国哈克卢特学会，以英国航海家和地理学家理查德·哈克卢特（Richard Hakluyt）名字命名，通过出版发行不同国家地理、航海等领域原始文稿的英译作品，致力于推动这些领域的知识分享与教育进步。该学会在《瀛涯胜览》英译本的出版说明中指出：关于 15 世纪的东南亚历史，中国学者提供了最有益、最权威的史料资源。其中，马欢的《瀛涯胜览》一书又提供了最丰富和有趣的信息。①

米尔斯选取冯承钧的校注版本（1955 年再版的版本）进行翻译，是基于两个原因：首先，冯承钧是驰名中外的中国历史学家和中外交通史家，在马欢的原著及其他校注版本的基础上，冯先生力求"使原书还其旧，使读者通其读"，因此他的校注版本既做到了忠实于原著，又注意将校勘后的译名和原著中的原名同时呈现，方便读者理解。其次，作为现代中国出现的校注版本，冯承钧的校勘文本是外国学者更容易获取的版本。米尔斯开展该书的英译工作的初衷是方便哈克卢特学会的理事成员们通过一手资料来了解中国的航海历史。米尔斯的译著全面地还原了郑和的航海探险经历和马欢书中的内容。为了提升西方读者对郑和下西洋这段东方航海历史的了解，该英译本在原著的基础上，添加了译者对于郑和下西洋史实、马欢其人和《瀛涯胜览》一书的介绍。除此之外，米尔斯忠实于原著，将《瀛涯胜览》正文共计 19 章悉数译出，包括原作的序言与后记。因此，米尔斯的英译本在以下几个部分与冯承钧的校注版本重合：1416 年马欢的序言、1444 年马敬的序言、1416 年马欢的纪行诗、马欢所著《瀛涯胜览》内文以及 1451 年的后序。

在中国学者对《瀛涯胜览》研究展现出越来越浓厚的兴趣的同时，我们认为，在当前全球化和中华优秀传统文化"走出去"的双重时代背景下，应该研究如何将《瀛涯胜览》所展示的中外海洋交流的历史成就推广到国外。"翻译是一种跨文化的信息交流与交换活动，其本质是传

---

① Ma, H. *Ying-yai Sheng-lan "the Overall Survey of the Oceans Shores" (1433), translated from the Chinese text edited by Feng Cheng-Chun, with introduction, notes and appendices.* Mills, J. V. G. (trans. & ed.). Combridge, UK: Cambridge University Press, 1970.

播"①，翻译活动在中华优秀传统文化对外推广中应该发挥重要作用。鉴于此，本章聚焦于《瀛涯胜览》的米尔斯英译本，对其中的古代航海术语进行梳理、归类，并探讨译者米尔斯所采用的翻译策略与方法，为中国航海典籍中的术语英译研究提供借鉴。通过文本分析，我们发现该书中存在数量众多、类型丰富的地名术语和农业术语，考虑到国内考察《瀛涯胜览》等航海典籍中的术语英译研究刚刚起步，尚未全面开展，本章将对该部译著中的古代地名和农业术语展开英译个案分析，希望对今后该领域的深入研究起到抛砖引玉的作用。

第一节　古代航海术语的特征与分类

航海典籍《瀛涯胜览》涉及东南亚、南亚和西亚的众多国家，详细记载了郑和船队到访的 20 余个亚洲国家的自然和人文地理、政治、农业、手工业、风土人情、宗教文化等多方面的情况。因此，该著作拥有种类繁多、数量极大的各种类型的文化术语，涉及各种文化现象。在一定程度上，《瀛涯胜览》可以说是描绘 15 世纪南亚、东南亚和西亚国家的一幅较为完整的"画卷"。

关于文化的分类，翻译家奈达提出了文化的五分法，即生态文化、物质文化、社会文化、宗教文化和语言文化五类。②纽马克在奈达的基础上将文化重新分类如下：（1）生态文化：植物、动物、自然元素；（2）物质文化（人造器物）：食、衣、住、行；（3）社会文化：工作与休闲；（4）组织、风俗、活动、程序、概念、政治与行政、宗教、艺术；（5）肢体语言和习惯。③我们运用纽马克的文化分类法对《瀛涯胜览》中的航海术语进行了细读与分析发现，纽马克论及的五种类型的文化在《瀛涯胜览》都有所体现，涉及中外地名、动植物、衣食和器物、生产和

① 吕俊. 翻译学——传播学的一个特殊领域. 外国语，1997（2）：39-44.
② Nida, E. A. Linguistics and Ethnology in Translation Problems. In Dell, H. (eds.). *Language in Culture and Society*. Frankfurt: Peter Long, 1945: 196.
③ Newmark, P. *A Textbook of Translation*. Shanghai: Shanghai Foreign Language Education Press, 2001: 95.

生活、风俗和宗教文化等诸多方面，只是各种类型的文化在书中所体现的比例不一样而已。专攻世界航海史的英国汉学家米尔斯翻译《瀛涯胜览》这部内涵丰富的中外海洋文化交流典籍时，不可避免地要对上述这五种文化术语进行翻译转换。限于篇幅，本章仅以《瀛涯胜览》的米尔斯英译本中部分古代航海地名和农业术语为例，先对古代航海术语进行特征和分类研究，进而开展古代航海术语英译的个案分析。

一、古代航海地名的特征与分类

如上所述，《瀛涯胜览》中存在大量的古代中外地名，包括自然地域名称和人文地域名称。这些历史悠久、文化内涵丰富的中外地名记载了古代"海上丝绸之路"沿线的中国与其他亚洲国家科技和文化交流互鉴的盛况。

（一）古代航海地名的特征

通过文本细读与分析，我们发现郑和下西洋的航海典籍《瀛涯胜览》涉及众多的中外地名，这些不同类型的地名具有以下三个突出特征。

（1）历史性。航海地名是地理实体的名称，其基本作用是标示方位，在人类不同历史时期和不同的社会生活中都发挥着不可替代的作用，具有独特的历史文化内涵。

（2）文化性。地名也是文化的瑰宝。它包含着不同朝代、不同种族对地理实体命名的理据，代表着人类历史活动的场地，保存着人类的历史记忆。[1] 可以毫不夸张地说，这些地名是记录人类历史的活化石，真实地记录了自然地理环境的变化、人类民族的变迁与融合，以及文化的进步与发展，蕴含着丰富的地理、历史、民族、语言、宗教、经济等要素，是一种特殊的文化符号。国内外学者对地名文化的研究历史悠久，重点研究地名的起源、分类、影响因素、功能价值等，研究方法多种多样，并逐渐呈现出地理学、语言学、社会学、历史学等多学科交叉融合

---

① 覃凤余，林亦.壮语地名的语言与文化.南宁：广西教育出版社，2007.

的研究态势。① 2007 年，在中国的推动下，地名文化被联合国教科文组织列入非物质文化遗产行列②，可见地名所承载文化的重要性。

（3）国际性。郑和航海典籍《瀛涯胜览》的地名记载的是郑和船队到访国家的地理、政治、农业、手工业、风俗、宗教等情况，是明代中外海洋文化交流与互鉴的见证。这些航海地名都承载着不同国家的文化，因此具有国际性的特点。

（二）古代航海地名的分类

上文提到，米尔斯翻译了冯承钧《瀛涯胜览》校注版本的五个部分。通过文本细读与分析，我们统计整理出这五部分中出现的主要地名，共计 103 个，并基于地名学将地名分为自然地域名称和人文地域名称的方法，对之进行详细分类（详见表 7-2）。其中，同一地名在文本中多次出现时，仅统计、考察该地名首次出现的英译文，并将其按照一个地名计算，不做重复统计。

表 7-2 《瀛涯胜览》中的中外地名分类和统计③

中外地名类别			具体的中外地名					
自然地域名称	陆域地名	山脉名称	帽山	翠蓝山	案笃蛮山	莺歌嘴山	佛堂山	小帽山
		岛屿名称	沙溜	人不知溜	起泉溜	麻里奇溜 加办年溜	加半年溜	加加溜
			安都里溜	官瑞溜	五屿	翠蓝岛		
	水域地名	海洋名称	西洋			那没嘌洋		
		河流名称	弱水					
		湖泊名称	鳄鱼潭		圣水		洞庭	
		海峡名称	五虎门		彭家门		龙牙门	

① 牛亚慧.海岛地名文化景观地理演变过程研究——以东山岛和澎湖列岛为例.泉州：华侨大学，2018.
② 刘保全，李炳尧，宋久成，等.地名文化遗产概论.北京：中国社会出版社，2011.
③ 阴影部分为中国的地名，其他均为其他国家和地区名称。

续表

中外地名类别			具体的中外地名					
人文地域名称	政区名称	地域名称	中华			西域		
		国家名称	占城	爪哇	旧港	暹罗	满剌加	哑鲁
			苏门答剌	黎代	南浡里	锡兰	裸形	小葛兰
			柯枝	古里	溜山	祖法儿	阿丹	榜葛剌
			忽鲁谟斯	天方	大宛	米息	中国	须文达那
			坎巴夷	狠奴儿	喋干	默伽	那孤儿	真腊
			交趾	阿鲁	阇婆		乌鲁谟斯	
		省份名称	广东	福州府	福建	川	漳州	泉
			云南	杭	越		闽	
		城市名称	会稽	三佛齐	京华	王舍城	长乐县	设比奈
			杜板	苏儿把牙	苏鲁马益	满者伯夷	京	仁和
			浡淋邦	上水	答鲁蛮		蓦底纳	
	交通地名	港口名称	新州港	章姑	淡港	淡水港	新门台	出卵坞
			别罗里	浙地港	锁纳儿港	秩达	新村	革儿昔
	建筑地名	寺庙名称	天堂礼拜寺			恺阿白		
		宫殿名称	紫宸			天堂		

　　具体来说，这 103 个地名可划分为以下 5 个大类、13 个小类，表 7-3 展现了这些中外地名的分类及具体出现次数。值得一提的是，在这些地名中，既有中国的地名，也有郑和船队所到访的其他国家的地名。这些不同国家的地名，展现出了不同的文化特性，所以表 7-3 对中国地名和外国地名进行了区分。以湖泊名称为例，《瀛涯胜览》中共记载了 2 个外国湖泊名称和 1 个中国湖泊名称，就用"湖泊名称 2/1"来表示；以山脉为例，书中记载的 6 个山脉均为外国的山脉，就用"山脉名称 6"表示。

表7-3 《瀛涯胜览》中的中外地名分类及其数量

中外地名大类		中外地名数量		
		各小类具体数量		合计
自然地域名称	陆域地名	山脉名称 6	岛屿名称 10	16
	水域地名	海洋名称 2	河流名称 1	3
		湖泊名称 2/1	海峡名称 2/1	6
人文地域名称	政区名称	地域名称 1/1	国家名称 33/1	62
		省份名称 0/10	城市名称 13/3	
	交通地名	港口名称 12		12
	建筑地名	寺庙名称 2	宫殿名称 1/1	4

从表7-3可以看出，出现频次最高的地名依次是外国的国家名称（33个）、城市名称（13个）和港口名称（12个）。这也从一个侧面印证，《瀛涯胜览》是研究明代前期中国对外关系、海外水上交通和多国地理、历史的一本重要的著作。

二、农业术语的特征与分类

（一）农业术语的特征

通过文本细读与分析可以发现，《瀛涯胜览》涉及众多与农业相关的术语，这些农业术语具有以下三个显著特征。

（1）专业性。首先，作为术语，即"通过语音或文字来表达或限定专业概念的约定性符号"①，《瀛涯胜览》中的一些农业术语限于准确表达专业性农学概念的狭义词汇，对于普通读者来说，文字比较艰深，晦涩难懂。

（2）历史性。作为记载郑和下西洋航海见闻的中外交流典籍，《瀛涯胜览》中的农业术语反映了15世纪亚洲各国的农业发展状况，还原了当时中外农业科技文化交流的历史面貌，因此也就与当代读者比较熟悉

---

① 冯志伟.现代术语学引论（增订本）.北京：商务印书馆，2011：29.

的农业术语有较大区别。

（3）文化性。在中外农业文化交流的过程中，不同国家农业文化所孕育出的独特术语表达方式使得这些农业术语往往具有深厚的文化内涵。由此可见，这些蕴含历史信息和文化内涵的农业术语是一种特殊的"文化专有项"①，具有文化专属性。

（二）农业术语的分类

通过文本细读与分析，我们从《瀛涯胜览》英译本中提取了约 240个农业术语，将其归入以下七类：（1）植物名称，如"观音竹""刺树""莲房"；（2）动物名称，如"长尾猢狲""鹤顶鸟""草上飞"；（3）农副产品名称，如"酥油""沙孤米""蜜姜"；（4）气候时令名称，如"瘴气""阵头雨"；（5）农业耕种养殖加工技术，如"扇鸡""淘珠"；（6）农具材料名称，如"竹筒""独木刳舟"；（7）计量单位名称，如"丈""姑邦"。

第二节　古代航海术语中的地名英译分析

西班牙学者艾克西拉主张的针对"文化专有项"的翻译方法，可以为我们研究地名翻译和农业术语翻译提供有效的分析角度。②"文化专有项"的概念强调某些词汇在原语与目的语中的文化价值不同，这就要求译者在翻译过程中必须严格界定这些词汇的文化成分，与语言或语用成分划清界限。地名和农业术语所蕴含的地理、历史、民族、语言等文化因子，促使它们成了一类翻译过程中承载文化成分的"文化专有项"。因此，本章以翻译家艾克西拉的"文化专有项"翻译策略和方法为理论依据，对米尔斯《瀛涯胜览》英译本中的地名和农业术语的翻译策略和方法进行分析。本节将采用统计和实例分析两种研究方法开展研究，前者

---

① Baker, M. *In Other Words: A Coursebook on Translation*. New York: Routledge, 2018: 19.
② 汪宝荣. 林语堂翻译《浮生六记》地名之策略——基于数据统计和示例分析的考察. 语言与翻译，2016（3）：38-43.

便于揭示米尔斯采用的翻译策略的整体倾向，以及各种翻译方法的使用频次，后者可用于分析米尔斯的实际翻译决策过程，包括如何考证地名和农业术语的指称意义和文化内涵，如何评估西方读者能否理解该地名的指称意义和文化信息，以及如何有针对性、有区别地选择翻译策略及方法等。

需要特别说明的是，因众多地名在文中多次出现，且翻译方法略有不同。对于这类多次出现的地名的翻译方法，本章以地名初次出现的译法为准。针对米尔斯对同一地名采用不同翻译方法的原因，我们将在本章第四节进行论述。

一、文化保留性翻译策略与方法的运用

统计分析发现，米尔斯《瀛涯胜览》英译本中的地名翻译主要采用文化保留性翻译策略，且翻译方法灵活多样。以下通过实例分析米尔斯所采用的具体翻译策略和方法。

（一）字母转换法例证

长期以来，中国地名的专有名称英译采用的都是威妥玛式旧拼法，但是这一方法固有的缺陷造成了许多混乱。1979 年 9 月，联合国第三届地名标准化会议做出了关于中国地名拼写的决议：汉语拼音作为中国地名罗马字母拼写法的国际标准。自此，国内外正式用汉语拼音字母替代威妥玛拼音来拼写中国地名。[①] 翻译《瀛涯胜览》中的地名时，米尔斯采用的就是威妥玛拼音法，而这是 1979 年之前国际通用的中国人名、地名的译写方法。译者选择字母转换法（音译法）主要是出于忠实原文的

---

① 袁晓宁. 论蕴含文化因子的地名英译原则和策略. 中国翻译，2015（1）: 96.

需要，以及实现原文与译文的功能对等的需要。①

例 1：苏门答剌国，即古须文达那国是也。（p.29）

The country of Su-men-ta-la is exactly the same country as that formerly [named] Hsü-wen-ta-na.（p.115）

例 1 中，"须文达那"用字母转换法音译为"Hsü-wen-ta-na"，因为是地理地名，并没有蕴含特别的文化信息。对于西方读者来说，这个地名只是一种异域的指称符号，没有必要在阅读的过程中为其付出过多理解性的努力。采用这种字母转换法音译地名，能够确保目的语读者更充分地欣赏、领略这些地名的异域风情，激发他们了解东方历史、地理知识的兴趣。还有少量地名米尔斯也采用威妥玛拼音法进行音译，限于篇幅，不再赘述。

（二）音译加文外解释法例证

音译法虽然能够保证译文对原文的忠实还原，且不会影响目的语读者的阅读体验，但该译法会给目的语读者带来理解上的不便，不能起到"见名知义"的作用。因此，对于《瀛涯胜览》中出现的大多数地名，米尔斯进行了灵活处理，由此衍生出"音译加文本外解释"的翻译方法。两种翻译方法叠用的手段在翻译实践中是十分常见的，翻译家艾克西拉指出这是翻译的实际需要②，纽马克也认为，同时使用两种以上翻译方法来解决同一个翻译问题对于文化词语的翻译特别适用③。

---

① 本章所选译例原文均参见：马欢. 瀛涯胜览校注. 冯承钧，校注. 北京：华文出版社，2018. 译文均参见《瀛涯胜览》米尔斯英译本：Ma, H. *Ying-yai Sheng-lan "the Overall Survey of the Oceans Shores" (1433), translated from the Chinese text edited by Feng Cheng-Chun, with introduction, notes and appendices.* Mills, J. V. G. (trans. & ed.). Cambridge, UK: Cambridge University Press, 1970. 译例的原文和译文后仅标注页码，译例中的下画线均为笔者所加，不再赘述。

② Aixelá, J. F. Culture-Specific Items in Translation. In Alvarez, R. & Vidal, M. C. (eds.). *Translation, Power, Subversion.* Beijing: Foreign Language Teaching and Research Press, 2007: 60.

③ Newmark, P. *Approaches to Translation.* Shanghai: Shanghai Foreign Language Education Press, 2001: 91.

统计分析显示，在所有的 103 个地名中，有 46 个地名是通过音译法辅以文外注释的方法进行翻译的。其中，正文中的译名通过音译法翻译，试图保留并传达该地名所指称的原有地理、文化信息。考虑到目的语读者可能并不熟悉这个地名，米尔斯通过添加文外注释来解释该地名的具体指称意义。在该英译本中，文外注释法主要是通过添加脚注来实现的。需要特别说明的是，米尔斯英译本中的部分脚注内容过长，且部分内容展示了与其他部分相同的翻译方法。限于篇幅，本书展示的部分地名的译名示例只截取了脚注内容的一部分，并没有完全展示。

例 2：**忽鲁谟厮国**（p.71）

THE COUNTRY OF HU-LU-MO-SSU

*A transliteration of the local name 'Hurmuz'. This maritime city-state was situated in 27°03' N, 56°27' E, on the island called Jazireh Hormuz near the mouth of the Persian Gulf. … For Hormuz see Hsiang Ta, Kung Chen, pp. 41-4; Fei Hsin, ch. I, pp. 35-7 (Rockhill, Part II, pp. 605-7); Ming Shih, p.7921, row 4 (Bretschneider, vol. II, pp. 132-5); Dames, vol.I, p.97, n.2; J. Aubin, 'Les Princes d'Ormuz Du X III au X V siele, Journal Aisatique, vol. CCXLI (1953), pp. 113-27; Schrieke, pt. II, p.384, n.12; Hitti, pp. 699, 702; Serjeant, p.11. （p.165）

例 2 的脚注较长，这里只截取了脚注的部分内容。保留的脚注内容体现了该脚注的三个主要功能：音译、添加地理信息进行文外解释以及文外互文。省略的脚注部分同样采用添加地理信息的翻译方法，并不影响本研究对该示例翻译策略和方法的分析。可见，米尔斯在脚注中采用了不同的翻译方法，以辅助正文的地名英译过程。表 7-4 展示了地名的不同脚注类型及其译名的数量。下文的译例分析将按照不同的文外解释类型进行分类。

表 7-4　音译加文外解释的地名翻译方法对应的脚注类型及译名数量

地名翻译方法	脚注类型	译名数量 / 个
音译 + 脚注（地理名称及信息）	现代地名 + 地理位置说明	19
	现代地名	6
	补全地名简称	3
音译 + 脚注（对原文进一步阐释、质疑或勘误）	阐释	1
	勘误	1
音译 + 脚注（语言学解释）	语音解释	6
音译 + 脚注（文外互文）	中文文外互文	3
	外文文外互文	3
音译 + 脚注（不同方法叠用）	不同方法叠用	5

　　统计分析发现，米尔斯善于在脚注中标明地名的地理信息来辅助正文中的音译法。这种方法在音译加文本外解释法的翻译实例中占有的比重最大，共计 28 例。具体来说，就是通过三种方法在脚注中补充地理信息：现代地名 + 地理位置说明、现代地名、补全地名简称。其中，米尔斯最常用的方法是在脚注中首先标明现代地名，然后说明其地理位置。通过标明现代地名说明地名的指称意义，是因为历史上对某一自然地理或人文地理实体的命名并非一蹴而就，而可能经历命名、更名、发展、演变等过程才最终固定。地名具有社会性、时代性、民族性和地域性[①]，因而会随着社会环境的变迁而发展变化。换言之，同一地名，在不同历史时期的称谓不尽相同。因此，针对《瀛涯胜览》中大部分地名的英译，米尔斯选择在脚注中标明现代地名，以方便当代读者理解原文的地名。

　　例 3：阇婆又往西洋去，三佛齐过临五屿。（序之 p.15）

From She-p'o again [the envoy] the Western Ocean broached; passing on by San Fo-ch'i, five islands he approached.

　　*Palembang, in southern Sumatra.（p.74）

---

① 王际桐 . 地名学概论 . 北京：中国社会出版社，1993.

例 4 : 先至一处，名杜板。（p.7）

The ships which come here from other countries first arrive at a town named Tu-pan.

*Tuban, a port on the north coast of Java, 6° 50' S, 112° 04' E.（p.86）

在例 3 和例 4 的脚注中，米尔斯首先标明了"三佛齐"和"杜板"的现代地名"Palembang"和"Tuban"。但考虑到西方读者对于这两个地名可能仍然感到模糊、陌生，米尔斯继而通过添加所辖之地及地理坐标来明确该地名的指称意义。类似的例子还有许多，如：

例 5 : 于杜板投东行半日许，至新村，番名曰革儿昔。（p.9）

From Tu-pan, after travelling toward the east for about half a day, you reach New Village, of which the foreign name is Ko-erh-hsi.

*Gresik. Founded by Chinese between 1350 and 1400, this excellent port rose rapidly in importance after 1400.（p.89）

例 6 : 过此投西，船行七日，见莺歌嘴山，再三两日，到佛堂山，才到锡兰国马头名别罗里。（pp.39-40）

After the ship has passed here and travelled towards the west for seven days, you see Parrot's Beak mountain; two or three days later you come to Buddha Hall mountain; then you reach the jetty in the country of His-lan; its name is Pieh-lo-li.

*We take this name to be a transliteration of 'Berbery', and identify the place with Beruwala on the west coast of Ceylon, 29 miles south of Colombo and 6 miles south of Kalutara.（p.125）

例 7 : 用小船入港，五百余里到地名锁纳儿港。（p.67）

[Thence] you use a small ship to enter the estuary, [and after travelling] for more than five hundred li, you come to a place named So-na-erh-chiang, where you go on shore.

*Sonargaon, 15 miles from Dacca in direction 102° and 1½ miles from the Meghna river; it was the eastern capital of Bengal till 1612.（p.160）

例 8：宗道乃越之会稽人。（p.81）

Tsung-tao is a man from Kuei chi in Yueh.

*Yüeh was the name of an area comprising parts of modern Kiangsi and Chekiang provinces.（p.179）

然而，对于例 5—例 8 中某些地名的翻译，米尔斯在脚注中只给出了该地名的现代译名，并没有给出相应的地理信息来做出进一步的解释。

例 9：扬帆迅速来阇婆。（序之 p.15）

Raise the sails! they scud along; She-p'o he quickly makes.

*An old Chinese name for Java.（p.73）

例 10：其国南连真腊，西接交趾界，东北俱临大海。（p.1）

On the south the country adjoins Chen la; on the west it connects with the boundary of Chiao chih; on both east and north it comes down to the great sea.

*Cambodia.（p.77）

在例 9 和例 10 中，米尔斯在脚注中只保留了现代地名，省略了地理信息的解释，可能是出于以下的考量：一是该地名在英语世界中已有且普遍接受，英文读者可能对其已较为熟悉；二是该地名在该译本的其他部分已经出现过，已给出较详细的地理信息说明。因此，这些地名再次出现时，米尔斯不再赘述其地理信息，只保留其现代地名的解释。

另外，汉语文言文为了保证其简洁性，常用单字替代词汇，或省略短语中的某一成分。在翻译过程中，译者如果不进行相应的信息补充，该类表达就会对读者造成干扰。为了解决这一问题，米尔斯在文外解释中补全了地名的简称，为正文所涉及的地名提供了相关的地理信息。如：

例 11：其波罗蜜如冬瓜之样，外皮似川荔枝，皮内有鸡子大块黄肉，味如蜜。（p.3）

The jack-fruit resembles the gourd-melon; the outside skin is like that of the litchi from Ch'uan; inside the skin there are lumps of yellow flesh as big as a hen's egg, which taste like honey.

*That is, the lichi (*Nephelium lichi*) from the province of Szechwan. （p.82）

例 12：柑橘甚广，四时常有。若洞庭狮柑绿橘样，其味不酸，可以久留不烂。（p.31）

Sour oranges are very plentiful; they have them continuously during [all] four seasons [of the year]; they are like the 'lion mandarin' or green orange of Tung t'ing ; the taste is not [very] sore; [and] they can be kept for a long time without going bad.

*Presumably Ma Huan refers to the Tung t'ing lake in Hunan province. （p.119）

例 13：崇礼乃杭之仁和人。（p.81）

Ch'ung-li is a man from Jen ho in Hang.

*Jen ho was a district (*hsien*) forming with Ch'ien t'ang hsien the prefectural city of Hang chou in Chekiang province. （p.179）

在例 11 中，马欢原文中的单字地名"川"为中国四川省的简称，米尔斯在正文中将其译为"Ch'uan"，并在脚注中对其补充了全称"四川省"（the province of Szechwan）。在例 12 中，米尔斯首先将"洞庭"音译为"Tung t'ing"，继而用脚注补全了"洞庭湖"的全称"the Tung t'ing lake"，并辅以地理信息解释，说明其地理位置"in Hunan province"。同理，在例 13 中，注释中的"city of Hang chou"补全了原文中的单字"杭"，并说明其地理位置"in Chekiang province"。对于想进一步了解东方地理知识的西方读者来说，米尔斯补充的这些信息是非常有帮助的。

除了比较明确、直接地给出译名及补充信息外，《瀛涯胜览》中的部分地名具有较大的翻译难度。米尔斯在《瀛涯胜览》英译本的前言中指出，为了确保译文的准确性，他委托中国留学生和汉学家校对英译初稿。但鉴于马欢原著距今历史久远，涉及众多亚洲国家的地理信息，故难以避免译文中的不足，甚至一些错误。因此，米尔斯在翻译过程中不时地对原文进行考证和判断，以方便目的语读者的阅读与理解。这种考证，多数体现为添加在脚注中的阐释、质疑或勘误的内容。如：

例 14：又往西行一日，到一城，名蓦底纳。（p.79）

If you go west again and travel for one day, you reach a city named Mo-ti-na.

*Medina (al-Medina). The statement of direction and distance is wrong; in truth, Medina lies some 300 miles north of Mecca, and the journey by caravan takes about 10 days.（p.177）

在例 14 中，米尔斯首先秉承不影响目的语读者阅读体验的原则，用音译法将原文中的地名"蓦底纳"还原为"Mo-ti-na"。但考虑到西方读者难以判断其所指，米尔斯继而配以脚注，用质疑的方式指出原文的错误，并指出该地的正确位置以及旅行需要的时长。因此，郑和的陆上车队从麦加出发，应至少需要 10 日方可到达麦地那，而非马欢所说的"一日"（至于方位，从麦加到麦地那，马欢指出"西行"，米尔斯强调"北行"。二人貌似矛盾的表述其实都是正确的，因为确切来说，麦地那位于麦加的西北方向）。米尔斯为了方便目的语读者理解原文信息，准确获取地理知识而进行的翻译中的勘误，充分体现他作为学者型译者所具备的强烈的责任感和读者意识，也反映出米尔斯严谨的治学态度。

另外，在考证某些地名所指地理实体的过程中，通过《瀛涯胜览》中所示的航行记录和游记内容，米尔斯对一些地名的考证和说明还参考了地名的语音内容，如：

例 15：其国番名牒干。（p.55）

The foreign name for the country is Tieh-kan.

*The second character should be *wa*, giving the name 'Tieh-wa', another derivative of *dvipa*.（p.147）

针对例 15 中的地名"牒干"，米尔斯首先在正文中将其音译为 "Tieh-kan"。考虑到该地名在英语中不存在对应的表达方式，米尔斯通过对马欢所记载的航行路线及所达地点进行考察，将其推测为古国名 "Tieh-wa"。因此，米尔斯在脚注中添加语音学说明并指出，在原文中的汉语地名中，第二个汉字应该为"wa"，而非"kan"，这样才与"Tieh-wa"一致。这种添加语音内容的说明来辅助地名翻译的注释方法，可以较为直观地让目的语读者了解原文地名的所指，同时也会激发读者了解亚洲地理知识的兴趣。如：

例 16：八曰官瑞溜。（p.55）

The eighth is called 'Kuan jui liu'.

*The second character should be *hsü*, 'island'.（p.148）

在例 16 中，米尔斯首先在正文中将原著中的中文地名音译为相应的英文，继而又在脚注中通过文外注释，进行语音对比，探察该地名可能所指的地理实体。除了进行语音对比，米尔斯还在脚注中从语义学角度指出了推测为该语音的原因。具体来说，原文中的中文地名"官瑞溜"，通过威妥玛式拼音音译为"Kuan jui liu"。但通过考证，米尔斯认为该地名的第二个汉字应为"hsü"音，意为"岛屿"。如此一来，译者米尔斯既尊重了原文汉字音、形、义有机统一的语言特征，又有理有据地证实了自己对该地名所指地理实体的推测。

总之，无论是在脚注中用现代地名或地理信息说明原文中的地名所指，还是对原文进行质疑、阐释，抑或是添加语音学解释来给目的语读者带来更全面的信息，在《瀛涯胜览》英译本中，米尔斯擅用音译法辅以脚注法来翻译地名的习惯是显而易见的。米尔斯采用脚注的方法灵活变通，极具语言表现力，在力求语言功能对等的前提下，最大限度地保证了目的语读者对原文地理信息的准确获取。上述脚注方法虽各不相同，但实质上都是在脚注中添加译者个人的阐释或勘误，这不失为古代地名翻译的良策。

此外，在某些译例中，米尔斯还在脚注中借鉴别人的相关表述或解释翻译地名。如：

例 17：*海虵彼人采积如山，罨烂其肉，转卖暹罗、<u>榜葛剌</u>等国，当钱使用。*（p.56）

As to their cowries; the people there collect them and pile them into heaps like mountains; they catch them in nets and let the flesh rot; [then] they transport them for sale into Hsien Lo, <u>Pang-ko-lo</u>, and other such countries, where they are used as currency.

*Bengal. Ma Huan does not say this; Feng introduces the name on the strength of a statement made by Huang Sheng-tseng.（p.150）

在例 17 中，米尔斯除了在正文中用音译法将地名"榜葛剌"译为"Pang-ko-lo"，在脚注中说明其现代地名"Bengal"之外，还在脚注中阐述了其他著作的相关内容，来佐证自己对于该地名判断的准确性。脚注注明"马欢原著中虽未提及该地名，但黄省曾在《西洋朝贡典录》中有相关表述，因此冯承钧对《瀛涯胜览》进行校注时就将该地名添加到该处。米尔斯也沿用了这一论证，并解释了该地名所指的地理实体，向目的语读者提供了该地名的丰富背景知识。

这种将文本内容与文本外的相关内容进行互应，用以解释文本内容的脚注方法，被称为文外互文。① 在中文著作外译的过程中，根据译者比照文本的不同来源，文外互文又可分为中文文外互文与外文文外互文。顾名思义，译者将该书与其他中文著作的相关内容进行对比，脚注即为中文文外互文。反之，其他译者的外语译文用于脚注中进行对比阐释，脚注即为外文文外互文。在《瀛涯胜览》英译本中，米尔斯均有效

---

① 卢军羽. 中国科技典籍文本特点及外国译者的翻译策略研究——以《景德镇陶录》及其英译本为例. 北京第二外国语学院学报，2016（6）：87.

运用了这两种文外互文方式。其中，中文文外互文还有下例：

例 18：自古里国开船，投西南申位，船行三个月方到本国马头，番名秩达。（p.77）

Setting sail from the country of Ku-li, you proceed towards the south-west–the point *shen* on the compass; the ship travels for three moons, and then reaches the jetty of this country. The foreign name for it is Chih-ta.

*Jidda; K alone provides the correct reading for the first character; C and S have *yang*. Jidda was not only the port of Mecca, but the terminus of the Indian fleet; and it became a commercial mart of the first importance.（p.173）

在例 18 中，米尔斯指出地名"秩达（Chih-ta）"即今沙特阿拉伯城市"吉达（Jidda）"。为了给目的语读者扩展背景知识，米尔斯又在脚注中说明了《瀛涯胜览》不同版本对该地名的阐述：只有朱当洒编著的《国朝典故》用"秩达"，而沈节甫编著的《纪录汇编》以及吴弥光编著的《胜朝遗事》都将该地名表述为"杨达"音。根据上下文可知，该地名所指地点应为麦加港，郑和船队的目的港，故确定该地名所指应为"吉达"，古名为"秩达"。除了参考其他中文著作中的地名信息，米尔斯同时还参考了记载亚洲地理、历史情况的其他外国著作。如：

例 19：宝船自满剌加国向西南，好风五昼夜，先到滨海一村，名答鲁蛮。（p.29）

From the country of Man-la-chia the treasure-ships go towards the south-west; after five days and nights with a fair wind they first come to a sea-side village called Ta-lu-man.

*Presumably to be identified with the 'Sarha' or 'Sarhi' of Ibn Battuta and the 'Telok Teria' of the *Hikayat Raja-Raja Pasai* (Hill, 'Pasai', p.136; Gerini, p.646).（p.116）

米尔斯通过比对地名"答鲁蛮"在《瀛涯胜览》文本中所描述的地理位置，推测该地名与另外两位西方人所述的两个地名相仿：摩洛哥大旅行家伊本·白图泰（Ibn Battuta）所记载的"萨尔哈（Sarha）"以及1960年希尔（A. H. Hill）刊于期刊《皇家亚洲学会马来分会志》中论文所述的巴塞国（Pasai）城市"泰洛克·泰里亚（Telok Teria）"。经考证，该地名应该指今印度尼西亚苏门答腊的某一港口城市。

例 20：俗言出卵坞，即此地也。（p.39）

[This place] commonly called Ch'u luan wu is this country.

* K has *Ch'u mao hsü*, "Ch'u mao island'; S omits the passage. Gerini thought that 'Ch'u luan wu' was probably a transliteration of a local name; but Pelliot considered it a Chinese name 'Exposed Testicles shore'. （p.125）

例 20 中的地名"出卵坞"，在《瀛涯胜览》的不同版本和译著中有不同的表达：朱当洒所著《国朝典故》中将其表述为"出茅屿（Ch'u mao hsü）"，吴弥光所著的《胜朝遗事》遗失了这一页内容，英国学者吉里尼所著《托勒密地理学研究》认为该地名为当地地名的音译名，而伯希和按照中文字面意思，将该地名意译为"Exposed Testicles shore"。通过复用中文、外文文外互文，米尔斯将自己的翻译与其他译者的译文进行了对比，扩展了目的语读者的地理知识。

通过上述译例分析，我们可以看出，在《瀛涯胜览》地名的翻译过程中，米尔斯倾向于使用音译法，目的是忠实于原文，保留马欢原著中中文地名的原有地理信息。为了帮助目的语读者理解原文，米尔斯又通过添加脚注的方式对地名所指进行解释说明。灵活变通的脚注方法让目的语读者对不同地名所示的地理实体有了更为直观的了解。统计发现，除了上述例子之外，在脚注中米尔斯还擅用多种方法叠加的方式，从多种角度展开探讨和说明，以方便目的语读者阅读和理解原文中的地名。如：

例 21：会稽山樵马欢述。（序之 p.12）

Written by Ma Huan, the mountain-woodcutter of Kuei Chi.

*Kuei Chi was a *hsien* (district) forming with Shan-yin hsien the prefectural city of Shao-hsing (Shao-hing), about twenty-six miles south-east of Hang-chou (Hang-chau) in Chekiang province. C and K irregularly use the character *chi* for the character *chi*.（p.70）

例 21 涉及浙江城市绍兴旧称"会稽"（Kuei Chi）。在脚注中，米尔斯首先说明其地理信息，包括其现代名称"绍兴"及其具体地理位置，使目的语读者对其产生直观的印象。之后，米尔斯又通过中文文外互文，指出《瀛涯胜览》其他中文版本中的相关内容，即朱当㴆和沈节甫均将第二个汉字"稽"勘为"chi"。但很明显，这个脚注是米尔斯译本中很少见的瑕疵。

例 22：其国即释典所谓王舍城也。（p.1）

This is the country called Wang she ch'eng in the Buddhist records.

*Wang she ch'eng, "the town of the Royal Lodge" was Rajagrha, the old capital of Magadha in the modern Indian state of Bihar. The location of this place in Champa remains unexplained, and Feng states that Ma Huan is mistaken. Chou Ch'ü-fei and Chao Ju-kua mention a tradition that the place was in Pin-t'ung-lung, Panduranga, modern Pham-rang, which they say was a dependency of Champa. Panduranga repeatedly rebelled; and Chou shows that in 1178, and Ma Huan shows that in 1433, it was considered a part of Champa.（p.77）

在例 22 中，米尔斯灵活运用了多种文外解释的翻译方法，对正文中的音译地名"Wang she ch'eng"做出了补充阐释。首先，采用直译法将"王舍城"按照其字面指称意义译为"the town of the Royal Lodge"。其次，指出其现代名称"Rajagrha"（吉利弗罗阇）及其具体地理信息（在今印度境内）。最后，米尔斯通过中文文外互文探讨了吉利弗罗阇的地理位置和历史渊源。米尔斯指出，冯承钧在其对马欢《瀛涯胜览》的校注、南宋周去非在其记录南海诸国风情的《岭外代答》以及南宋赵汝适在其所著地学名著《诸番志》中，均对吉利弗罗阇的地理、历史信息进行了阐述。因此，米尔斯通过不同的文外注释，细致地向目的语读者阐述了吉利弗罗阁这一古印度佛教圣地曾是占城国一部分这一史实。

例 23：*其国南连真腊，西接交趾界，东北俱临大海。*（p.1）

On the south the country adjoins Chen la; on the west it connects with the boundary of Chiao chih; on both east and north it comes down to the great sea.

*Also called An nan by the Chinese; Tongking, Northern Vietnam; Champa lay rather to the south than to the east of it.（p.77）

在例 23 中，米尔斯首先使用现代地名"安南（An nan）"和地理位置信息（位于今越南北部）来介绍了"交趾"的地理信息，对正文中的音译名"Chiao chih"进行了补充说明。然后，米尔斯又对马欢原文的表述提出疑问。具体来说，马欢指出占城国的西面与交趾接壤，意即占城和交趾分列东、西两侧。但米尔斯在脚注中质疑了该论述，他提出：占城（占婆，Champa）位于交趾的南方，而非东方。米尔斯该论证的提出，与他在该译著中的其他内容高度吻合。例如，在该译例中，米尔斯指出"交趾"位于今越南北部。米尔斯在脚注中通过提供现代地名、阐释地理信息以及对原著内容来质疑翻译地名的准确性，足见其对翻译工作的严谨态度。

（三）语言（非文化）翻译法例证

上文中论述的米尔斯地名翻译的字母转换法（音译法）以及音译加文外解释，均以音译法为基础。但在地名翻译中，过多地使用音译法，译文会显得比较生硬，不够自然、地道，也会给目的语读者的阅读与理解带来一定的障碍。地名翻译，如果过分依赖音译法，则无法确保译文读者"见名知义"，使得原文的信息传递、思想表达受到较大的影响。因此，在《瀛涯胜览》的英译过程中，米尔斯也采用了语言（非文化）翻译法（即直译法）来弥补音译法的不足。例如：

例 24：再有一通海大潭，名<u>鳄鱼潭</u>。（p.5）

Again, there is a large pool connected with the sea, called "<u>the crocodile pool</u>". （p.84）

米尔斯运用语言（非文化）翻译法，将地名"鳄鱼潭"直译为"the crocodile pool"。因原文中已将此地名解释清楚，故米尔斯并没有再添加注释对其进行进一步解释。如例 24 所示，鳄鱼潭为连通大海的一处较大水潭。在该句之后，马欢又对鳄鱼潭进行了详细阐释：在占城国，如果有人遇诉讼之事，官员又不能给出明确判决，诉讼双方即可骑水牛通过鳄鱼潭，鳄鱼会将理亏一方吃掉；而有理的一方，在鳄鱼潭中经过十次也会平安无事。马欢所述的这一历史传说，在西方学者介绍古代东方历史风貌的著作中也有类似记载。^①总之，因为原文对该地名的历史传说已有详细说明，米尔斯没有对其进行文外解释；而原文解释的历史传说与该地名字面的"鳄鱼"一词有密切关系，因此，米尔斯采用了语言（非文化）翻译法直译该地名，完整传达了该地名的词汇—语义结构，将其准确解释给目的语读者。再如：

例 25：海滩有一小池，甘淡可饮，曰是<u>圣水</u>。（p.8）

On a sandbank in the sea there is a small pool of water which is fresh and potable; it is called "<u>the Holy Water</u>". （p.89）

对例 25 中的地名"圣水"，马欢在原文中进行了详细的阐释。在爪哇国的杜板城，临近海滩处有一较小水池，池水甘甜，可直接饮用。据传说，元朝时大将史弼、高兴曾征伐此地，但一个月后仍未成功登岸。船上的淡水已经用尽，士兵们惊慌失措。两位将军即叩拜天神，说道："我们奉命征讨蛮夷，若神明支持我们，就请赐给我们一眼泉水！"之后，二人持长枪插入海滩之中，见泉水随长枪插入之处喷涌而出，全船将士饮用之后保全了性命。这泉水也因此被认为是天赐的圣水，保留至

---

① Majumdar, R. C. *Ancient Indian Colonies in the Far East. Volume I. Champa.* Lahore: The Punjab Sanskrit Book Depot, 1927.

今。考虑到该地名背后蕴含的历史文化信息，米尔斯将该地名直译为"the Holy Water"，旨在帮助目的语读者领略其中所蕴含的东方文化内涵。除以上两例，米尔斯翻译"西域"和"中国"这两个地名时，也运用了语言（非文化）翻译法进行直译，如下例：

例 26：预投西域遥凝目，但见波光接天绿。（序之 p.15）

They wished to go to the Western Land, from afar they fixed their eyes; but they [only] saw the glint of the waves as they joined with the green of the skies.（p.74）

在《瀛崖胜览》英译本的"编者说明"中，米尔斯对地名翻译做了如下解释：对源于汉语的地名，大写首字母，不加连字符。因此，马欢在该著作中的《纪行诗》处使用的地名"西域"，米尔斯将其直译为"the Western Land"。由于该地名没有明确指称某一具体地理实体，而是涵盖了中国以西的地理范围，因此米尔斯没有对其进行过多的解释。

例 27：头戴金钑三山玲珑花冠，如中国副净者所戴之样。（p.2）

On his head he wears a three-tiered elegantly-decorated crown of gold filigree, resembling that worn b y the assistants of the *ching* actors in the Central Country.（p.79）

例 27 中，米尔斯将"中国"直译为"the Central Country"是值得探讨的。首先，米尔斯没有对该地名进行过多说明，只在正文中进行了直译处理。这是因为在该译著中，此处的地名"中国"并非首次出现，第 73 页中已出现了地名"中华"的译名"the Central Glorious Country"，而且米尔斯已在脚注中将其注释为"China"。因此，此处米尔斯没有再对"the Central Country"的直译名添加注释。其次，米尔斯选择对"中国"这个已有现成英文表述（China）的地名进行直译，或许是想通过这一译名向西方读者传达这样一条重要的文化信息：中国人为何自称自己的国家为"中国"。早在西周时期，青铜器上就有铭文记载了"中国"，意指周朝的君王住在天下的中心。诚然，这一说法也从侧面反映了中国古代传统地球观是"地平"大地观。而经历后来历朝历代中国语言、文化的不断演变，"中"字因其蕴含的中正、不偏、君子之道的丰富语义，逐渐固定在"中原""中国""中华"等指称中国的地理、民族和文化的概念中。因此，米尔斯通过直译法，向西方读者强调了该地名中"中"的概念。另外，将"中国"译为"the Central Country"在西方翻译界的历史上是有据可考的。例如，19 世纪前期，西方传教士在华创办的第一份英文报纸《中国丛报》(*Chinese Repository*)就将"中国"的英译名定为"the Central Nation"。

（四）直译加文外解释法例证

与音译加文外解释的翻译方法相似，当米尔斯认为语言（非文化）翻译法（即直译法）不能帮助目的语读者充分了解地名所蕴含的地理、历史及文化信息时，就会辅以脚注来添加说明。而添加脚注的方法也灵活变通，多种在音译法辅以文外解释法中用到的脚注说明方法，在地名翻译中均有出现。以下译例都是直译地名后通过脚注添加地名信息：

例 28：*弱水南滨溜山国，去路茫茫更险艰。*（序之 p.15）

[There lies] the Liu mount country by Weak waters' southern shore; an endless route they travelled, and dangerous and sore.

*The "Weak Waters" are here located north of the Laccadive islands.（p.74）

例 29：*天方国*（p.77）

THE COUNTRY OF THE HEAVENLY SQUARE

*Mecca (Makka); the Chinese name refers to the Ka'ba or 'cube house'. Mecca, the holy city of Islam, visited by the pilgrims from all over the world, lies about 55 miles east of the port of Jidda (Judda), 21°29' N, 39°11' E.（p.173）

例 30：*往回一年，买到各色奇货异宝，麒麟、狮子、驼鸡等物，并画天堂图真本回京。*（p.79）

It took them one year to go and return. They bought all kinds of unusual commodities, and rare valuables, ch'i-lin, lions, 'camel-fowls', and other such things; in addition they painted an accurate representation of the 'Heavenly Hall'; [and] they returned to the capital.

*Peking.（p.178）

在例 28—例 30 中，米尔斯按照地名的字面词汇—语义结构，将中文地名进行了直译，如"弱水"译为"Weak Waters"，"天方国"译为"the Country of the Heavenly Square"，而"京"则取其"京城"的语义，译为"the capital"。在脚注中，米尔斯又分别为这三个地名添加了现代地名或地理信息，以解释该地名的具体所指，减少目的语读者的阅读障碍，方便读者理解原文地名。

另外，与音译法辅以脚注一样，米尔斯在正文中采用语言（非文化）（即直译法）之后，同样在脚注中对该地名信息的细节进行推敲和探讨。例如：

例 31：自此再行大半日之程，到天堂礼拜寺，其堂番名恺阿白。（p.77）

If you travel on from here for a journey of more than half a day, you reach the Heavenly Hall mosque; the foreign name for this Hall is K'ai-a-pai.

*The statement is incorrect; the great mosque stands in the heart of Mecca; for a plan of the city see Gibb, *The Travels*, vol. 1, facing p. 190.（p.174）

在例 31 中，米尔斯首先将作为人文地理名称的建筑"天堂礼拜寺"直译为"the Heavenly Hall mosque"。其中，对于"礼拜寺"这一蕴含丰富文化内涵的建筑地名，米尔斯还原性地保留了其宗教文化内涵，将其准确地译为"mosque"（即伊斯兰教的清真寺）。而在翻译"天堂"这一专名时，米尔斯也尊重汉语文言文"常用单字表示词义"这一语言特征，将这两个字拆分成两个词"天"（heaven）与"堂"（hall），并在词汇处理上采用语法层面转换法 ① 进行翻译，用符合英语语法规范的方法将两个词合译为 "Heavenly Hall"。由此可见米尔斯对于东方文字、文化的精通以及他对翻译工作的严肃认真的态度。然后，米尔斯又在脚注中探讨了马欢原著对该地名的论证。他质疑马欢原文所记载的礼拜寺为 "天堂礼拜寺"，并阐明质疑的原因：天堂礼拜寺应位于麦加的中心，并非如马欢所述的 "半日即可到达"。为了佐证他的这一阐释，米尔斯还引导读者参考其他著作。可见，添加地名及地理信息、质疑阐释原文内容这两种添加脚注的方法，都被米尔斯用来辅助正文中的音译法和直译法。除此之外，米尔斯同时还使用互文这一方法。所不同的是，如上文所述，在采用音译加文外解释这一译法中，米尔斯在脚注中只用到了文外互文。但在直译加文外解释这一译法中，米尔斯在脚注中区别使用了文外互文与文内互文两种方法。请看下例：

例 32：阇婆又往<u>西洋</u>去，三佛齐过临五屿。（序之 p.15）

From She-p'o again [the envoy] <u>the Western Ocean</u> broached; passing on by San Fo-ch'i, five islands he approached.

*Here the geographical name of a definite area; but the exact limits are uncertain; Feng (Poem, p.1) regards Ma Huan as saying that <u>the Western Oce-</u><u>an extended as far east as the western end of Java.</u>（p.74）

在例 32 中，米尔斯在脚注中解释道：不能确定 "西洋" (the Western Ocean) 这一地名指称的确切界限。因此，他参考冯承钧的解释：马欢所指的西洋应延伸至爪哇的最西端。这是典型的中文文外互文。另外，当正文中选择了语言（非文化）翻译法来直译地名时，米尔斯也在脚注中添加了音译法来补充该地名的信息，例如：

例 33：其他国船来，先至一处，名<u>杜板</u>；次至一处，名<u>新村</u>。（p.7）

The ships which come here from other countries first arrive at a town

---

① Newmark, P. *Approaches to Translation*. Shanghai: Shanghai Foreign Language Education Press, 2001: 85-86.

named Tu-pan; next at a town named <u>New Village</u>.

　　*<u>Hsin ts'un</u>; Gresik, a port on the east coast of Java, 7° 09' S,112° 40' E. Feng adopts the reading Hsin ts'un of S and K; for the first character C has Ssu, 'latrine', which Damais, differing from Pelliot, would prefer to retain; <u>Hsin, however, is also the reading of Kung Chen and Fei Hsin.</u>（p.86）

　　在例 33 中，米尔斯在正文中运用语言（非文化）翻译法将中文地名"新村"直译为"New Village"。在脚注中，米尔斯又辅以音译法，将"新村"的威妥玛注音译法"Hsin ts'un"展示给目的语读者。如此一来，正文中的直译法能够顺应和满足目的语读者有效获取信息的需求，而脚注中的音译法又能够彰显东方地名所承载的异域文化风情。两种译法并用，实现了从中文到英文的等额信息传递。以下几个例子中的脚注不仅运用了音译法，还兼用了添加地理、历史信息、文外互文等翻译方法。

　　例 34：国之东北百里有一海口，名<u>新州港</u>。（p.1）

　　At [a distance of] one hundred *li* to the north-east from the capital, there is a port named <u>New Department Haven</u>.

　　*This New Department Haven is <u>the modern Qui Nhon</u> (13°46' N, 109°14' E), still called "<u>Hsin chou</u>" by the Chinese.（p.79）

　　例 35：过此投西，船行七日，见莺歌嘴山，再三两日，到<u>佛堂山</u>，才到锡兰国马头名别罗里。（pp.39-40）

　　After the ship has passed here and travelled towards the west for seven days, you see Parrot's Beak mountain; two or three days later you come to <u>Buddha Hall mountain</u>; then you reach the jetty in the country of His-lan; its name is Pieh-lo-li.

　　*<u>Fo t'ang shan</u>; Dondra head, the southernmost point of Ceylon, near which was Devinuvara (Dewandera), the site of a famous temple of Vishnu, destroyed by the Portuguese in 1587.（p.125）

例 36 : *裸形国*（p.39）

THE COUNTRY OF THE NAKED PEOPLE

*Lo hsing kuo, 'naked body country', the Nicobar and Andaman islands, called 'The Country of the Naked People' by I Ching.（p.124）

综上所述，在正文中选择了语言（非文化）翻译法直译地名时，米尔斯通过脚注来进行文外解释，向目的语读者提供地名相关的丰富背景知识。表 7-5 总结了直译加文外注释译法的不同类别及地名翻译实例的数量。

表 7-5　直译加文外解释翻译方法对应的脚注类型及数量

翻译方法	脚注类型	译名数量 / 个
直译 + 脚注 （地理名称及信息）	现代地名 + 地理位置说明	3
	现代地名	1
直译 + 脚注 （对原文进一步阐释、质疑或勘误）	质疑	1
直译 + 脚注 （互文）	文外互文	1
	文内互文	1
直译 + 脚注（音译）	音译法	9

（五）音译专名、直译通名例证

在地名的翻译实践中，许多译者历来的做法是将地名分为专名和通名两个部分。专名指专有名称，用来描述地理实体的特性；通名则指通用名称，用来指出地理实体的类别、形态、性质以及隶属关系等[①]，"北京市"的专名部分为"北京"，通名部分为"市"。以上四种地名译法，前两种以音译法为基础，后两种以直译法为基础的，均没有将专名和通名区别开来。针对《瀛涯胜览》中有些地名的翻译，米尔斯采用了"音译专名、直译通名"的方法，将地名的两个部分拆分开来翻译。如：

---

① 褚亚平，尹钧科，孙冬虎 . 地名学基础教程 . 北京：中国地图出版社，2009：37.

例 37 ：爪哇国（p.7）

THE COUNTRY OF CHAO-WA

* Java. Ma Huan limits his account to the realm of Majapahit in eastern Java; in his time this realm was the supreme power, politically and economically, of Indonesia, it comprised East Java, Madura, and Bali, and possessed a sphere of influence extending over the coasts of Java and Sumatra, of the Malay peninsula as far north as Nakhon (Ligor), and of the coasts of Borneo as far north as Brunei and as far east as Bandjarmasin. For Java see Hsiang Ta, *Kung Chen*, pp. 4-10; Fei Hsin, ch.I, pp. 13-17 (Rockhill, PartII, pp. 246-50); *Ming Shih*, p.7916, row 2 (Groeneveldt, pp. 160-7); Dames, vol.I, p.97, n.2; J. Aubin, 'Les Princes d'Ormuz Du XIII au XV siele, *Journal Aisatique*, vol. CCXLI (1953), pp. 113-27; Schrieke, pt.II, p.384, n.12; Hitti, pp. 699, 702; Serjeant, p.11. （p.86）

　　例 37 中的地名为"爪哇国"。米尔斯在正文中用音译法译出其专名"爪哇"（Chao-wa），再用直译法译出其通名"国"（country）。值得一提的是，米尔斯采用语法转换的翻译方法，在专名与通名结合的过程中，调整了语序，以符合英语语法规范的方式将其合译为"the Country of Chao-wa"。这种译法兼顾了地名的语音与语义，既保留了原文的读音，又表明了该地名所表达的类型，同时重视译文的可接受性，便于译文读者理解原文地名。在米尔斯的英译本中，运用音译加直译翻译国家名称的例子还有很多。如：

例 38 ：占城国（p.1）

THE COUNTRY OF CHAN CITY

*Champa, Central Vietnam; at this time a powerful kingdom, important both politically and economically. The name 'Chan city', or capital of the Chan tribe, came to be used as the name for the country in general. （p.77）

例 39 ：暹罗国（p.19）

THE COUNTRY OF HSIEN LO

*The kingdom of Hsien and Lo; Thailand, until recently known to Europeans as Siam; called by the Chinese "Hsien Lo-hu (contracted to "Hsien Lo") after the Hsien (Syam) people of Sukhot'ai became united with the people of Lo-hu (Lavo, Lopburi) in 1349; at this time a powerful and important kingdom which had extended its control over most of the Malay peninsula, including Tumasik (Old Singapore). For Thailand see Hsiang Ta, *Kung Chen*, pp. 13-14; Fei Hsin, ch. Ⅰ, pp. 11-13 (Rockhill, Part Ⅱ, pp. 104-5); *Ming Shih*, p.7915, row 3; … （p.102）

例 40：祖法儿国（p.59）

THE COUNTRY OF TSU-FA-ERH

*A transliteration of the mediaeval Arabic name 'Zufar' or 'Zafar', a town on the south coast of Arabia. The modern name, Dhufar or Dhafar, now designates a district and no longer a town. The mediaeval town was apparently situated at Al-Balad or Al-Bilad, 17°00' N, 54°06' E, about 2 miles east of Salala, the principal trading centre… For Dhufar see Hsiang Ta, *Kung Chen*, pp. 33-5; Fei Hsin, ch.2, pp. 18-9 (Rockhill, Part II, pp. 613-14); *Ming Shih*, p.7921, row 3; … （p.151）

例 41：阿丹国（p.63）

THE COUNTRY OF A-TAN

*A transliteration of the name Aden (Adan), 'the port of Yemen', situated in 12°47' N, 44°59' E, on the south coast of Arabia. For Aden see Hsiang Ta, *Kung Chen*, pp. 35-7; Fei Hsin, ch.2, pp. 17-8 (Rockhill, Part II, pp. 610-11); *Ming Shih*, p.7921, row 4; … （p.154）

例 42：小葛兰国（p.43）

THE COUNTRY OF LITTLE KO-LAN

*Little Kolan, the second word representing the sound of the Malayalam name Kollam (an abbreviation Koyilagam, 'King's house'), modern Quilon; the territory was roughly equivalent to the former state of Travancore, on the west coast of India; the port of Quilon, 8°53' N, 76°35' E, lies in the present-day state of Kerala. For Quilon see Hsiang Ta, *Kung Chen*, pp. 24-5; Fei Hsin, ch. I, pp. 31-2 (Rockhill, Part II, pp. 447-8); *Ming Shih*, p.7921, row 1; … （p.130）

例 43：柯枝国（p.45）

THE COUNTRY OF KO-CHIH

*The Chinese name is a transcription of the Maayalam name Kochchi, 'a small place'; Cochin, 9°58' N, 76°14' E, lies in the state of Kerala. A famous city at a later date, it possessed no importance in the fifteenth century, but it had a fine harbor, and was the best port linked with the pepper-producing districts. For Cochin see Hsiang Ta, *Kung Chen*, pp. 25-7; Fei Hsin, ch.I, pp. 32-3 (Rockhill, Part II, pp. 452); *Ming Shih*, p.7920, row 4; … （p.132）

在例 38—例 43 中，米尔斯通常采用"音译专名、直译通名"的方法在正文中译出古国名称，以脚注形式对这些国家名称的地理、历史文化信息进行必要的文外注释。然而，"占城国"和"小葛兰国"这两例的翻译方法比较特殊。虽然这两个古国名称中的通名"国"采用了直译法，但不同于其他古国名中的专名翻译，米尔斯采用音译加直译法将"占城"译为"Chan City"，将"小葛兰"译为"Little Ko-lan"。之所以这样翻译，可能是因为在米尔斯看来，不同于其他地名中的专名，这两个地名的专名还包含了"城"和"小"这样有一定具体指称语义的语素。因此，翻译这两个地名中的专名时，运用音译法保留没有具体语义指称语素的读音"Chan"和"Ko-lan"，而将拥有具体语义的语素直译为"city"和"little"。但这种译法并不是固定不变的，因为米尔斯英译本中其他地名的专名中出现的语素"小"，米尔斯没有对其进行区别对待，而是统一采用音译法译出地名中的专名。如：

例44：自苏门答剌开船，过小帽山，投西南，好风行十日可到。（ p.55 ）

Setting sail from Su-men-ta-la, after passing Hsiao mao mountain, you go towards the south-west; [and] with a fair wind you can reach [this place] in ten days.

*Poulo Weh. The reading of C, *Hsiao Mao shan*, should no doubt be *Nan-mao shan.*（ p.146 ）

此外，这种音译加直译翻译地名的方法，米尔斯还用来翻译其他类型的地名；山脉名称的翻译就是这样处理的。如：

例45：自帽山南放洋，好风向东北行三日，见翠蓝山在海中。（p.39）

Putting out to sea from the south [side] of Mao mountain and travelling towards the north-east with a fair wind for three days, you see Ts'ui lan mountains situated in the mille of the sea.

*Kingfisher-blue mountains, the Chinese name for the Nicobar and Andaman islands.（ p.124 ）

在例45中，米尔斯将山名的专名与通名分开翻译，"翠蓝山"中的专名"翠蓝"音译为"Ts'ui lan"，通名"山"直译为"mountain"。

音译加直译法还被米尔斯用来翻译包含"府"（ prefecture ）、"县"（ district ）、"门"（ strait ）、"洋"（ ocean ）和"岛"（ island ）等词语，以及由专名和通名构成的古代中外地名。如：

例46：自福建福州府长乐县五虎门开船，往西南行，好风十日可到。（ p.1 ）

Starting from Wu hu strait in Ch'ang lo district of Fu chou prefecture in Fu chien [province] and travelling south-west, the ship can reach [this place] in ten days with a fair wind.

*Five Tigers strait, in the estuary of the Min chiang.（ p.77 ）

例 47：其山之西亦皆大海，正是西洋也，名那没嚟洋。（p.38）

On the west of this mountain, too, it is all the great sea; indeed, this is the Western Ocean, [this area being] named the Na-mo-li ocean.

　　*The Lamuri ocean.（p.123）

例 48：自苏门答剌国开船，取帽山并翠蓝岛，投西北上，好风行二十日，先到浙地港泊船。（p.67）

Setting sail from the country of Su-men-ta-la, you make Mao mountain and Ts'ui lan islands; [then] you proceed on a north-westerly course, and, after travelling with a fair wind for twenty days, you come first to Che-ti-chiang, where the ship is moored.

　　*The Nicobar and Andaman islands.（p.159）

从以上译例可以看出，除了以音译法和直译法为基础翻译不同地名，米尔斯还善于并用这两种方法，即音译地名中的专名，直译地名中的通名。如此一来，原文的文本信息通过还原其读音得到了有效的保留，且通过通名的直译，也方便目的语读者明确原文地名的自然或人文地理信息，可谓达到了一举两得的翻译效果。

（六）音译加文内解释法例证

上述五种地名翻译的例证表明，米尔斯翻译大多数地名的过程中运用了文外解释的方法，即通过添加脚注的方式来补充原文地名所蕴含的历史、地理、文化等背景信息，或对自己正文的翻译内容进行佐证。但在少数地名的翻译过程中，米尔斯把他对地名的解释性信息融入正文中，用添加括号的形式标注文内解释的内容。如：

例 49：其间多有中国广东及漳州人流居此地。（p.8）

Many of them are people from Kuang-tung [province] and Chang chou [prefecture] in the Central Country, who have emigrated to live in this place.

　　*Canton province. A *fu* (prefecture) in Fukien province. S has 'Chang and T'ing', K has 'Chang and Ch'üan'; T'ing chou and Ch'üan chou were also prefectures in the same province, the latter being the famous 'Zaiton'. (p.89)

在这种音译加文内解释的译例中，我们还观察到，米尔斯还使用了文外解释的翻译方法。具体而言，米尔斯将地名中的专名"广东"音译为"Kuang-tung"，以文内解释方式添加了通名"省"（province）。然后，在脚注中给出"广东省"约定俗成的英译名"Canton province"，以方便目的语读者了解该地名的具体所指。可见，米尔斯的翻译方法是非常灵活多样的。

二、文化替代性翻译策略和方法的运用

米尔斯倾向于采用文化保留性翻译策略下的各种方法翻译《瀛涯胜览》中的地名。但当两种文化之间存在巨大的鸿沟时，仅仅依靠文化保留性翻译策略和方法可能无法让目的语读者充分理解原文地名的文化意义。这时，文化替代性翻译策略能够帮助译者很好地解决这一问题。我们发现，在《瀛涯胜览》的英译本中，在翻译一些地名时，米尔斯所采用的文化替代性翻译策略下的翻译方法主要是有限泛化的翻译方法，即"原语文化专有项对于目的语读者而言过于模糊，或另有更常见的文化专有项可以使用，此时为了翻译的可信度，译者选用对于原语文化不那么准确、但译入语的读者更为熟稔的词"①。如：

例50：阇婆远隔中华地，天气烦蒸人物异。（《纪行诗》序，p.15）

From the Central Glorious Country She-p'o is distant far,

a noisome steam is heaven's breath, and strange the people are.

*China.（p.73）

"中华"指中国全境。除了地理层面的含义，这个地名在更深的层

---

① Aixelá, J. F. Culture-Specific Items in Translation. In Alvarez, R. & Vidal, M. C. (eds.). *Translation, Power, Subversion*. Beijing: Foreign Language Teaching and Research Press, 2007: 63.

次上，积淀了博大精深、兼容并包的历史文化价值。自汉代开始，"中华"一词就开始作为中国的通称使用，传承、沉淀了中国历代的价值体系、文化内涵和精神品质，也铸就了中华民族博采众长的文化自信。因此，作为指称人文地域的"中华"更多地彰显了该地名背后深厚的历史文化内涵。但对于西方读者而言，这一地名的内涵过于模糊，是不能通过简单的保留性翻译策略和方法来凸显的。因此，译者既要考虑到忠实于原文，又要易于目的语读者理解。于是，米尔斯有效运用了有限泛化的翻译方法，一方面保留性地传达了"中华"之"中央之国"（the Central Country）的内涵，另一方面又将"中华"所蕴含的褒义"繁华、荣华"（glorious）传递给目的语读者。如：

> 例 51：归到京华觐紫宸，龙墀献纳皆奇珍。（《纪行诗》, p.16）
> To capital returned, the Palace levee he attended;
> in Dragon Court his tribute, every precious thing extended.（p.75）

例 51 中的地名"京华"意指首都，是京城的一种美称。因京城是文物、人才汇集之地，故称为京华。因此，与"京城""首都"这样的名称相比，"京华"蕴含了对京城文化底蕴的褒扬之意。米尔斯考虑到该地名的文化内涵对于西方读者来说比较模糊，所以部分保留了"京"字的指称意义（国都、首都），使用有限泛化的翻译方法，将"京华"翻译成"capital"。

第三节 古代航海术语中的农业术语英译分析

《瀛涯胜览》作为重要的中国航海典籍，记载郑和船队在亚洲各国见闻的同时，还通过部分章节的内容描述，详细记载了郑和船队是如何通过实地考察动植物种类、赏赐朝贡，以相互引进产品、传播交流农业生产技术等方式，来推动中国与亚洲国家之间的农业科技文化交流的。因此，基于《瀛涯胜览》进行术语翻译研究，除了应该关注记载地理信息的地名的翻译，也应该注意到农业术语翻译研究的必要性和重要性。

农业是国家的第一产业，支撑着国民经济的建设和发展。同时，因为农业为人类的繁衍生息提供了必不可少的衣食物品，为人类丰富多彩的民族文化提供了精神养料，农业也因此为人类文明奠定了重要的物质基础和文化基础。① 作为世界上农业发展最早的国家之一，中国历来重视农业的发展。经过长期的历史积累，中国的农业蕴蓄了丰富的农学理论知识和农业技术知识，长期处于世界领先地位。

在中国古代各个历史时期，中国与世界多个国家进行了"由近及远、逐渐扩散"的农业交流。② 这种农业科技文化交流主要是依靠古代中国与其他国家的朝贡贸易、中外人员互访和考察交流、海外华侨华人的贡献以及中外农业生产的相互借鉴而实现的。③ 中国作物、农业生产工具和生产技术、农书与农学思想的对外传播对世界的农业生产具有重要推动促进作用。④ 因此，作为中外科技和文化交流的一部分，中外农业科技交流在中外关系史上具有重要的地位，对其进行深入探讨，对于共建"一带一路"和人类命运共同体建设，都具有非常重要的现实意义。

在如今推动中华优秀文化"走出去"，为全球治理贡献中国智慧的时代背景下，众多学者开始关注如何通过中国农学典籍的外译活动来推广中国丰富的古代哲学思想和农业生产知识。⑤ 因此，《齐民要术》《农政全书》《授时通考》《氾胜之书》和《茶经》等中国一系列农学典籍陆续被译介到海外，向世界更全面地解释了中国。而这些农学典籍的翻译研究也受到了学者的广泛重视，引发了农学典籍翻译研究的热潮。⑥ 中国航海典籍中的农业术语英译研究探讨如何通过农业术语的翻译，有助于向

---

① 闫畅，王银泉. 中国农业典籍英译研究：现状、问题与对策（2009—2018）. 燕山大学学报（哲学社会科学版），2019（3）：49-58.
② 李未醉，魏露苓. 古代中外科技交流史略. 北京：中央编译出版社，2013：79.
③ 陈平平. 郑和下西洋与明代中外农业交流的发展. 南京晓庄学院学报，2007（4）：65-74；参见：李未醉，魏露苓. 古代中外科技交流史略. 北京：中央编译出版社，2013.
④ 参见：冷东. 中国古代农业对西方的贡献. 农业考古，1998：171-175.
⑤ 闫畅，王银泉. 中国农业典籍英译研究：现状、问题与对策（2009—2018）. 燕山大学学报（哲学社会科学版），2019（3）：49-58.
⑥ 李海军. 18 世纪以来《农政全书》在英语世界译介与传播简论. 燕山大学学报（哲学社会科学版），2017（6）：33-43；龙明慧. 功能语言学视角下的《茶经》英译研究. 山东外语教学，2015（2）：98-106.

世界人民展示在过去相当长的历史时期中华传统农业技术对世界的巨大贡献，但相关研究目前尚未开展。鉴于此，本节将探究米尔斯翻译《瀛涯胜览》中的农业术语时所采用的翻译策略和方法，并揭示其翻译背后的决策过程。

与中国航海典籍《瀛涯胜览》中的地名翻译情况类似，翻译农业术语时，米尔斯娴熟地运用文化保留性翻译策略下的多种翻译方法，完整准确地向英语世界的读者展示了《瀛涯胜览》中的古代农业术语所蕴含的东方农学文化内涵，促进了中外农业科技文化交流与互鉴。同时，他还擅长使用文化替代性翻译策略下的有限泛化方法来弥补保留性翻译策略下的翻译方法的不足。鉴于米尔斯翻译农业术语所采用的策略和方法与翻译地名的策略和方法高度趋同，加之本书篇幅限制，本节仅以一些最典型的农业术语英译为例进行简要的个案分析，不再进行大量的例证说明。

一、文化保留性翻译策略与方法的运用

作为记载郑和下西洋航海见闻的中外海洋文化交流典籍，《瀛涯胜览》中的古代农业术语反映了 15 世纪亚洲各国的农业生产状况，因此，这些农业术语是仅用于准确表达专业性农学概念的狭义词汇，与当代读者比较熟悉的现代农业术语存在较大区别。另外，在古代中外农业科技交流过程中，不同国家各具特色的农业文明孕育了各不相同、具有深厚文化内涵的农业术语。因此，翻译这些蕴含丰富历史信息和文化内涵的古代农业术语，需要译者在翻译过程中协调历史、文化、对外传播与交流等要素[①]，而《瀛涯胜览》中的古代农业术语的这一显著特点，显然成为米尔斯翻译的一个重要考量。

（一）字母转换法例证

翻译某些东方特有的植物名称和极具历史文化韵味的计量单位名称

---

① 刘性峰，王宏.中国古典科技翻译研究框架.上海翻译，2016（4）：94.

等农业术语时，米尔斯选择了字母转换法（即音译法）。例如，将《瀛涯胜览》中的植物名称"交蕈"和"莽吉柿"分别译为"chiao-chang"和"mang-chi-shih"，而计量单位"播荷""姑剌"和"桼黎"分别译为"po-ho""ku-la"和"nai-li"。字母转换法的运用确保了原文与译文农业术语的等额信息传递，有利于如实还原郑和下西洋通过实地考察对中外农业文明的交流与互鉴所做出的贡献。再如，在"姑剌"出现的语境中，米尔斯对当时爪哇国（在今印度尼西亚境内）的计量单位"姑剌"和中国的计量单位"升""合"同时进行了音译处理，并进行了单位换算，将其解释为"one *ku-la*… equals one *sheng* eight *ko* [in terms of] the official *sheng* of the Central Country"，即一姑剌等同于中国官升的一升八合。

对于西方读者来说，这种带有浓厚异域风情的东方农业术语也许只是一种异域文化符号。我们认为，采用文化保留性翻译策略下的音译法能够让西方读者不必为了理解农业术语的客观概念而付出过多的努力。同时，字母转换法（即音译法）还较好地保留了原文农业术语的异域文化特色，有利于激发目的语读者了解原语文化的兴趣。采用字母转换法（即音译法）翻译《瀛涯胜览》中的古代农业术语，实质上就是对其中的古代农业术语的异化翻译处理，以独特的能指符号保留性地表达了原文农业术语的信息，并且使译文读起来新奇、有趣。

（二）语言（非文化）翻译法例证

在科技术语翻译的过程中，过多地使用字母转换法（即音译法）会使译文显得比较生硬，不够自然、地道，也会给目的语读者的阅读与理解带来一定的障碍。尤其是对于拥有丰富文化内涵的中国古代农业术语翻译，如果过分依赖音译法，则无法确保读者"见名知义"，使得原文的术语信息传递、农业科技思想的表达受到极大的影响。因此，在翻译《瀛涯胜览》中的农业术语的过程中，米尔斯还采用了语言（非文化）翻译法（即直译法）来弥补音译法的不足。例如，将"黄牛""沙糖""田稻"和"稻谷"分别直译为"yellow oxen""granulated sugar""rice in the field"及"rice and cereals"。直译这些古代农业术语，提升了原文农业术语意义再现的水平，对目的语读者了解这些古代农业术语所指称的古代农业概念大有裨益。

值得一提的是，在直译《瀛涯胜览》中的古代农业术语的过程中，米尔斯充分关注了译文的读者可接受度，对不符合英语语言表达习惯的古代农业术语的语言结构进行了调整。例如，米尔斯分别从内部屈折变化显示出复数（将单数"ox"变为复数"oxen"）、外部屈折变化显示出复数（将单数"cereal"变为复数"cereals"）、语态转换（将动词"granulate"转换为具有形容词功能的过去分词"granulated"，作为名词"sugar"的前置定语）、语序调整（将"田稻"中两个语素进行对调，译为"rice in the fields"）以及添加衔接词（在"rice"和"cereals"之间添加连词"and"）等几个角度进行了读者关照。米尔斯这种坚持译文读者取向的翻译方法能够确保目的语读者对原文中的古代农业术语概念的准确理解和把握。

（三）音译法与直译法并用例证

除了单独使用语言（非文化）翻译法（即直译法），米尔斯还通过并用音译法与直译法翻译《瀛涯胜览》中的古代农业术语。例如，将术语"金银香""观音竹"和"沙孤米"分别译为"chin-yin incense""kuan yin bamboo"及"sha-ku rice"。这三个古代农业术语都属于"偏正式名词术语"，由定语加中心词（如给"观音竹"中的定语"观音"加中心词"竹"）构成。这种"音译定语、直译中心词"的译法兼顾了古代农业术语的语音与语义特征，既通过音译植物名称保留了原语农业术语的读音，又表明了该农业术语指称事物的具体概念属性，便于目的语读者理解原文农业术语的内涵。

（四）文内解释法例证

文内解释法是一种"辅助译法"[①]，一般不单独使用，需要与其他翻

[①] 汪宝荣. 林语堂翻译《浮生六记》地名之策略——基于数据统计和示例分析的考察. 语言与翻译，2016（3）：39.

译方法搭配使用。当使用一种方法翻译古代农业术语不能够完整地表达原文术语的文化内涵，而需要补充相关信息时，米尔斯就会将古代农业术语译名的解释说明置于正文中，用以揭示这些古代农业术语的完整概念意义。例如，在处理原文"土产米谷仅少，皆种粟、麦、黑、黍、瓜、菜之类"一句中的农业术语时，米尔斯将"黑"翻译为"black millet"（黑米），因为结合上下文语境，此处的"黑"指称"黑米"这种农作物。米尔斯对其进行了增译处理，采用文内解释法将"millet"（粟米）补充到译文之中。再如，翻译原文"其海边山内有野水牛，甚狠，原是人家耕牛，走入山中，自生自长，年深成群"一句中的"耕牛"时，米尔斯同样运用了文内解释法。虽然将"耕牛"直译为"plough-oxen"可以比较完整地表达该农业术语所指称的动物及其功能，但为了与前文的"野水牛"进行对比，米尔斯添加了"domestic"（家庭的、驯养的）这一辅助信息，便于目的语读者了解该农业术语在上下文语境中所指称的概念。总之，这种添加文内解释的翻译方法，既有效地补充了目的语读者阅读时所需要的相关背景信息，又不会影响读者阅读中的连贯思维，不会造成阅读障碍。

（五）文外解释法例证

翻译《瀛涯胜览》中的古代农业术语时，米尔斯频繁使用文外解释法为古代农业术语的译名添加必要的辅助性信息。与翻译地名的情形类似，在翻译农业术语的过程中，米尔斯的文外解释法一般同音译法或直译法并用。我们发现，文外解释法一般以脚注的形式出现，包括补充音译的译名、补充说明性信息、译者阐释、译者勘误、语音学信息阐释及文外互文几种主要类型（见表7-6）。

表7-6　文外解释法的翻译实例统计

原文术语	译名	文外解释（类型）
大小麦	barley and wheat	Literally, 'great and small wheat'.（音译译名）
丈	chang	The equivalent of 1 *chang* was 10 feet 2 inches.（说明性信息）

续表

原文术语	译名	文外解释（类型）
旱稻	dry-land rice	In this undesirable system of cultivation, rice is planted in burnt-off jungle; the system gives poor yields, causes erosion, ruins the primary jungle, and hinders development; moreover, the ground must be left fallow for at least four years afterwards.（译者阐释）
金刚子	diamonds	Diamonds would have come from western Borneo. Possibly, however, Ma Huan refers to the wood of a tropical tree called 'diamond wood' from its white berries.（译者勘误）
海蚆	cowries	*Hai pa*, sea-*pa*; the second character is not in the dictionaries, and the character given in Shu Hsin-Cheng is not in Giles' dictionary, but it may be written *pa*. Ma Huan later states that cowries were imported from the Maldive islands.（语音学信息阐释）
麒麟	ch'i-lin	Giles, nos. 1044; 7186; the giraffe. Feng derives the expression from the Somali *giri*. Fei Hsin called the animal *tus-la-fa*, and Chao *tsu-la*, representing the sound of the Arabic name *ẓarafa*.（文外互文）

　　表 7-6 的统计分析显示，米尔斯通过上述六种灵活多样的形式，使用脚注对译文的正文信息进行充分的阐释，以弥补跨越语言、文化和时空的古代农业术语翻译所带来的信息空缺。首先，在"大小麦"一例中，米尔斯在脚注中展示了音译名，并对正文中的直译译名进行补充，这种处理方法同时关注了古代农业术语的语言形式和概念意义。其次，米尔斯通过补充说明性信息（如"丈"一例）、译者阐释（如"旱稻"一例）、译者勘误（如"金刚子"一例）和语音学信息阐释（如"海蚆"一例），在翻译过程中不时地对原文进行考证和判断，以确保其译文的准确性，帮助读者进行有效的阅读与理解。其次，除了添加自身的阐释信息，米尔斯还通过"文外互文"①的方式，将文本内容与其他著作的相关内容进行互证，用脚注信息来引导目的语读者更加全面地了解这些中国古代农业术语的基本概念。米尔斯对于文外解释法的灵活运用，避免了因打断目的语读者阅读的连贯性而带来不好的阅读体验，并能够通过补充其他

---

① 卢军羽. 中国科技典籍文本特点及外国译者的翻译策略研究——以《景德镇陶录》及其英译本为例. 北京第二外国语学院学报，2016（6）: 87.

译名和阐释信息，大大提升译文的信息量，对于帮助西方读者了解 15 世纪东方的农业生产状况及中外农业科技交流情况是大有裨益的。

"在两种或两种以上的语言之间表示同一概念的术语叫作等价术语，不同语言之间的等价术语，其内涵和外延都是完全重合的。"① 我们认为，米尔斯采用了文化保留翻译策略下灵活多样的方法来翻译《瀛涯胜览》中的古代农业术语，使目的语术语成为与原文术语跨语言的等价术语，成功地将《瀛涯胜览》中的古代农业科技文明译介给英语世界的读者，同时推动促进了中国古代农业文明的对外传播。

二、文化替代性翻译策略与方法的运用

总体而言，米尔斯倾向于采用文化保留性翻译策略和方法翻译《瀛涯胜览》中的古代中外农业术语。目的语读者会因两种文化之间的巨大鸿沟而难以理解原文中的古代农业术语，但正如翻译《瀛涯胜览》中的古代中外地名那样，米尔斯采用文化替代性翻译策略和方法解决了这一问题。米尔斯通过运用文化替代性翻译策略下的有限泛化，有效地翻译了一些难以用目的语对应词汇翻译的古代农业术语。

翻译"花红"和"万年枣"这两种原产于阿丹国（在今也门境内）、乌鲁谟斯国（在今霍尔木兹海峡一带）、天方国（在今沙特阿拉伯境内）的西亚水果的过程中，米尔斯采用了有限泛化的翻译方法。"花红"是一种蔷薇科苹果属的植物，其英文学名为"malus asiatica nakai"。如果按照其学名进行英译处理，势必会对非专业领域的普通读者带来一定的阅读理解障碍。米尔斯英译该书的初衷就是方便英国哈克卢特学会的理事们通过一手资料了解中国的航海历史和对外交流历史。由此可以看出，推动生物学专业知识的传播和进步并不是米尔斯翻译该书的最重要的目的。因此，考虑到"花红"的果实与苹果极为相似，米尔斯便采用有限泛化方法，将该农业术语翻译为"apple"。这种有限泛化译法在一定程度上还原了该古代农业术语所指称的植物，同时也保证了该农业术语译

---

① 冯志伟.现代术语学引论（增订本）.北京：商务印书馆，2011：55.

文通俗易懂性，容易被西方的普通读者理解和接受。"万年枣"是中国古代典籍中所载的"椰枣"的旧称，是一种最早产于西亚和北非地区的棕榈科植物的果实。中国古代人民将其命名为"万年枣"，顾名思义，就是在其中寄予了有利健康、延年益寿的美好愿望。但在《瀛涯胜览》这种侧重陈述事实的信息型文本之中，这种长生不老的中国道教传统文化意蕴并不能直接有利于中外交流史实在西方的译介和传播。基于此，米尔斯翻译该农业术语时，省略了该术语中的语素"万年"所蕴含的文化内涵，保留了"枣"的指称概念，并通过补充其原产地"波斯"，向目的语读者清晰地解释了该物种的属性和产地。因此，将"万年枣"翻译为"Persian dates"实际是一种有效的有限泛化翻译尝试。

再如，"细红米"这一农业术语出现在《瀛涯胜览》描写榜葛剌国（在今孟加拉国境内）的章节中，原文为"稻谷一年二熟，米粟细长，多有细红米"。"红米"是一种禾本科的杂草稻，因其种皮呈现棕红色而得名。可见，原文术语"细红米"的"细"应该是上文中"细长"之意。因此，米尔斯通过有限泛化的方法，将该古代农业术语翻译为"small red rice"，概括性地翻译出该类稻米粒小的特点。如此看来，这种文化替代性翻译策略下的有限泛化的译法较好地表达了古代农业术语的内涵，译文具有较强的可接受性，是比较满意的术语翻译方法。

第四节　本章小结

本章以中国古代科技术语英译的理论分析框架，运用统计分析和实例例证的方法，对米尔斯《瀛涯胜览》英译本中的古代中外地名和农业术语翻译策略与方法进行了个案分析。研究结果表明，米尔斯总体上倾向于采取文化保留性的翻译策略和方法，试图尽量保留《瀛涯胜览》中古代中外地名和农业术语所蕴含的地理信息、农学知识和文化内涵，成功地为西方读者打开了一扇了解东方地理、历史、社会等文化现象的大门。与此同时，米尔斯还有针对性地适度使用文化替代性的翻译策略和方法，保障译文通俗易懂、流畅地道，以提高译文的可接受性。这两种翻译策略和方法的合理搭配使用，共同构建了东西方文化沟通的语言载体，引导西方读者追本溯源，增进西方读者对 15 世纪的亚洲、郑和下西洋的伟大航海壮举，以及中国古代"海上丝绸之路"沿线国家的中外科技文化交流的了解。现将《瀛涯胜览》米尔斯英译本中的中外地名和农业术语所采用的翻译策略和方法总结如下。

一、文化保留性翻译策略为主，多种方法灵活运用

通过本章的翻译实例分析可以看出，在翻译《瀛涯胜览》中的古代中外航海地名和农业术语的过程中，米尔斯总体上倾向于使用文化保留性翻译策略和方法。《瀛涯胜览》米尔斯英译本中的地名翻译方法及翻译实例数量统计见表 7-7：

表 7-7　地名翻译策略、翻译方法及翻译实例数量统计

翻译策略	翻译方法	翻译实例数量	文外解释的数量 / 个
文化保留性翻译策略	字母转换法（音译法）	1	—
	音译法辅以文外解释	46	46
	语言解释法（直译法）	4	—
	直译法辅以文外解释	16	16
	音译专名 + 直译通名	28	26
	音译法辅以文内解释	5	2
文化替代性翻译策略	有限泛化	3	2
合计		103	92

表 7-7 的统计结果清楚显示，翻译古代中外地名时，米尔斯倾向于采用文化保留性翻译策略和方法。在统计出来的所有 103 个地名翻译实例中，100 个地名翻译都是通过文化保留性翻译策略和方法来实现的，占地名总数的 97%。这说明他更倾向于保留原语中这些地名所蕴含的东方地理、历史、文化信息，以便将它们如实传达给目的语读者。

如表 7-7 所示，米尔斯采用的地名翻译方法灵活变通、手法多样。米尔斯共使用了 5 种基本的翻译方法来翻译《瀛涯胜览》中的各种地名，

具体为：音译法、直译法、文本外解释、文本内解释和有限泛化。在此基础上，还运用了几种组合的翻译方法：音译加文外解释、音译加文内解释、直译加文外解释、音译兼直译法（音译专名＋直译通名）。

其中，使用次数最多的翻译方法就是文外解释法。在所有 103 个地名翻译实例中，文外解释法共使用了 92 次。除了音译法与直译法单独使用的情况（仅有 5 例），在绝大多数地名翻译中，米尔斯都通过添加脚注的方式来进行文外解释。米尔斯频繁使用脚注来为正文添加辅助性的文外解释，恰恰反映了他对文本考证辨析这一重要翻译前提的重视。文本考证辨析是提高科技典籍翻译准确性的基本前提。[①] 米尔斯在翻译《瀛涯胜览》过程中对文本的精确考证辨析，除了体现在正文中他对于原文的词义指称、句型逻辑、篇章结构的考辨，还同样体现在他擅用脚注进行文外解释这一点上。在《瀛涯胜览》的地名翻译过程中，米尔斯使用的脚注共有 92 处。因此，"脚注众多、形式多样"成为《瀛涯胜览》英译本的一大特色。具体来说，如表 7-4 和表 7-5 所示，对正文中的英译地名进行文外解释时，米尔斯使用了几种不同类型的脚注：音译的地名、现代地名及其具体地理信息（也包括补全简称的方法）、对原文进一步质疑或勘误、文外互文、文内互文以及叠用不同的翻译方法。这些脚注的添加有效地展示了米尔斯对地名信息的考证过程，有助于西方读者扩展相关背景知识，明确地名指称，了解地名所蕴含的东方地理、历史和文化背景等。

除了使用最为频繁的文外解释，音译法和直译法也是米尔斯使用较多的翻译方法。音译法以四种不同的形式出现：单独使用以及与其他三种翻译方法（即直译法、文外解释和文内解释）叠用。音译法在全书中共出现 80 次之多，约占所有 103 个地名翻译实例总数的 77.7%。音译法的使用确保了原文与译文的等值信息传递，并保留了原文的异域风情，有利于激发目的语读者了解原语文化的兴趣。音译地名的方法实质是一种对地名翻译的异化处理，以独特的能指符号保留性地表达原文信

---

① 赵春龙，许明武. 小斯当东英译科技典籍《群芳谱》探析. 中国科技翻译，2019（3）：60-63.

息，使译文读起来新奇、有趣。

相比之下，直译法以三种形式出现：单独使用以及分别与其他两种方法叠用（即直译加音译法、直译加文外解释）。因此，直译法在全书中出现次数比音译法少，共计 48 次，占地名翻译总数的 46.6%。采用直译法译出的地名能够确保读者"见名知义"，不会阻碍读者在阅读中对原文信息的理解，用目的语读者耳熟能详的语言习惯和语言规范准确传递了原文的文本意义。

总体上看，在翻译地名的过程中，米尔斯使用最少的文化保留性翻译方法是文内解释法，在全书中只出现了 5 次。米尔斯将其对正文的解释说明置于正文中，用添加括号的形式标明文内解释。这种翻译方法既提供了目的语读者所需的有效背景信息，又避免了影响目的语读者阅读中的连贯思维，可见米尔斯翻译手法之灵活。

文化替代性翻译策略下的有限泛化翻译方法，在全书中只使用了 3 次。对于在英语中不能找到直接对应词的《瀛涯胜览》中的地名，米尔斯选择使用不能完全准确反映中文地名的文化信息但英语读者比较熟悉的词汇来翻译。这种翻译方法的使用有其必要性：既没有丢失汉语与英语之间相通部分的意义信息，又充分考虑到了目的语读者的阅读体验，保证英语译文通俗易懂、流畅。

为了更加直观地展示不同地名翻译方法的使用频率，我们绘制了表7-8。

表 7-8　地名翻译策略、翻译方法及出现次数统计

翻译策略	翻译方法	出现次数
文化保留性翻译策略	音译法	80
	直译法	48
	文外解释	92
	文内解释	5
文化替代性翻译策略	有限泛化	3

与地名翻译的情形类似，米尔斯在翻译《瀛涯胜览》中的古代农业术语时，总体上也是倾向于使用文化保留性翻译策略和方法，在此不再赘述。总之，通过统计分析，在《瀛涯胜览》的术语翻译过程中，米尔斯针对不同的古代中外地名和农业术语进行了灵活变通的处理，翻译方法可谓灵活多样，具体的翻译方法为：（1）主要采用文化保留性翻译策略和方法，着力还原马欢原著《瀛涯胜览》中的古代农业术语所承载的东方地理、历史、文化信息，坚持准确、明晰的文化信息传递原则，确保目的语读者准确理解原文术语以及相关的背景知识；（2）频繁使用添加脚注的文外解释方法，对《瀛涯胜览》中的古代中外地名信息和农业科技信息进行了精准的考证辨析；其文外解释形式多样、功能全面；（3）灵活对待不同的地名和农业术语，灵活使用音译法、直译法、文内解释法和有限泛化等翻译方法，确保信息对等传递，兼顾目的语读者的阅读兴趣与准确的理解。

二、具体情况具体分析，翻译方法灵活变通

从本章中的古代中外地名和农业术语翻译的实例分析可以看出，米尔斯对《瀛涯胜览》中这两种术语的翻译方法是灵活多样的。具体到每一个术语的翻译，米尔斯采用的翻译方法可谓灵活变通、独具匠心。

首先，对待同一类别的地名，米尔斯区别地使用了音译法和直译法。本研究统计分析显示，《瀛涯胜览》中共出现 34 个古国名称，其中以"专名 + 通名"形式出现的有 22 个，另外 12 个则省略了通名"国"而只体现了专名。米尔斯翻译这些古国家名称的专名时，采用了音译法、直译法、音译法加直译法三种不同方法，具体数量如表 7-9 所示。

表 7-9 《瀛涯胜览》古国名称之专名的翻译方法统计

翻译方法	古国名称翻译实例	数量 / 个
音译法	爪哇 / 暹罗 / 苏门答剌 / 阇婆等	27
音译法辅以直译法	占城 / 溜山 / 小葛兰	3
直译法	旧港 / 裸形 / 天方 / 中国	4

米尔斯对绝大多数古国名称之专名都采取了音译法（约占总数的88.2%）。如前文所述，音译法可以保留该地名所特有的异域风情，给西方读者留下新奇的第一印象。另外，考虑到已经通过添加脚注的方法解释这些国家的具体地理信息，米尔斯认为，这些古国名称对于西方读者阅读正文来说，只是一种异域的地理符号，没有必要对其进行指称意义的直译，而只保留了音译法。

音译法是米尔斯在翻译古国名称之专名时使用得最为频繁的翻译方法。但是，当国家名称之专名中出现了具有具体语义的语素时，米尔斯则区别对待这些语素与只有异域风情而无语义的语素，分别进行了直译和音译。但是，这种翻译手法并非固定不变的。由此可见，面对如此庞杂繁复的翻译工作，米尔斯在选择具体的翻译方法时是相当灵活的。

针对《瀛涯胜览》中的古国名称之专名"裸形国""天方"和"中国"，米尔斯采用直译法进行翻译。究其原因，这些古国名称背后都有一定的历史文化意义，故米尔斯没有采取相对异化的音译法来保留语音、放弃语义，而是选择向目的语读者靠拢的归化策略，用直译法揭示出它们各自的文字意义，继而向西方读者传达它们的历史文化意义。可见，翻译古国名称这一类地名时，米尔斯对不同类型的国家名称进行了区别对待：对没有文化内涵的古国名称采用音译法，保留其异域文化特色；对有文化内涵的古国名称采用直译法，解释其字面意义所传达的文化背景；对处于上述两种类型国家名称之间过渡地带的国家名称，即由无具体语义和有具体语义的语素合并构成的古国名称，采用音译加直译的方法。翻译《瀛涯胜览》中的古代农业术语时，米尔斯也对同一类型的农业术语进行了区别处理。这种灵活变通的处理方式，足见译者对于东方农业文化的精准把握以及对目的语的自信操纵。他在翻译不同农业术语的情况下，有选择地进行了原语术语语音、语义的保留和传达。

米尔斯翻译方法灵活的又一表现就是他对是否添加注释以及选择文外解释还是文内解释的问题上。通观《瀛涯胜览》英译本全文，我们发现米尔斯运用了两种主要的解释方法：文外解释和文内解释。例如，在地名翻译方面，米尔斯在译文中给绝大多数地名都添加了注释，而没有给不需要再重复解释的地名添加注释。针对文外解释和文内解释这两种不同注释方法的选择，米尔斯的翻译实例也展示出了以下两个基本翻译原则：

（1）把握注释文本的长度。从米尔斯术语翻译分析可以看出，只有在所添加信息的文本长度特别短的情况下，米尔斯才会选择进行文内解释，将所添加的信息呈现在括号中，直接附在正文中的地名之后。相反，注释内容过长时，将注释文本添加在正文中显然不合理，也难以操作，所以米尔斯选择添加脚注的方式，通过文外解释法将这一部分内容呈现给目的语读者。

（2）重视读者阅读过程的连贯性。注释文本的长度解释了为什么米尔斯将一部分极短的注释添加在正文中，以文内解释的形式出现。但同时，对米尔斯地名翻译实例分析可以观察到，许多文外解释的脚注也是极短的。虽然这些脚注极短，但并不能以加括号的形式直接作为文内解释添加在正文中。这是因为这些脚注的内容多为正文中地名的现代地名、地理信息或译者的阐释、勘误等，都是区别于正文中地名的独立的文本内容。这与文内解释所添加的注释内容有本质性的区别。总之，这种添加文内解释的方法，既有效补充了目的语读者阅读时需要了解的相关背景信息，又不会影响读者阅读中的连贯思维，不会造成阅读障碍。这就是为什么注释内容虽短，但不能通过加括号直接呈现在正文中，因为这样的操作会打断读者，带来不好的阅读体验。由此可知，读者阅读过程的连贯性是米尔斯区别性地选择文内解释与文外解释的另一个重要的原则。

综上所述，虽然米尔斯在翻译《瀛涯胜览》中众多的古代中外地名和农业术语的过程中灵活变通地选择了不同的翻译方法，但他的选择基本是有章可循、有理可依的，具体如下：

（1）区分音译法和直译法。对单纯的地理地名和农业科技概念选择音译法，而对有文化内涵的人文地名以及隐含有地理、历史、文化内涵的农业术语选择直译法。

（2）区分有注释和无注释。为绝大多数古代中外地名及农业术语都添加了注释，详细解释其地理、历史、文化信息及农学概念；但对同一指称地名已有注释、没有指称具体地理实体和正文中有详细描述的三类地名，以及前文出现、已有注释的农业术语，均不再重复给出注释。

（3）区分文外解释和文内解释。以"注释文本的长度"和"读者阅读过程的连贯性"为标准，区别性地选择不同的注释方法。

三、多次出现的术语，再次出现删繁就简

在《瀛涯胜览》中，多个古代中外地名及农业术语曾多次出现。鉴于大多数地名及农业术语均涉及亚洲的地理知识，并展现了 15 世纪亚洲国家的社会生产和人民生活情况，为了方便目的语读者了解这些古代中外地名所表达的地理、历史、文化概念以及这些农业术语所承载的农学知识，当这些地名或者农业术语初次（甚至最初几次）出现时，米尔斯一般会在翻译的过程中添加文外解释。而当这些术语再次出现时，米尔斯则省略了脚注，只保留了正文中的术语译名。有鉴于此，本章在分析术语的翻译方法时，都以术语初现时的翻译方法为准。

例如，米尔斯是否采用不同的方法来翻译、解释同一个地名，是由目的语读者的性质和阅读期待、文本材料本身的制约以及该地名在原文文本中的重现次数决定的。具体来说，马欢的原著《瀛涯胜览》记载了明代中国船队在东南亚、南亚和西亚地区的航海见闻，冯承钧先生的校注版本是在 20 世纪 30 年代完成的，而米尔斯是在 1967 年开始该书的翻译工作的。因此，米尔斯对该书的翻译，需要跨越文化和时间的双重障碍，历史、地理、文化和文字要素同时成为米尔斯在翻译时不得不面对的难题。如何保证地名翻译忠实于古代中国的原著与现代中国的校勘，同时又能清晰地向当代的西方读者展示古代中国人对于亚洲其他国家的地理认知，就成为米尔斯在翻译此书时翻译地名过程中必须注意的问题。因此，在某些地名初次出现时，米尔斯使用添加注释的方法，力图用现在的地名和地理信息来展现该地名所指称的地理实体。同时，当这些地名在原文文本中重复出现时，为了防止重复，原有的注释便自然消失了。

四、调整语言结构，提高译文可接受性

翻译研究中的读者接受理论（又称"接受美学"）强调，译者应从跨文化语境、读者认知心理等不同维度进行读者观照。鉴于此，译者应重视在准确翻译原文核心内容的前提下，对不符合目的语的语言文化习惯的语言结构进行适当调整，坚持译文的读者取向，保证译文具有较高的可接受性。

我们发现，在《瀛涯胜览》翻译过程中，米尔斯充分关注了译文的可接受性，对不符合英语表达习惯的原文地名和农业术语的语言结构进行调整，从单复数变化、词性转换、语序调整和补充省略成分四个角度进行了读者关照。首先，作为孤立语的汉语与作为屈折语的英语，在表达名词"数"的变化方面有明显区别。允许词汇屈折变化的英语，通过内部屈折变化和外部屈折变化两种形式，来明晰地表示名词单数和复数的变化。而汉语的名词虽然在逻辑概念上有单复数之分，但这种区别基本不通过语素的变化来实现，因此词汇的形态没有变化。鉴于此，米尔斯在地名翻译过程中运用了语法转换的方法，将汉语中的单数名词译为英语中的复数名词。同样是源于汉语与英语在屈折变化上的不同，米尔斯翻译地名和农业术语时还运用了词性转换法。考虑到译文在目的语读者中的可接受性，米尔斯进行的另一种语言结构调整就是语序调整。汉语是典型的语义型语言，更注重语义上的逻辑连贯性，形式并非十分严格。因此，作为汉语语法结构的主要表现手段，汉语的语序相对稳定。相反，作为语法型语言的英语则非常重视语言结构，其语义表达逻辑性也主要依赖于语法结构的变化来实现。英语中的语序，作为一种将个体的词汇组织成句子甚至篇章的语言组织手段具备显性的逻辑结构，会根据不同逻辑进行变化。汉语与英语语序上的区别，在名词修饰语上也有所体现。在地名翻译方面，米尔斯在保证有效传递地名核心信息的前提下，进行适当的语序调整，以提高译文的可接受性。此外，汉语文言文因其简洁性，常用单字替代词汇，因此在语言表达中常出现省略现象。原文读者因为具备相应的地理知识，完全可以理解原文地名。但西方读

者因缺乏相应的东方地理知识，往往不能确认原文的地名是何种地理实体。为解决这一问题，米尔斯通过添加文外解释与文内解释，将该类地名中的省略成分进行补充。

在农业术语翻译过程中，米尔斯同样充分关注了译文的可接受度，对不符合英语语言习惯的原文农业术语的语言结构进行了适当的调整。具体来说，同地名翻译的情形类似，米尔斯分别从单复数变化、词性转换、语序调整和补充省略成分四个角度进行了读者观照。米尔斯这种坚持译文读者导向的翻译策略和方法，能够确保目的语读者对原文中术语概念的准确把握和理解。

鉴于米尔斯是具有较好汉语功底、深谙中国历史文化的汉学家，同时具备世界航海史研究的深厚学术研究底蕴，可以说是中国航海典籍英译的理想译者。因此，《瀛涯胜览》米尔斯英译本的出版发行是一次将中国古代航海文化译介给广大西方读者的有益尝试。米尔斯采用的古代中外地名和农业术语英译的原则、策略和方法，能够为从事术语翻译研究的相关学者探讨如何在术语翻译中兼顾术语信息与文化内涵、忠于原文与利于读者提供有益的理论借鉴。同时，米尔斯的古代科技术语英译还能够为从事术语翻译实践，尤其是中国古代科技术语翻译实践者提供一定的实践指导。

第八章　结　论

第一节　主要研究成果

在本书中，我们选取中国古代农业和手工业典籍《天工开物》、建筑典籍《营造法式》、航海典籍《瀛涯胜览》原著作为基础研究语料，搜集整理了《天工开物》的三个英文全译本及其相关研究文献、《营造法式》研究的两个英文译写本以及其他中英文研究文献、《瀛涯胜览》的英文全译本。然后，对研究对象进行文本细读和文本分析，提取了上述三部典籍中的古代农业、手工业、建筑和航海术语，进行术语的特征和分类研究。最后，运用本书所建构的中国古代科技术语英译理论分析框架，开展中国古代农业、手工业、建筑和航海术语英译的个案分析。本书主要研究成果如下。

一、开展了古代科技术语的特征和分类研究

（一）古代农业术语的"三个特征"与"三分法"

《天工开物》中的农业术语具有如下三个显著特征：一是同义性。宋应星其家族及其本人未曾参与过生产实践，坊间调查和阅读经典所得是其撰写《天工开物》的主要素材和来源，因此，一些农业术语辅以书面和俗语称谓，从而使农业术语名称多样化。二是文化性。宋应星的读书人身份使得他的《天工开物》兼有文化类典籍的特点，部分农业术语的承载了丰富的文化元素。三是民族性。中国的地理位置和自然气候独特

使得《天工开物》中的部分农业术语不可避免地具有彰显中华民族特色的"民族性"特征。

《天工开物》中的农业术语大致涵盖了农作物和产品、农具材料、生产技术、时令节气、计量单位五个方面的内容。本书将《天工开物》中的农业术语划分为以下三个类型：一是纯农业术语。这类术语的指称意义稳定和单一，其内涵往往等同于字面意义，所指易于为不同文化语境中的读者所理解，也能够快速在英语文化中找到对应的名称。二是半农业术语。半农业术语的意义较容易从字面获取，但其命名又带有一定的历史背景和文化内涵或所指对象的地域性强，其构词以"名词或形容词+名词"为主要形式，多为偏正式的术语。三是日常农业术语，俗语名称和命名具有文学性和审美价值的农业术语皆属于此类。日常农业术语的文化内涵鲜明，书面程度相对最低，所以它们的含义不易从字面推断甚至看似毫不相干，而需要结合上下文语境获取文字背后的真实所指。

（二）古代手工业术语的"三个特征"与"三分法"

《天工开物》中的手工业术语具有如下三个显著特征：一是专业性。宋应星羞于封建儒者不了解农业、手工业技艺之耻，投身实学，向广大劳动人民请教，在手工业生产现场的实地调查过程中，详细记述了各生产领域的原料产品、工艺流程、工具器械等信息要点。因此，《天工开物》中的手工业术语具有极强的专业性。二是文化性。作为将前半生都投身于科举考试中的一个读书人，宋应星在撰写本书的过程中十分注重术语所承载的文化要素，这在手工业术语中也有所体现。三是国际性。明代，中国在世界贸易市场上仍然占有巨大份额，各种农业和手工业产品的国际交流频繁。西方来华传教士主导的"西学东渐"大大拓展了中国和世界各国不同领域的深入交流。这些交流对明代中国的手工业发展和科技进步产生了深刻的影响。故《天工开物》中的部分手工业术语也体现出了浓厚的国际交流性的特征。

《天工开物》接近三分之二的内容记载的是中国的手工业成就，因此手工业术语自然要比农业术语的数量大。其中的手工业术语按用途和种类大致分为手工业产品、原料、工具、器械、工序五种。我们将《天工开物》中的手工业术语划分为三个类型：一是纯手工业术语（与纯农业术语的特征相似，不再赘述），二是半手工业术语（与半农业术语的特征相似，不再赘述），三是通俗手工业术语（与日常农业术语的特征相似，不再赘述）。

（三）古代建筑术语的"三个特征"与"五分法"

中国古代建筑术语具有如下三个显著特征：一是文化性。古代建筑术语是随着中国古代建筑的发展而不断沉积流传下来的，扎根于中华民族文化的土壤，受到中华民族文化与文学底蕴的滋养，具有厚重的中国文化内涵。二是系统性。古代建筑术语的系统性首先指特定的建筑构件由不同的部件共同构成，它们互相依存、彼此相关组成体系并在整个系统中发挥各自的作用。三是多名同义性。多名同义性是指同一术语在不同的历史时期，不同的地域有不同的称谓。古代建筑术语是随着古代建筑的演化而形成的，有创新也有传承。不同历史时期同一建筑构件的称谓不尽相同。

中国古代建筑术语极其纷繁复杂，这些建筑术语涵盖了北宋时代建筑技术的各个方面。我们将建筑典籍《营造法式》中的古代建筑术语划分为五种类型：建筑样式术语、房屋部件术语、建筑组件术语、工艺技术术语和其他术语。

（四）《瀛涯胜览》中地名的"三个特征"与"五分法"

马欢所著《瀛涯胜览》记载了郑和船队到访国家的地理、政治、农业、手工业、风俗、宗教等情况，而航海地名是航海典籍《瀛涯胜览》首当其冲的名词术语。《瀛涯胜览》中的地名具有如下三个显著特征：一是历史性。航海地名是地理实体的名称，同时在人类不同历史时期不同的社会生活中都发挥着不可替代的作用，具有独特的历史文化内涵。二是文化性。这些地名蕴含着丰富的地理、历史、民族、语言、宗教、经

济等文化要素，是一种特殊的文化符号。三是国际性。《瀛涯胜览》中的
地名记载的是郑和船队到访国家的地理、政治、农业、手工业、风俗、
宗教等情况，这些航海地名都承载着不同国家的文化，是明代广泛深入
的中外海洋文化国际交流的见证。

我们基于地名学理论将《瀛涯胜览》中的航海地名划分为自然地域
名称和人文地域名称，共 5 个大类，包含 14 个小类，即自然地域名称
下的两大类：陆域地名（包括山脉名称、岛屿名称）、水域地名（包括海
名称、河流名称、湖泊名称和海峡名称）和人文地域名称下的三大类：
政区名称（包括地域名称、国家名称、省份名称和城市名称）、交通地
名（即港口名称）和建筑地名（包括寺庙名称和宫殿名称）。

（五）《瀛涯胜览》中农业术语的"三个特征"与"七分法"

《瀛涯胜览》还包含了大量具有丰富文化内涵的古代农业术语，反
映了 15 世纪包括中国在内的亚洲各国农业发展状况。其中的农业术语
具有以下三个显著特征：一是专业性。这些农业术语限于准确表达专业
性农学概念的狭义词汇，对于普通读者来说文字艰深、晦涩难懂。二是
历史性。作为记载郑和下西洋的航海典籍，书中的农业术语反映了 15
世纪亚洲各国的农业发展历史状况，反映了当时中外农业交流的历史面
貌，因此这些农业术语与当代读者比较熟悉的农业术语有较大的区别。
三是文化性。在中外农业交流的过程中，不同国家的农业文化所孕育出
的独特术语表达方式，使得这些农业术语往往具有深厚的文化内涵。我
们将提取出来的农业术语划分为以下七类：植物名称、动物名称、农副
产品名称、气候时令名称、农业耕种养殖加工技术、农具材料名称和计
量单位名称。

二、提出了中国古代科技术语英译研究的新观点

第一，术语是为了描述概念本质和科学现象而存在的，必须以科学
概念为基础，确切地反映所指称的事物、技术、概念的特征。哪里有知
识，哪里就有术语。知识的传播离不开术语，因为术语是知识的载体。

中国古代科技术语承载着中国古代科技文明的丰富内涵。翻译是跨文化交流的桥梁和纽带。因此，在跨文化、跨时空进行中国古代科技文化对外传播的过程中，科技术语翻译发挥着非常重要的作用，因此，术语翻译研究是典籍翻译研究应该关注的一个重要研究领域。

第二，理论来源于翻译实践，反过来指导实践。理论与实践互释互证，理论能够指导实践的有效开展，而实践能够进一步促进理论的发展。中国古代科技术语专业性强、文化内涵极其丰富，翻译起来难度较大。故译者的翻译策略和方法是影响中国古代科技文明对外传播效果的重要因素之一。本书从中国古代科技术语的英译现状入手，运用本书所建构的中国古代科技术语英译分析的理论框架，对古代农业、手工业、建筑和航海四个专业领域古代科技术语英译开展个案分析，以探究译者所采用的翻译策略和方法，进而分析上述古代科技术语的英译是否达到了有效对外传播中国古代科技文明的总体目标。此外，我们认为，成功的典籍翻译个案研究，在一定程度上对于开展典籍翻译整体性研究具有重要的推动和促进作用。翻译研究从具体到一般的理论升华能够丰富翻译理论，而丰富了的翻译理论能够更好地指导翻译实践。我们所开展的课题研究，能够为中国科技典籍中的科技术语翻译，乃至文学、史学等其他类型的典籍翻译研究提供一定的借鉴价值。

三、建构了中国古代科技术语英译分析的理论框架

基于当代翻译理论、术语学理论和语言学理论，我们建构了中国古代科技术语英译分析的理论框架，具体内容为：文化保留性翻译策略和文化替代性翻译策略共同构成中国古代农业、手工业、建筑和航海术语英译的"共生互补"的翻译策略连续统，用于开展宏观层面的中国古代科技术语的英译策略分析。文化保留性翻译策略下的九种翻译方法和文化替代性翻译策略下的六种翻译方法共同构成中国古代农业、手工业、建筑和航海术语英译的"互为补充、灵活运用"的翻译方法连续统，用于开展微观层面的中国古代科技术语的英译方法分析。准确规范性、充分性、可接受性构成中国古代农业、手工业、建筑和航海术语英译的译

文评价标准，用于考察中外译者运用文化保留性翻译策略和方法以及文化替代性翻译策略与方法来翻译中国古代农业、手工业、建筑和航海术语，最终是否有效地推动了中国古代科技文明更好地"走出去""走进去"，实现了对外传播中国古代科技文明的总体目标。

四、开展了四大类古代科技术语英译的个案研究

（一）古代农业术语英译个案分析

《天工开物》记录的中国古代农业发展成就集中体现在"乃粒""粹精"两章，我们通过文本细读提取了农业术语。在术语特征和分类研究的基础上，以我们所建构的中国古代科技术语英译分析的理论框架为理论依据，对纯农业术语、半农业术语和日常农业术语三类术语的英译进行了个案分析。研究发现，《天工开物》任译本着力挖掘术语背后的文化因素，倾向于在译文中保留半农业术语和日常农业术语的文化内涵；但是其纯农业术语的翻译不如李译本深入。任译本遣词相对贴近英语读者的语言使用习惯，然而对纯农业术语的阐释不够深入。李译本的纯农业术语翻译相对准确，半农业术语和日常农业术语则侧重科技信息传递而淡化了术语的文化性。自然科学背景无疑有助于他对纯农业术语的理解和翻译，并促使他以更符合西方科技史研究人士期待的方式淡化半农业术语和日常农业术语的中华文化元素。王译本对三类术语的翻译以文化保留性翻译策略和方法为主，因为译本为国家发起的翻译活动，即"国家翻译实践"，译者无形之中以"忠实"原则为导向，在翻译过程中倾向于采用直译法。王译本将译者隐匿于译文背后，包括很少添加文本内注释以及任何形式的文本外注释，从而导致其译本对农业术语的翻译补偿的力度最小。

（二）古代手工业术语英译个案分析

《天工开物》全书共 16 个章节，都涉及中国古代手工业成就。我们通过文本细读提取了手工业术语。在术语特征和分类研究的基础上，以

我们建构的古代科技术语英译分析的理论框架为理论依据，对纯农业术语、半农业术语和日常农业术语三类的英译进行了个案分析。研究发现，翻译《天工开物》中手工业术语过程中，三个英文全译本主要采纳了文化保留性的翻译策略。尤其是对于依据人名、地名而命名的术语和蕴含中华文化特色的术语，三个译本都注重保留原文术语的文化内涵，突出强调独有的民族文化表现力。例如，服饰术语"羔裘"，李译本将其译为"Pao-Kao and Ju-Kao robe"，彰显中国古代常见的长袍的服饰特色。因为其发源地和创制者得名的船舶术语"清流船"和兵器术语"诸葛弩"，王译本保留了地名和人名的发音，音译其专名部分，译为"Qingliu boat"和"Zhuge crossbow"，较为完整地保留了原文术语的文化特色，有利于引起英语读者的好奇心和阅读兴趣。同时，基于科技术语概念意义的准确性和专业性的特点，考虑到译文在西方读者中的可接受性，在翻译手工业术语过程中，三个译本都依据文化替代性翻译策略，使用灵活多样的翻译方法；他们选择文化替代性翻译策略的原因主要是：保证术语译名的准确性，力求术语译名的简洁性，提升术语译名的文化可读性和凸显术语译名的科学性。

（三）古代建筑术语英译个案分析

我们通过文本细读提取了《营造法式》中的古代建筑术语作为研究语料。在术语特征和分类研究的基础上，以我们所建构的古代科技术语英译分析的理论框架为理论依据，对选取的建筑样式术语、房屋部件术语、建筑组件术语和工艺技术术语共四种类型的术语的英译进行了个案分析。研究发现，梁译本和冯译本均采用直译法来翻译目的语中拥有对等术语的古代建筑术语；主要采用文化保留性翻译策略和方法来翻译能够承载中国古代建筑文化特色和内涵，而目的语中无对等术语的原文建筑术语；采用文化替代性翻译策略，或者文化替代性翻译策略辅以文化保留性翻译策略来翻译能够承载中国古代建筑文化特色和内涵，且目的语中拥有对等术语的古代建筑术语；采用自创译法来翻译不能承载中国古代建筑文化特色和内涵，且目的语中没有对等术语的古代建筑术语；

基于古代建筑学科的特点，梁译本和冯译本都采用了多模态的图示法来翻译古代建筑术语；翻译古代建筑系列术语时，两位译者都坚持了系统性和统一性的原则，译文准确规范，充分表达了原文术语的内涵，同时也易于目标读者理解；在语篇层面，古代建筑术语的翻译有时采用替代、省略或变换等方式，以避免重复，增加译文的可接受性。

（四）古代航海术语英译个案分析

我们提取了《瀛涯胜览》中部分航海地名和农业术语作为研究语料。在分类和特征研究的基础上，以我们所建构的古代科技术语英译分析的理论框架为理论依据，对英国汉学家米尔斯《瀛涯胜览》英译本中的地名和农业术语的英译进行了个案分析。研究发现，米尔斯总体上倾向于采取文化保留性翻译策略和方法来翻译《瀛涯胜览》中地名和农业术语，以保留术语所蕴含的东方地理信息、农学知识和文化内涵。米尔斯采用的文化保留性的翻译方法包括字母转换法（音译法）、语言（非文化）翻译法（直译法）、音译与语言翻译法并用、文外解释和文内解释。同时，当两种文化之间存在巨大的鸿沟时，米尔斯运用文化替代性翻译策略下的有限泛化方法，使用目的语读者相对熟悉的词汇，将原语中的文化专有项翻译给目的语读者，以保障其术语译文的通俗易懂、流畅地道，提高术语英译文的可接受度，达到文化交流的目的。

第二节　主要学术贡献

一、研究选题的创新

本书是国内首次以中国古代农业和手工业典籍《天工开物》、建筑典籍《营造法式》、航海典籍《瀛涯胜览》为研究对象，运用翻译学、术语学和语言学的跨学科视角，对中国古代科技术语英译开展较为全面、系统研究。因此，本书在选题内容方面具有创新性；同时，以跨学科理论视角开展中国古代科技术语英译个案研究，可以为国内相关学者开展中国科技典籍翻译研究，以及针对记载中国古代科技文明的异语著作开展无本回译研究提供选题方面可资借鉴的研究经验；也可以为国内相关学者开展中国科技典籍翻译研究提供可参考的案例分析范例。

二、研究方法的创新

鉴于本书的研究对象中国古代农业、手工业、建筑和航海术语分别表达各自专业领域的丰富的文化内涵这一基本事实，我们认为仅仅从翻译学一个理论视角开展此类科技术语的翻译研究，在一定程度上是难以取得满意的研究效果的，典籍翻译研究必须采取跨学科研究的路径。因此，本科研团队综合运用了调查研究法、个案研究法、文本细读与对比分析法以及交叉学科研究法，系统开展中国古代科技术语英译研究。这是国内首次建构中国古代科技术语英译分析的理论框架，运用该理论分析工具对上述四个大类的中国古代科技术语现有英译文进行分析，探究译者所采用的翻译策略和方法，并考察了上述四大类中国古代科技术语的翻译是否达到有效地对外传播中国古代科技文明的总体翻译效果。同时，运用本书所建构的理论分析工具对相关古代科技术语英译现状进行实例分析，实现了理论与实践互释互证，理论指导实践，实践反过来丰富理论的目的。因此，本书在研究方法上具有创新性。

三、理论意义和应用价值的凸显

本书以科技典籍《天工开物》《营造法式》和《瀛涯胜览》为个案研究语料，基于中国古代农业、手工业、建筑和航海四大类中国古代科技术语英译开展较为全面、系统的研究，提出了中国古代科技术语英译研究新观点。本书独特的理论意义和应用价值在于：能够开阔中国典籍翻译研究的学术视野，在一定程度上补齐中国古代科技术语英译缺乏整体性研究的"短板"。本书通过进一步丰富中国典籍翻译研究的领域，在一定程度上推动中国典籍翻译事业更加协调地发展，进而对中国翻译学科建设与发展、典籍翻译科研团队建设以及典籍翻译的科研人才培养等具有一定的推动、促进作用。本研究有利于弘扬悠久灿烂的中国古代科技文明，推动中华优秀传统文化"走出去"和"走进去"，进一步提升中国文化的国际影响力；同时，还有助于纠正国外人士对中国古代科技文明的一些错误认知，让世界全面、正确地了解中国古代领先于世界的科技成就，并服务中国"21 世纪海上丝绸之路"建设。

第三节　未来研究展望

本书对中国科技典籍《天工开物》《营造法式》和《瀛涯胜览》中的古代农业、手工业、建筑和航海术语的英译开展了个案研究，探讨了不同译者所采用的翻译策略和方法。但限于篇幅，我们选取的例子数量有限，对上述四大类古代科技术语英译研究挖掘的深度还不够，因此未来的研究还有很大的拓展空间。我们希望本书可以成为开展相关翻译研究的"引玉之砖"。

一、古代农业和手工业术语的英译

首先，从研究主题看，本书仅聚焦了《天工开物》英译本中农业和手工业术语的英译研究。作为世界科技史上公认的百科全书式的中国古代科技著作，《天工开物》自 17 世纪成书以来，就受到众多国家的汉学家和翻译家的关注，因此拥有日语、朝鲜语、法语、德语等众多语言的译本。不同语言背景和文化背景的汉学家和译者在进行该部科技典籍翻译的过程中，势必受到语言规范、民族文化、社会发展和国际交流等诸多因素的影响，因而造成"语言国情"在译者术语翻译实践中的渗透。当两国的语言和文化之间共性大于个性的时候，译者很自然地对这两门语言中的核心对应词进行语际转换，方便目的语读者对中国古代文化和科技成就进行深入了解，这是一种比较理想的中国古代科技典籍外译的结果。但当《天工开物》所承载的中国古代文化导致一些中华民族特有的事物在某种语言中找不到对应词的时候，译者如何准确又自然地进行术语翻译，就成了该部典籍翻译过程中的一大难点。因此，如何跳出中国科技典籍外译研究中"英语独大"的限制，关注中国科技典籍其他语言的译本，探究不同语言、历史、社会、文化背景下他国语境中的译者翻译策略和方法，应该成为今后包括《天工开物》在内的众多中国科技典籍翻译研究的一个重点。此外，本书只关注了《天工开物》英译本中的农业和手工业术语的英译情况，而没有对其他文化术语的翻译研究进行纵深探讨，这也是未来研究者们值得关注的重要研究话题。例如，《天工开物》作为一部详细记述中国古代劳动人民农业和手工业生产技术的科技著作，内容涉及农业、手工业生产的方方面面，其中也自然囊括了其他学科的众多术语，今后的研究可以从这些方面入手，基于《天工开物》不同译本中的术语建立汉英术语库，剖析不同译者的具体翻译策略、方法和风格。另外，从翻译的文化转向出发，《天工开物》英译本也从侧面对该书反映出的中国古代"天人合一""农业为本"的哲学思想进行了翻译和对外传播。因此，译者运用何种翻译策略来处理《天工开物》中所蕴含的中国古代思想文化术语，也必然成为《天工开物》后续翻译研究的一个重要议题。

其次，从研究的视角来看，本书开展《天工开物》英译本中的术语英译对比分析过程中，主要是依托西班牙翻译学者艾克西拉提出的文化专有项翻译策略和方法而展开的。在今后的中国古代科技英译的研究中，相关翻译学者可以从不同理论视角出发，对《天工开物》英译本中的术语翻译进行多维度的剖析。例如，从社会符号学的角度，研究者可以考察《天工开物》三个英译本的多模态翻译方法，因为这三个英译本都保留了该部典籍中文原著中的大量插图，还原了中国古代劳动人民农业、手工业生产的生动场景。在科技典籍译文中使用插图来辅助文字表达，对于读者理解术语所指称的科学概念大有裨益，可以方便读者更加直观地了解中国古代的农业和手工业生产场景等情况。从生态语言学角度，研究者可以对《天工开物》英译本中的语言多样性、语言进化论和生态话语权进行多方面的探查，进而分析中国科技典籍外译活动对提升中华文化自信、构建国家科学话语权以及促进国际科技文化交流的积极影响。可以运用的理论视角还有很多，如文化翻译理论、文化图式理论、认知术语学理论、互文性理论、深度翻译理论、副文本理论、多模态翻译理论和语料库语言学理论等视角都可以为《天工开物》以及其他类别的中国科技典籍翻译研究提供强大的理论支持。此外，未来的研究可以进一步拓展中国古代科技术语翻译研究的范围，将记载中国古代农业和手工业成就的其他科技典籍（如《考工记》）以及散见于相关文化典籍（如《梦溪笔谈》）的中国古代农业和手工业成就纳入科技典籍英译研究的范畴，开展中国古代科技术语翻译的原文术语阐释和翻译研究；还可以组织跨语种、跨学科的科研团队，依托省部级以上科研课题，以记载中国古代科技文明成就的异语作品（包括多语种译写的异语著作和译介中国古代科技文明的文集等等）为研究对象，开展中国古代农业和手工业文明的异语作品无本回译研究。

二、古代建筑术语的英译

中国建筑典籍《营造法式》充分体现了中国古代建筑制图学、模数、力学及系统工程层面建筑的思想，为中国宋代建筑理论与工艺的最高成就，被誉为中古时期全球内容最完备的建筑学著作之一。从研究语料选择来看，本书仅选取了具有代表性的例证进行中国古建筑术语英译的个案研究。我们认为，从横向来看，如果翻译分析的语料数量增多，必然有助于更好地反映中国古代建筑术语英译研究的全貌。从纵向来看，对于同一术语自始至终在书中不同位置出现的翻译方法值得进行全面、深入的历时研究。本书仅考察了《图像中国建筑史》和《中国建筑与隐喻：〈营造法式〉中的宋代文化》两部英文译写本对《营造法式》中的中国古代建筑术语的英译情况。我们认为，国内外其他译者对中国古代建筑术语的英译情况以及国内外其他建筑研究文献对中国古代建筑术语的英译情况，也非常值得进一步挖掘。

就研究方法而言，本书主要以文化学派翻译学者、西班牙翻译家艾克西拉提出的文化专有项的翻译策略和方法以及语言学理论中的多模态话语分析理论为基础，侧重对中国古代建筑术语英译进行个案考察。《营造法式》的文化内涵极其丰富，值得对其开展更多的研究。例如，传承和弘扬中国古代建筑文化的汉英对照版《图像中国建筑史》和专门研究《营造法式》的英文版著作《中国建筑与隐喻:〈营造法式〉中的宋代文化》的出版目的,出版的社会、历史和文化语境,以及中国古建筑文化研究领域的英文版著作在目的语读者中的接受状况等方面,都是值得开展翻译研究的选题方向。中国古代建筑作为中华优秀传统文化的重要组成部分,其术语的命名以中华文化为基础,体现出中华文化形成过程中的历史性,具有厚重的中华文化内涵。在翻译中国古代建筑术语指称意义的同时,如何呈现其文化内涵也是有待于深入研究的领域。

随着时代的进步,建筑术语的英译研究可以采用新的研究工具,进一步开阔学术研究视野。近年来计算机辅助翻译和语料库技术开始用于中国科技典籍翻译研究。认知翻译学、多模态翻译理论、社会翻译学、图文关系论和翻译传播学等理论的出现和应用拓展了中国古代建筑术语英译的研究思路。中国古代建筑术语的英译研究还可以运用其他理论视角和研究方法。例如,将多模态翻译理论应用于语料库建设中,建立多模态英汉对照的古代建筑术语平行语料库,可以更加生动、形象地展示中国古代建筑术语的概念意义和文化内涵。此外,还可以从传播学理论视角对中国古代建筑文化术语的传播主体、传播对象、传播渠道、传播客体和传播效果开展系统的翻译研究。研究传播渠道时,可以结合新媒体开展研究;研究传播效果时,可以采取多种途径对国内外目标读者市场进行调查,并以调查结果为依据,不断提高中国古建筑文化术语的翻译质量,乃至于提高中国古代建筑文本的整体翻译质量。

中国古代建筑文化术语的翻译是在一定的社会、历史、文化语境下进行的,因此语境对于文本翻译的宏观层面和微观层面都可能产生重要的影响。我们认为,对中国古代建筑文化术语翻译进行历时梳理,同时对不同译者所采用的翻译策略和方法进行共时的横向对比研究,可以发现中国古代建筑文化术语翻译的普遍规律及其深层次原因。

中国古代建筑文化术语是古建筑学科的文化积淀与学术结晶,其翻译应以建构中国文化软实力为目的,向世界传播中国古代科技文明。译者从事的是一种跨时空、跨文化、跨语言的东西方文化交流活动,要充分发挥文化协调者的作用,最大限度地传达中国古代建筑文化术语概念内涵的同时，以确保译文易于译文读者理解，必要时要在目的语中进行概念重构，使译文读者产生了解中国古代建筑文化术语内涵的意愿和行动，促进中华优秀传统文化走向世界。

中国古代建筑文化术语的翻译目的在于弘扬中国古代建筑文化，让外国人体会中国传统建筑之美。因此，中国古代建筑文化术语翻译研究的跨学科团队建设也是非常值得研究的。如何建设一支外语（不限于英语）专业人士与建筑专业人士合作、中国译者与外国译者合作的科研团队和翻译实践团队，开展中国古建筑文化术语，乃至于中国古建筑典籍翻译研究，提高中国建筑典籍译文的准确性、充分性和可读性，都是非常值得研究的方向。此外，还可以聚焦中国古代建筑文化的异语作品（例如，中国古建筑研究学者冯继仁英文译写的异语著作《中国建筑与隐喻：〈营造法式〉中的宋代文化》、瑞典建筑艺术家喜仁龙英文译写的异语著作《北京的城墙与城门》等），开展中国古建筑文化术语无本回译研究，以进一步拓展中国古建筑文化翻译研究的视角。

三、古代航海术语的英译

本书的第七章以中国航海典籍《瀛涯胜览》及其英译本为研究对象，对该典籍中的部分航海地名和农业术语的英译进行了个案分析，案例分析也主要是以文化学派的翻译学者艾克西拉提出的文化专有项的翻译策略和方法为理论基础进行的。

中国航海典籍《瀛涯胜览》作为郑和下西洋的"西洋三书"之一，详细记载了郑和下西洋的壮举，长期以来被视为一部杰出的地学典籍。目前学界对它的关注点相对集中于它所记载、反映的史地知识以及郑和下西洋对中外文化交流所发挥的作用。本书个案分析的地名和农业术语的翻译，属于史地术语翻译的类别，是对航海典籍《瀛涯胜览》所开展的较为微观的翻译研究。相关学者还可以从更多的理论视角对中国航海典籍《瀛涯胜览》开展更加宏观的翻译研究，如史学的视角、传播学理论视角、文化交流的视角等。应该指出的是，《瀛涯胜览》详细记载了郑和船队到访国家的地理、政治、农业、手工业、风俗、宗教等情况，反映了郑和下西洋如何通过实地考察、赏赐朝贡等方式推动明代中国与其他国家的经济文化交流。从这个层面来看，《瀛涯胜览》也是一部典型的中外科技与文化交流典籍。因此，在针对该书的翻译研究中，未来的研究可以从中外文化交流的视角展开，探究该类典籍的外译活动如何促进了中外科技文化交流研究，挖掘郑和航海史料的内涵，为中外文化交流研究打开一个新的研究视角。未来的研究可以从以下这些方面展开：第一，将研究语料拓展到除《瀛涯胜览》之外的郑和下西洋"西洋三书"中的另外两本书《星槎胜览》和《西洋番国志》中的航海文化术语英译研究。第二，米尔斯翻译出版《瀛涯胜览》后，还完成了《星槎胜览》的翻译工作；而《星槎胜览》英译本是米尔斯去世后，经德国籍世界航海史专家普塔克修改、注释和编辑后出版的。《星槎胜览》英译本同样具有学术型深度翻译的特征，因此，该译著值得研究。第三，鉴于《星槎胜览》与《瀛涯胜览》内容相似，但英译方法存在一定差异，后续可以以相关术语为例，或者从其他角度进行翻译对比研究。第四，可以开展迄今尚无英译本的巩珍著《西洋番国志》的原创性英译研究。第五，可以开展宋代赵汝适著《诸蕃志》、元代周达观著《真腊风土记》、元代汪大渊著《岛夷志略》和明代沈启著《南船纪》等其他"海上丝绸之路"典籍的翻译研究（不限于英译研究），内容不限于古代科技术语英译。第六，域外人士英文译写的异语著作《长江之帆船与舢板》（*The Junks and Sampans of the Yangtze*）也是值得开展翻译研究的选题，可以研究该异语著作中的长江的帆船与舢板名称的英文译写方法；也可以开展该著作的中译本《中国长江帆船通鉴》（同济大学出版社 2020 年出版）中的帆船与舢板名称的无本回译方法研究。

综上所述，本书建构了一个中国古代科技术语英译分析的理论框架，以中国古代农业、手工业、建筑和航海术语英译为个案研究对象，从跨学科的理论研究视角对中国古代科技术语英译开展了较为扎实的研究，达到了课题研究预期的研究目标，取得了比较满意的研究效果。

但应该指出的是，中华文明源远流长，中国科技典籍浩如烟海、种类繁多、内涵丰富，这个中华优秀传统文化宝库还有许多值得深入研究的领域等待开发。正如本书所揭示的那样，当前中国科技典籍中的古代科技术语翻译研究存在学科方向不平衡的问题，主要集中在中医药、农学等几个领域的科技典籍翻译研究。除了本书所开展的三部科技典籍翻译研究，数学典籍《九章算术》、农学典籍《农政全书》、天文学典籍《授时历》、中外文化交流典籍《大唐西域记》、综合类典籍《梦溪笔谈》等众多蕴含丰富中国文化内涵的典籍，未来的研究者可以从翻译学、术语学、语言学、传播学、译介学、文化学、文献学、考古学和跨文化交际等多个维度开展中国古代科技术语翻译研究。特别值得一提的是，王烟朦博士在其专著《〈天工开物〉英译多维对比研究》的"附录一　101部科技典籍英译信息一览表"中，详细地列出综合、天文、技术、化学、数学、生物、物理、地学、农学和医学共计十大类中国科技典籍英译信息，包括各类型的科技典籍的名称、英译本／英译文标题、英译者、出版信息、年份和备注（注明全译、节译、再版、转译自何种语言等信息），为中国科技典籍翻译研究同行提供了极其丰富的选题来源，进一步开阔了中国科技典籍英译研究的思路。[①] 另外，范祥涛在其专著《中华典籍外译研究》中，首先对中华典籍外译与研究进行概述。其次，论述了中华哲学、历史、诗词歌赋、小说、戏剧、中医药典籍外译研究，并在每一章最后给出了"选题建议"，这对于包括科技典籍翻译研究在内的典籍翻译研究同行具有重要的启发意义。该著作还以研究案例分析形式探讨了"四书"和《五经》的英译转译与传播以及汉语典籍中链式转喻的英译，为广大典籍翻译研究工作者提供了可以借鉴的个案研究范例。[②]

　　中国科技典籍翻译研究（不限于英译研究）未来的路还很长，我们希望从事科技典籍翻译研究的同仁不断开拓进取，进一步拓宽科技典籍翻译研究领域，丰富科技典籍翻译研究的内涵，推动中国科技典籍翻译研究事业更快、更好、更协调发展。我们期待中国典籍翻译研究和实践

① 　参见：王烟朦 . 天工开物英译多维对比研究 . 北京：中国社会科学出版社，2022：245-289.
② 　参见：范祥涛 . 中华典籍外译研究 . 北京：外语教学与研究出版社，2020.

能够在中华优秀传统文化"走出去"和"走进去"的过程中发挥越来越大的作用。

我们坚信，在致力于中国科技典籍翻译研究的各位同仁的共同努力下，中国科技典籍翻译以及中国典籍翻译研究的明天一定会更好！

后 记

　　自从本人 2009 年开始关注中国科技典籍中的术语翻译研究，到 2011 年获批教育部项目"中国古代航海文献翻译研究"，开始研究中国古代航海术语的翻译研究，到 2014 年获批国家社科基金项目"中国古代自然科学类典籍翻译研究"，系统开展中国古代科技术语的翻译研究，再到开展 2017 年获批的教育部哲学社会科学研究重大课题攻关项目"中外海洋文化历史文献的整理与传播研究"的过程中，深入探讨郑和航海典籍中的古代航海文化术语翻译研究，我和我的科研团队持续开展中国古代科技术语翻译研究已有 15 个年头了。我们的中国古代科技术语翻译研究起步于古代航海术语，拓展到古代农业、手工业、建筑和航海四大类古代科技术语翻译研究，收官于中国古代航海术语翻译的纵深挖掘。近年来，我们的科研团队精诚合作，成功发表了中国古代科技术语翻译研究的期刊论文，如今又撰写了该部专著。值此著作即将付梓之际，我要衷心感谢长期以来给予我鼎力支持的团队成员、师友和家人。

　　衷心感谢直接参与本书写作以及给予大力支持的团队成员。是你们的鼎力支持和无私奉献，才使得本书得以顺利出版。大连理工大学李秀英教授对著作写作框架提出了宝贵的完善建议，并提供了术语翻译研究方面的珍贵文献。华中科技大学王烟朦博士为我们开展案例分析贡献了新观点，并在自己准备博士毕业论文答辩的紧要关头拨冗协助撰写著作的第四章。山东青年政治学院季翊博士积极承担写作任务，除了撰写第五章、第七章，还协助完成了第二章的部分写作任务。辽宁工程技术大学田华教授暂时搁置手头的科研工作，撰写了第六章的内容。

感谢中国著名术语学家冯志伟教授长期以来的爱护和提携。2012年4月，大连海事大学讲座教授冯志伟到校工作期间，我与冯老相识。每次向冯老师请教学术研究问题，他都会进行悉心的指导，尤其是建议我关注国内外的术语翻译研究最新成果和发展趋势，从当代术语学理论视角寻找中国古代科技术语翻译研究的思路和方法。感谢南京理工大学刘性峰教授和大连外国语大学王少爽教授提供术语学和术语翻译方面的中英文参考文献；感谢山东建筑大学肖蕾蕾老师为中国古建筑术语英译案例分析提供图书资料以及高清版插图。感谢我的2019级翻译硕士研究生王芊芊、胡琴惠、谢世青和田超男协助整理本书案例分析的中英文术语。

感谢我的妻子、大连海事大学王海燕教授和我的儿子刘天昊。是家人长期以来默默无闻的支持和无私的奉献，我才能圆满完成各项教学与科研工作。

感谢浙江大学文科资深教授、浙江大学中华译学馆馆长许钧教授盛情邀请，将本书纳入"十四五"时期国家重点出版物出版规划项目"中华译学馆·中华翻译研究文库"系列。许老师多年来关心和支持我，感激之情无以言表。感谢浙江大学出版社国际文化出版中心主任包灵灵和责任编辑杨诗怡为本书出版所付出的辛劳。

囿于研究者的研究精力和研究能力，书中难免存在论述不周之处，敬请方家批评指正。

刘迎春

2024 年 8 月

中華譯學館·中华翻译研究文库

许　钧◎总主编

第一辑

第二辑

图书在版编目（CIP）数据

中国古代科技术语英译研究 / 刘迎春, 季翔, 田华
著. -- 杭州 : 浙江大学出版社, 2024. 12. -- （中华翻
译研究文库 / 许钧总主编）. -- ISBN 978-7-308-25799-
2

Ⅰ. N092-61

中国国家版本馆 CIP 数据核字第 2025SJ6533 号

中華譯學館　題言真

中国古代科技术语英译研究

刘迎春　季翔　田华　著

出 品 人	吴　晨
丛书策划	陈　洁　包灵灵
责任编辑	杨诗怡
责任校对	黄　墨
封面设计	程　晨
出版发行	浙江大学出版社
	（杭州市天目山路148号　邮政编码310007）
	（网址：http://www.zjupress.com）
排　　版	杭州林智广告有限公司
印　　刷	杭州高腾印务有限公司
开　　本	710mm×1000mm　1/16
印　　张	19
字　　数	283千
版 印 次	2024年12月第1版　2024年12月第1次印刷
书　　号	ISBN 978-7-308-25799-2
定　　价	88.00元